動物の権利入門

わが子を救うか、犬を救うか

ゲイリー・L・フランシオン 著
井上太一 訳

緑風出版

日本語版刊行に寄せて

拙著『動物の権利入門――わが子を救うか、犬を救うか』が日本語に翻訳されることを喜ばしく思う。この機会に、日本の読者諸氏へ向け、本書に関するいささかの考察を示すこととしたい。

本書の中で、私は極めて興味深い現象を探っている――一方において、人々は動物たちに不必要な苦しみを課すのは間違っていると認めるが、他方において、人々はどのような点からも何ら必要性を伴うとはいえない目的のために、ほとんど想像すら不可能な数の動物たちに死と苦しみを課す。地球の歴史が始まって以来、この世に生を享《う》け死んでいった人間の数は、およそ一一〇〇億人にのぼる。私たちは、数百億の陸生動物の犠牲に魚その他の海洋動物を加えると、わずか一年でそれ以上の人間以外の動物を殺戮する。人類による人間以外の動物の搾取は、比類ない規模の暴力へと至っている。そしてその動物利用の大半は、明らかに些末な目的から行なわれる。

人々が口にする思いと、人々の振る舞いを分かつこの不一致の原因は何なのか。

本書はその答を、動物が財産とみなされていることに求める。財産とは、人間によって所有される、内在的・本質的価値を持たないモノであるため、私たちは他人を害さないかぎり、その財産を望むように利用する権利が自分たちにあると考える。不必要な危害を禁じる道徳原則は、そもそもが不必要な目的を認めた上で、その目的達成に必要とされない危害を戒《いまし》めるだけの規則と解される。つまり、動物は財産なので、不必要な苦しみを課してはならないという道徳原則は、理由なく危害を加えてはならないという原則へと化す。したがって動物を苦しめる行ないは容認され、私たちはただ、合理的な財産所有者として振る舞い、動物搾取に必要とされる以上の苦しみを負わせないよう求められるに過ぎない。不必要な危害を禁じる道徳原則は、合理的な財産利用の経済に関する経済原則に堕す。

「動物福祉」や「人道的」な動物利用が話題になっているが、これらは動物を理由なく害してはならないという意味しか持たない。どれほど「人道的」に扱われようとも、動物たちが日々受ける仕打ちは拷問に等しい。動物にとっての利益を守るには予算がかかる上、基本的に私たちがその利益を重んじるのは、それが経済的便益に繋がる時のみである。動物が財産の地位に置かれていることで構造的限界が生じ、動物福祉は常に極めて低い水準に留まる。

人間奴隷の財産制度が許されないものと認識されたのは、奴隷化された人間が道徳共同体から完全に排除され、かれらの持つ根本的な利益のことごとくが奴隷所有者の評価に委ねられるからであるが、本書で論じるように、動物たちもまた、財産として扱われるかぎり、人々から表面的に道徳的価値を認められたところで、道徳共同体から排除される点に変わりはない。同様の事例は同様に扱わねばならないという普遍的な道徳原則にしたがうとすれば、人間以外の動物たちを財産として扱うことは容認できず、人間はこの動物たちに一つの権利――財産として扱われない権利――を認める道徳的義務を負う。そしてこれは、衣食・娯楽・スポーツ等を目的とする動物利用が許されないことを意味する。この権利は情感、すなわち主体的な意識を宿す全ての動物が持たなければならない。情感を具える動物は、生き続けること、痛みと苦しみを逃れることを利益とする。権利を有するのに、人間的な知性や認識能力は要されない。情感が必要充分条件である。

この主張は極論に思えるかもしれないが、そうではない。むしろこれは人々が既に抱いている価値観を反映した考え方で、現に私たちのほとんどは、何らかの強制力、つまり必要性がないかぎりは、動物に危害を加えるべきでないという意見で一致している。本書の副題は「わが子を救うか、犬を救うか」である。これは動物搾取の正当化を迫られた者がしばしば口にすることで、要するに、私たちはやむにやまれぬ状況、真の必要に迫られた時には、人間以外の動物よりも、わが子（あるいは誰であれ人間）を優先するではないか、という議論を指す。しかしこの議論からしても、人間以外の動物に危害を加えてよいのは何らかの強制力や必要性が存在する時のみ、という点で人々が意見を同じくしていることが分かる。動物への危害は、それが必要な時にのみ道徳的に許される。夕食で何を食べるか考える時をはじめ、動物搾取が行なわれるほとんどの状況では、そのような強制力は存在しない。

多くの人々は、人間以外の動物の価値を認めると謳う宗教的・霊的思想に理解を示す。例えば仏教と神道は、ともに人間以外の動物の道徳的・霊的価値を認める。動物は道徳的にも霊的にも大切な存在であるが、人間はこれ見よがしに下らない理由でかれらを苦しめ殺してもよい、と語るのは理屈に合わない。そして勘違いしてはならないが、私たちの動物利用は愚にも付かないものが大半なのである。健康でいるために動物性食品を摂る必要はなく、むしろ正統な保健専門家のあいだでは、動物性食品が人の健康に悪いという見解が広がっている。私たちが動物を食べるのは、味を好むから、伝統だからである。が、舌の満足と伝統は、他の権利侵害を正当化しえないのと同様、動物搾取を正当化する理由にもならない。

加えて、畜産業は生態系を滅ぼす。畜産業は、単一では最大の温室効果ガス排出源であり、水質汚染、土壌枯渇、広汎な環境破壊の原因である。そして衣服・娯楽・スポーツのために動物利用は必要ない。

実のところ、動物利用の中で唯一あからさまに下らないと言えないのは、深刻な人間の病を克服するための動物利用である。が、人助けのために人間を本人の同意なく「生け贄」にするのが許されないのと同様、本書はそうした動物利用も許されないと説く。動物が道徳的に大切なのであれば、人間を利用する上ではありえない目的のために動物を利用することも許されない。

私たちの暮らす世界では、暴力がますます拡大し、ますます規範と化しつつある。その理由は様々あるが、一つの重要な原因は、世に蔓延する動物関連の暴力が、人々に暴力は「自然」なものだと刷り込んできたことにある。暴力は生活の一環である。なるほど全ての生命は死を迎えるが、力ない者を犠牲となし、さしたる理由もなく殺害する選択に「自然」な要素など一切ない。それは単純に選択の問題であって、私たちは別の行ないを選択できる。

私たちは動物を「他者化」し、境界線を引いて、人間以外の種に属するかれらを「他者」の側へ置く。それによってかれらを好きに扱うことが認可される。これは人間集団への暴力を正当化する手法とまさに同じである。人間は特定の人々を、人種、心身の性別、民族的出自、その他、無意味な特徴をもとに「他者」の側へ置く。動物搾取は人間集団への差別と暴力を規範化する雛型《ひながた》に他ならない。人種差別、階級差別、性差別、同性愛嫌悪、自民族中心主義を拒まなければならないのと同様、私たちは種差別をも拒む必要がある。

望むらくは本書を契機に、日本で「人道的扱い」という空虚な言葉遊びを超えた議論が始まり、素朴な問いに焦点が当てられることである――動物を人間の物資として利用することは許されるのか、動物を人間の財産として扱うことは許されるのか、と。動物搾取は正当化できないという本書の議論に読者がうなずき、動物や動物製品を食べない、着ない、使わないという脱搾取《ビーガニズム》へ向かうことを願いたい。脱搾取は選択の問題ではない――動物が道徳的な価値を宿すのであれば、脱搾取は道徳的な使命である。人間が人間以外の動物に対し正当に振る舞うため、なさねばならない実践である。

動物たちの宿す道徳的重要性を、社会として受け止める唯一の道は、右の認識を個人の生活に反映させ、動物搾取という不正への加担から手を引くことに絞られる。

二〇一七年十二月十日

ゲイリー・L・フランシオン

献辞

生涯の伴侶にして、親友であり盟友であるアンナへ。彼女は私の生活をかぎりなく豊かにしてくれた上、恥じらうことなく私を動かし、二十年前、地域のシェルターで殺される予定だった一匹の犬を救わせた。この最初の一匹に始まり、今では救った犬たちがそこそこの「大世帯」になっている。多岐にわたるアンナへの恩は計り知れない。

アイリーン・チャンバレン、チェリル・バイヤー、グロリア・ビンコフスキー、エリザベス・コルビルへ。かれらは静かに長年にわたり、人に知られることも期待せず、行き場を失った世界の動物たちにありったけの資金と思いやりを注ぎ、多くの命を救ってきた。

常に私たちのそばを離れなかったパティ・シェンカーへ。

そして、道徳の本質をよくよく教えてくれた全ての動物伴侶たち、特に、むく毛の白犬ボニー・ビールへ。ボニーは一九九八年二月の深夜、混み合う通りを横切ろうとした時、故意に車にはねられた。脱水を起こし飢えていた彼女を、私たちは夜遅くブルース医師の元へ連れて行き、応急手当てをしてもらった。彼女はいささか歳を取っているようで、一本の脚は動かず、耳は聞こえず、目も悪かった。肺腫瘍も見つかったが、これはアン医師が緩和した。ボニーは車に乗り、庭を駆け回り、私たちの膝にいつまでも腰かけ、私の顎やアンナの肩に寄りかかって眠ることを好んだ。植物素材の食事、中でもエイミーの手作りビスケットをよく食べて、九ポンド〔約四キログラム〕もなかった体重は一六ポンド〔約七キログラム〕を超えた。彼女は私が会った誰よりも豊かな個性を具えている。その姿は〔原書〕表紙にある。そして私は、彼女が人格であり、道徳共同体の一員であり、モノ扱いされない権利を有することを、決して、微塵も疑わない。彼女は内在的価値を宿す存在である。私は彼女を心から愛している。

原書書影

目次　動物の権利入門――わが子を救うか、犬を救うか

日本語版刊行に寄せて・3

献辞・8

緒言・16

謝辞・23

序論 27

動物たち——私たちが言っていることと、私たちがやっていること・28／一般通念——私たちは人間を優先してよいが、それは「必要」な時に限られる・31／人道的扱いの原則——「不必要」な危害行為の禁止・33／問題——私たちは公言することを実践しない・34／財産たる動物——釣り合いの取れない天秤・35／解決策——動物の利益を真に考慮する・36／動物倫理の混乱・43／初期のアプローチ・44／道徳問題の「証明」について・47／動物の心・49／本書の概要・51

第一章 診断——動物をめぐる道徳的滅裂 53

モノとしての動物・54／虐待好きのサイモン・57／人道的扱いの原則——動物をめぐる道徳思想の革命・58／私たちの動物利用——私たちはみなサイモンである・63

第二章　動物実験――騙されがちな問題　91
研究での動物利用・93／製品試験での動物利用・107／教育での動物利用・112
第三章　道徳的滅裂の根源――財産としての動物　115
動物――人間が所有するモノ・116／人道的扱いの原則と動物福祉法の欠陥・121／動物福祉法の保護範疇・139／動物財産は普通の財産ではない？・143／あなたの犬猫の市場価値・146
第四章　道徳的滅裂の治療薬――平等な配慮の原則　153
私たちの二択・154／平等な配慮の原則――一般論的な説明・155／平等な配慮の原則と人道的扱いの原則・158／平等な配慮の原則――財産とされた人間・160／目的に資する手段としてのみ他人を扱うということ・164／平等な配慮の原則――基本権と平等な内在的価値・168／平等な配慮の原則を動物に適用する・174／動物は「人格」？・177
第五章　ロボット、宗教、理性　189

動物の正体はロボットである・191／動物は霊的劣等者である・194／動物は先天的な劣等者である・199／内在的価値の違い？・219

第六章　牛を飼って牛を食べる――ベンサムの過ち　223

奴隷制および動物にあてがわれた財産の地位に関するベンサムの考察・225／ピーター・シンガー――ベンサムを支持する現代の論客・229／人道的扱いの原則における欠陥――歴史の覚書き・242／まだ残る疑問点・245

第七章　動物の権利――わが子を救うか、犬を救うか　249

私はあなたの子よりもわが子を救う・251／偽りの衝突――火事の家に犬を入れない・252／残る衝突(原注4)・254／動物実験は「火事の家の二択」か・256／真の非常時や衝突時にはどうするか・257／宗教と動物の権利論・262／動物を人間に優先する？・263／動物の権利論と一般通念――見事な合致・264

補論――二〇の質問（と回答）　271

原注・335
総索引・337
解題・338
動物倫理学小史・339／動物の権利論と動物福祉・342／廃絶主義アプローチ・344

凡例　本文中の（　）および〔　〕は原著者のもの、〔　〕は、訳者のもの。

緒言

私たちの政治史と社会史は自己満足に彩られている――奴隷に指定された人々に対しても、有色人種や同性愛者、女性に対しても、それに動物に対しても。抑圧に反抗する社会の動きは、発生したとすればしばしば過激で暴力的なものとなる。そうならないまでも、それは急速に進められ、知的な思想に導かれる。奴隷制、人種差別、性差別、同性愛嫌悪に対する戦いは、完全ではないにせよ大きな勝利を収めてきた。人間と動物の関係をめぐる議論は長く続いているにもかかわらず解決の兆しがみえない。しかしおそらく、先行きは変わろうとしている。ゲイリー・フランシオン教授の手になるこの清々しく勇敢な著作は、人間である私たちが動物をどのような存在と見るか、自分たちの態度をどのように動物の扱いへと反映させるかを考え直す契機となるに違いない。

思想や態度の急進的な変革は、いつでも不安と苦痛を伴う。現状にすっかり寄りかかっている人々はあまりに多い。思えば、アメリカ独立宣言が「我らは以下の真実を自明と考える――全ての人間《メン》は平等であり、創造主より不可侵の権利を授かり、これは生存・自由・幸福追求を含む」と述べた時、新たにできたアメリカ合衆国の内部では、何百万もの人々が奴隷の地位に置かれていた。政界と学界の指導者らが集まって、独立国家に築きたい社会の構想を打ち出した際も、奴隷制は彼らの手になる憲法の中に根を下ろしていた。起草者らは公正で道徳的な社会をつくるのに欠かせないと思われる要素を列挙したものの、奴隷制の是非は真剣に吟味しなかった。各人の内に具わる尊厳を謳《うた》う社会が、一部の人間を生命のない物体と同じモノとして扱う政治体制を支持し、その恩恵にあずかっていたのである。高潔な道徳心や敬虔な信仰心、人並み以上の教養や影響力を持った人々も、この嘆かわしい言行不一致に目を向けず、人間の仲間を道徳共同体の中へ入れずにおいて、それをよしとした。

奴隷制が一部の人々をモノの地位に追いやっていた時代、法は奴隷を守ろうにも、奴隷財産の搾取が奴隷所有者の利益となるかぎり、当の所有者に奴隷の利益を考慮させることができなかった。奴隷制をより「人道的」に改めようとした者たちは、財産の最適な使い道を考える奴隷所有者らの意向から奴隷たちを守れなかった。漸進的な自由への歩みは頓挫した。既存の状況からの「改革」は立ち行かなかった。財産とされたままの奴隷に「権利」を与えるのは正解ではなかった。戦略的な人道主義の改革では不充分だった。状況を変えたのは、血みどろの紛争を経てようやく訪れた、奴隷制の廃絶である。

ゲイリー・フランシオンは本書で、人間による動物の利用と扱いに疑問を投げかける。私たちは動物の「人道的」扱いを重んじるというが、彼はそのような建て前に立った心地よい自己弁護を捨て、事実を認めよと迫る――本当の私たちは、この星をともにする動物たちの扱いを定めた法律や規制の陰で、かれらを真剣に配慮すべき利益など持たないモノとして扱っているのだ、と。

どうしたらそんなことがありうるのか。動物に「やさしい」人であれ、という社会規範は、私たち皆が納得する数少ない道徳律の一つではないのか。フランシオンの書は人道性倫理の覆いを剝ぎ取るが、この覆いは私たちの動物観を曇らせ、私たちはかれらの利益を真剣に汲んでいるという誤った考えへと人々を導くものである。真に動物の利益を考える社会は、他の食べものがある中で、肉の味の快楽のために何百億もの動物を殺したりはしないだろうし、動物を監禁してアグリビジネスや科学実験の苦しみにさらし、一時の楽しみのためにロデオやサーカスで動物を虐げることに賛意を示したりもしないだろう。人道的に扱われているはずの当の動物たちに対する私たちの搾取を、フランシオンは鋭く告発するが、それによってはっきりするのは、私たちが想像力のかぎりを尽くし、この人道的社会がまだ承認してもいないような動物搾取の手法を新たに考え出そうとすることである。

人道的扱いの原則が失敗した原因は、現代の動物虐待防止法に組み込まれた道徳理論の概念的欠陥にあるとフランシオンは考える。人道的扱いの原則は、十九世紀イギリスの哲学者であり法学者だったジェレミー・ベンサムの理論に起源をもつ。ベンサムは、動物が理性や言語能力を欠くと思われるのを理由に、人間がかれらをモノ扱いし、動物に直接の道徳的義務を負うことを否定するのは間違っていると考えた。ベンサムの主張では、《情感》、すなわち痛みや苦しみを感じる能力さえあれば、動物の道徳的地位を証明するのに充分である。有名な一節で彼は述べる。「おとなになった馬や犬は、生後一日、一週間、いや一カ月経った幼児と比べても、はるかに理性的でつきあいやすい動物といえる。だがそうでなかったとしてもそれが何であろう。問題はかれらが思考できるか、会話できるかではなく、かれらが苦しみを感じるかどうかである」。

フランシオンによれば、ベンサムの手落ちは彼が人間奴隷制に反対しながらも、動物が人間の財産という地位に置かれていることには異議を唱えなかった点にある。結果、人道的扱いの原則は、人間と動物の利益を「天秤にかける」よう私たちに求め、それによって動物の利益を道徳的に尊重しようと企てるにもかかわらず、暗礁に乗り上げざるをえない。なぜかといえば、ベンサムの進歩的と思える見方に立ってすら、動物はなお人間の資源としてしか存在を認められないからである。人道的扱いの原則のもとでも、動物はモノでしかない。

フランシオンいわく、私たちは少なくとも一つの教訓を奴隷制廃絶から得た——ある人間が道徳共同体に仲間入りしたら、その者を他者の目的に資する手段としてのみ扱うことは許されない。ある者が別の者の資源であってはならない。動物の利益を真に重んじるというのなら、私たちはかれらを人道的扱いにしか値しない資源と見てはならない。おのが利益を権利によって守られている集団と守られていない集団を比べ、両者の利益を天秤にかけるというような「折衷型」のシステムは、フランシオンにいわせれば後者の利益に対し、何ら意味ある保護を与えられない。

フランシオンの理論は独特で、哲学者トム・レーガンが著書『動物の権利擁護論』でとったような自由権の伝統理論にはもとづかず、また主著『動物の解放』でベンサムの理論を直接応用したピーター・シンガーのような功利主義の立場もとらない。フランシオンは、あらゆる道徳理論（権利論であれ帰結主義であれ、あるいはエコフェミニズムの「気づかい《ケア》の倫理」であれ）が内包するところの平等な配慮の原則が、動物を資源として扱い利用することを禁じると主張する。この要求は動物に対する私たちの道徳的義務を考える上で大きな意味を持つだろう。動物にモノという地位をあてがうことを認めない理論は、例外なく動物搾取の廃絶を推し進めなければならず、単に動物利用を規制してそれをより「人道的」なものとするだけであってはならない。

財産の歴史と、人間が与えただけの価値しか認められてこなかった動物たちの経済的地位をめぐる歴史をもとに、フランシオンが示す洞察は正しい――すなわち、動物が商品としか見られないうちは、かれらに対する私たちの扱いが抜本的に改まることはない。さらにいえば、動物がただ人間の目的に資する手段としてのみ扱われるかぎり、かれらの利益は決して人間の利益と対等にはならない。人間奴隷制と同様、動物たちの利益は常に低く評価される構造があるので、平等な配慮の原則は決してかれらに適用されえない。したがって動物たちはベンサムがいうごとく、「モノという分類に貶められる」。

同様の事例を同様に扱うという原則にしたがうなら、人間であろうと動物であろうと、情感ある存在を単なる資源として扱うことは一切許されない、とフランシオンは論じる。もしも動物の利益がわずかでも道徳的意味を持つのだとすれば、かれらには一つの基本権がなければならない――モノとして扱われない権利である。私たちは動物搾取をただ規制するのではなく、廃絶しなければならない。フランシオンの主張では、動物のモノ扱いを完全否定することは言うほど急進的ではない。すでに私たちは動物に「不必要な」苦しみを与えることに抗議しており、かたや私たちの動物利用は大半が到底必要とはいえないものだからである。なるほど真の衝突時や非常時、例えば炎に包まれる家の前を通りがかり、中に人間と動物がいてどちらか一方しか助けられない場合などは、前者の利益を後者の利益よりも優先したがるかもしれないが、私たちはそもそも動物をモノ扱いしてそのような衝突の原因をつくること自体をやめるべきなのである。

本書の核心をなす明快で説得力ある議論を消化した読者は、私たちの動物の扱いが、かれらの利益を真剣に考慮しているという私たち自身の主張に反することを認めるだろう。フランシオンは、これまでとは全く違う新しい関係が人間と他の動物のあいだに築かれなければならないと述べ、それは私たちの制度、産業、および環境との関わりを一新するものであるべきだと唱える。

不都合な真実に向き合うのは簡単ではない。フランシオンは人間による動物の扱いの現実を、はっきり読者の眼前に示す。その上で、私たちは動物の利益を真剣に考慮していると、もう一度言ってみよと迫る。現実を包み隠す否定の覆いがフランシオンの手で剝ぎ取られてみると、動物搾取を正当化する私たちの議論は、奴隷制擁護論と変わらないほどに、空虚で、偽善的に思えてくる。フランシオンの理論は急進的だが、簡潔という意味では革命的思想が得てして簡潔であるのと変わらない。それは「私は人だ」と口にした奴隷の声の名残りともいえる。

フランシオンの一九九五年の著作『動物・財産・法律』は、動物の法的地位を本格的な学術研究の主題とした嚆矢《こうし》にあたる。この本で、フランシオンは動物にあてがわれた財産という地位を詳しく分析しており、そこで構成された議論は現在も学校や大衆メディアを舞台に展開されている。続いて一九九六年に彼が発表したのは『雷なき雨――動物の権利運動の思想』で、アメリカの動物の権利運動を研究した本作は、概してそれらの運動が動物の権利論の立場を避け、動物搾取の廃絶ではなく規制に傾いていると論じた。

本作『動物の権利入門』は、人々が広く共有する伝統的な道徳観をもとにフランシオンが築いた動物の権利論を解説する。動物倫理上の難しい哲学問題にも挑むが、彼の説明は極めて分かりやすく、このテーマに関心さえあれば読者を選ばない。ものを見透かす洞察眼、磨き抜かれた知性、動物の権利問題を扱う国内随一の弁護士としての長い実践経験――これらを併せ持つフランシオンのような人物がいて初めて、従来の姿勢に代わる新たな視点から人間と動物の関係を見つめ、その関係を考え直す峻厳で建設的な理論基盤を示すことが可能となる。

近年、法学校で動物の権利論の授業が増えていることに注目が集まっている。フランシオンの講義・業績・公益訴訟が、この潮流をつくり出すのに貢献していることは疑えない。同僚のアンナ・チャールトンとともに、フランシオンは十年以上にわたりラトガース大学法学院で動物の権利法を教え、各地の法学校で国内唯一の動物の権利訴訟の短期講座を開いてきた。時代をさかのぼって、彼と私がペンシルベニア大学の法学院にいた頃から、フランシオンは自身の法学講義で動物の権利論を扱っていた。他の識者も彼の議論に倣《なら》うが、フランシオンの著作はこの研究分野の規範を示す。

私のことをよく知る人々はこの緒言に驚くに違いない。成人になって大半の期間、私は鳥撃ちと魚釣りに熱中していた。スコットランドを離れて二十年が過ぎようとしている今でも、親友の中には何人かの鳥撃ち仲間がいる。私がゲイリー・フランシオンと出会ったのは、友人であり教師でもあるデビッド・ヨルデン・トムソン教授を介してのことだったが、教授とは週に三日、バージニア州へ鴨《かも》と雁《がん》を狩りに行った。けれども真剣に狩りをしていたのはもう何年も前のことになる。サウスカロライナ州の農場には、魚釣り目的でよく足を運ぶものの、船から釣り糸を垂れた記憶は思い出せない。あるクラブが農場で鳩撃ちを開催した折は私も誘われた。私は参加しようか迷っていると答えた。そして結局、参加はしなかった。そして二度と鳥を撃とうとは思わない。肉はまだ食べている（量は減ったが）。鱒《ます》のフライフィッシングは多分またやるだろう。なので私の中には葛藤がある。説明はしないし、できない。しかしはっきり言った方が良さそうなのは、もし私が一八五〇年に今と同じような環境で生活していたら――すなわち、南部に家族農場と広大な綿花畑を抱えて暮らしていたとしたら――私はきっと、内心で罪悪感を覚えたとしても（そうであってほしいが）、奴隷制には反対しなかったに違いない。

アラン・ワトソン
ジョージア州アセンズ

二〇〇〇年五月一日

謝辞

誰よりも先に、私の同僚にして生涯の伴侶でもあるラトガース大学法学院の非常勤教授アンナ・E・チャールトンに謝辞を捧げたい。優れた法律家であり教育者である一方、アンナは本書の土台となった議論をともに練り上げてくれた相方である。彼女はラトガース大学・動物の権利法センターの共同創設者・共同監督も務めた。本書が示す思想の多くは、彼女と私が過去十年にわたり同大法学院で教えてきた「動物と法」の講義内容をもととする。実際、本企画の構想は彼女に負うところが大きいと思われたので、私は共著にすることを申し出た。アンナは断ったが、私は本書が自分の作であるとともに彼女の作でもあると思っている。

長い議論に付き合ってくれたアラン・ワトソン、ドゥルシラ・コーネルに心から感謝するとともに、アラン・ワトソンが緒言の執筆を快諾してくれたことを光栄に思う。また、同じく議論を交わしたピーター・シンガーにもお礼申し上げる。主張はおよそ異なるが、彼は誰よりも優しく寛大な同輩である。折に触れ法学上の問題を話し合ったラトガース大学の同僚たち、アルフレッド・ブラムローゼン、アレックス・ブルックス、フィリップ・シャックマンにも感謝の言葉を申し添えたい。ラトガース大学法学院の学部長スチュアート・ドイチュ、副学部長ロナルド・K・チェン、学長ノーマン・サミュエルズ、ならびに前学部長ロジャー・I・アブラムズは、あらゆる形で本書の作成を手助けしてくれた。

マーク・ベコフ、テッド・ベントン、グロリア・ビンコフスキー、レスリ・ビスグード、ビル・ブラットン、チェリル・バイヤー、アイリーン・チャンバレン、エリザベス・コルビル、マーリー・コーネル、ジェームズ・コリガン、デビッド・ドゥグラツィア、コーラ・ダイアモンド、ジェーン・W・エバンス、アーニー・フェイル、プリシラ・フィーラル、故ホセ・フェラテール・モーラ、マイケル・アレン・フォックス、ヘンリー・ファースト、デイドリ・ギャラガー、ジェーン・ゴルドバーグ、ローリー・グルーエン、コーラル・ハル、テリー・ケイ、アーサー・キノイ、故ウィリアム・M・カンストラー、アイリーン・ラノ、シェルドン・レダー、ジェフリー・ムセイエフ・マッソン、ロバート・オラボナ、シモン・オスウィッチ、モーリーン・プリマー、ジェリー・シルバーマン、ボニー・ソンダー、シェルトン・ウォールデンらとの議論から多くを得た。本書で語る議論の概要は、ラトガース大学、ブロック大学、エセックス大学、ハーバード大学法学院、マンチェスター大学、スクラントン大学、アメリカ哲学協会など、多くの場で発表し、その都度、貴重な感想をいただいた。

ラトガース大学の演習科目「動物と法」の受講生たちは、この問題に関する私の考え方に絶えず刺激を与えてくれた。これまでの学生たち皆に感謝したい。研究助手のダニエル・アガティノ、カレン・ベーコン、スティーブン・フローレス、ミシェル・ラーナー、メガン・メッツェラー、リディア・ザイドマンらは素晴らしい仕事をしてくれた。とくにフローレス、ザイドマンは多大な貢献をしてくれたことで、ここにその名を記しておきたい。秘書のメアリー・アン・ムーア、副学長のマリー・メリト、リンダ・ガルバッチオ、および学部理事のロサーン・ラニエー、ならびに図書館司書、キャロル・ローレンベック教授、および彼女のもとの優秀なスタッフたち、マージョリー・クロウフォード、ダン・キャンベル、スザンナ・キャマルゴ・ポール、ヘレン・レスコバック、スティーブン・パーキンス、ニナ・フォード、エヴリン・ラモネス、ブライアン・カッジョー、ダニエル・サンダースらは様々な方面で私を支えてくれた。キャスリーン・レーン、ベルナデット・カーターはたび重なるコンピュータ・トラブルの対処に当たってくれた。

多岐にわたって執筆を支えてくれた動物擁護団体「動物の友」のパティ・シェンカー、ダグ・ストール、ビル・クロケット、マーリー・コーネル、アーニー・フェイル、プリシラ・フィーラル、ロバート・オラボナ、ならびにヘンリー・ファースト、エイミー・スパーリング、ジェーン・ルビン、北米ベジタリアン協会とノイマン‐パブリッカー財団の友人たちには特別の謝意を表したい。ジョン・コーラー先生の針治療なしては、半日をコンピュータの前で過ごすことはできなかったことと思う。また、この本を書いている最中、なかなか実家に帰れなかった息子を温かく見守ってくれた両親に感謝したい。

テンプル大学出版の方々――編集者であり友人でもあるドリス・ブレンデル、出版ディレクターのロイス・パットンおよびその同僚であるチャールズ・オールト、デビッド・ウィルソン、ジェニー・フレンチ、アン・マリー・アンダーソン、ゲイリー・クラマー、タミカ・ヒューズ、アイリーン・インペリオ、ジュリー・ルオンゴ、非常勤の原稿整理係であるキース・モンリー、マーリー・コーネル、ジョーン・バイダル、メガン・メッツェラーの各氏――は、優れた本づくりに従事してくれた。アメリカの学術界に残された、真に進歩的で革新的な数少ない大学出版の一つから自著を出せることを名誉に思う。貴重な写真を提供してくれた「動物の友」、動物解放社、人道的農業協会とゲイル・A・アイスニッツ、ジョイ・ブッシュ、毛皮動物協会、アメリカ動物実験反対協会に深謝したい。

最後に、人ならぬ私の家族――ストラトン、エマ、チェルシー、ロバート、スティービー、ボニー・ビール、サイモン――は、動物が思考できるか、自己意識を持つか、人間に近い種々の感情を宿すかを考えるのは、自分以外の人間がそれらの特性を持つのかと問うのに等しいことだと教えてくれた。私たちは絶対の確信を持って、動物がそれらの特性を持つとは証明できないが、それは人間の精神がみな同じであるとは断言できないのと同じである。が、そうした点についてとことん懐疑論を弄びたい人々には、地球が球体であることを疑う地球平面協会が新しい会員を募っていることを朗報として伝えたい。

序論

動物たち──私たちが言っていることと、私たちがやっていること

動物たちに関し私たちが口にする信念と、動物たちに対する私たちの実際の扱いには、大きな隔たりがある。一方において、私たちは動物の利益を真剣に考慮すべきだと唱える。AP通信の統計では、アメリカ人の三分の二が次の主張に共感する──「苦しまずに生活する動物の権利は、苦しまずに生活する人間の権利と同じ程度に重んじられなければならない」。アメリカ人の五割以上は、毛皮のコートをつくるために動物を殺したり、スポーツで動物を狩ったりするのは間違っていると考える。(原注1)五割前後は、動物が「あらゆる重要な点で人間と変わらない」と信じている。(原注2)五割以上は犬や猫と暮らし、その九割ほどはペットを家族とみて、(原注3)かれらの命を救うためであれば負傷や死の危険をもいとわない。(原注4)アメリカ人は犬猫の獣医ケアに年間およそ七〇億ドルを使い、(原注5)犬猫以外も併せてペットフードとアクセサリーに二〇〇億ドル以上を費やしている。(原注6)

こうした態度は他国にも見られる。例えばイギリス人の九四パーセント、(原注7)スペイン人の八八パーセント(原注8)は動物が残忍行為から守られるべきだと考え、動物を苦しめる遺伝子操作技術の利用は、その目的が人命を救う治療薬の開発であったとしても、たった一四パーセントのヨーロッパ人しか支持しない。(原注9)そして、人間が素晴らしい努力を傾注して動物を救った話は毎日のようにニュースを飾る。例えば一九八八年には三頭の鯨《くじら》がアラスカの氷に囲まれて動けなくなり、救助は多大なボランティアの協力を得て数週間におよび、救助総額は約八〇万ドルに達し、世界中のメディアがこれに注目し、あげくはアメリカとソ連がこの救助をめぐって協力するにまで至った。(原注10)

ところが他方において、私たちが実際に動物を扱う仕方は、かれらの道徳的地位に関し私たちが口にし

ていることと際立った対照をなす。私たちは毎年、何百億という動物たちに途方もない苦痛と苦悩を味わわせる。

合衆国農務省によれば、アメリカでは年間八〇億頭を超える動物たちが食用目的で殺され、内訳は牛と子牛が約三七〇〇万頭、豚が一億二〇〇〇万頭、羊と子羊が四〇〇〇万頭近く、鶏が七九億羽、七面鳥が二億九〇〇〇万羽、鵞鳥《がちょう》が二二〇〇万羽となる。[原注11] 馬は毎年一〇万頭以上が屠殺される。[原注12] 一日に屠殺される動物はおよそ二三〇〇万匹にのぼり、つまりは一時間に九五万匹、一分に約一万六〇〇〇匹、一秒に二六〇匹以上が殺されている計算になる。ここには世界全体で殺されるその他何百億もの動物は含まれない。[訳注1] こうした動物たちは恐ろしい環境で飼育され、麻酔剤もなしに体の様々な箇所を損傷され、狭く汚いコンテナに入れられて長い距離を移送され、最後には汚臭と騒音に満ちた不潔な解体場で屠殺される。私たちは魚をはじめとする海の動物たちも毎年何百億と殺害する。私たちはかれらを釣り針で捕らえ、網の中で窒息させる。スーパーにはハサミをゴムバンドで閉じられ餌も与えられずに何週間も狭い水槽に押し込められているロブスターたちがいて、私たちはかれらを購入した後、生きたまま煮えたぎる湯に放って調理する。

猟師は合衆国で年間およそ二億の動物を殺しており、内訳は嘆鳩《なげきばと》五〇〇〇万羽、栗鼠《りす》と兎二五〇〇万匹、うずら二五〇〇万羽、雉《きじ》二〇〇〇万羽、鴨《かも》一〇〇〇万羽、鹿四〇〇万頭、雁《がん》二〇〇万羽、赤鹿一五万頭、熊二万一〇〇〇頭などとなる。[原注13] その他に猟師は数十万匹ものアンテロープ、ピューマ、スカンク、コヨーテ、アライグマ、狼、狐、猪、赤大山猫《あかおおやまねこ》、白鳥、七面鳥等々を猟殺する。この数値は営利の狩猟場や鳩撃ち大会

訳注1　世界で食用に殺される陸生動物は約六三〇億匹、水生動物は約一兆から三兆匹と試算される。Mood, A and Brooke, P（2010），“Estimating the Number of Fish Caught in Global Fishing Each Year” fishcount.org.uk/published/std/fishcountstudy.pdf（二〇一七年八月二七日アクセス）。

のようなイベントで殺される動物を含まない。さらに、猟師は動物を肢体不自由にして、殺害も回収もせずにその場を去ることが少なくない。例えばある試算によれば、弓を使う猟師は矢で射た動物の半数を回収せず放置する。（原注14）数に入らない動物を加算すると、狩猟の犠牲は少なくとも数千万匹は多くなる。傷を負った動物たちは出血や胃腸の損傷、重篤な感染症によって、数時間、ことによっては数日をかけ、徐々に力尽きていく。多くの動物たちは狩猟によって絶滅にまで追い込まれた。

合衆国だけでも、私たちは毎年数百万もの動物を生物医学の実験や製品試験、教育（解剖実習など）に使う。この動物たちは毒物・疾病・薬剤・放射線・銃弾や、あらゆる物理的・心理的剥奪の影響を調べるために利用される。かれらは体を焼かれ、視力を奪われ、飢えにさらされ、放射線や電気ショックを浴びせられ、毒や疾患（癌など）や感染症（肺炎など）に冒され、睡眠を妨げられ、独房に閉じ込められ、四肢や眼球を取り除かれ、薬物中毒にさせられ、中毒になったその薬物を強制的に取り去られ、ケージ内での一生を強いられる。実験中に死なない動物たちの大半は後にすぐ殺されるか、別の実験に再利用されて最終的に殺される。しかもこれら全ては人間の健康を高め、人間の病気を治すために行なうことだと語られる。

何百万という動物たちは、単なる娯楽のために利用される。映画やテレビには動物「役者」が使われる。合衆国では無数の動物園、競馬場、ドッグレース場、サーカス、カーニバル、ロデオ、海洋哺乳類ショーが営まれ、他国でも闘犬をはじめ、同じような事業が散見される。娯楽に使われる動物たちは一生涯にわたる拘束や幽閉、劣悪環境での生活、極度の身体的困難や危険、虐待に苦しめられることが多い。かれらの大半は利用価値がなくなった時点で殺害されるか、あるいは実験施設や営利の狩猟場に売却される。

そして私たちは毎年数百万もの動物たちを、たかがファッションのために殺戮する。世界ではおよそ四〇〇〇万匹もの動物たちが罠で捕獲ないし毛皮農場の集約監禁施設で飼養されたあげく、電流やガス、首折りによって殺される。合衆国では一年に八〇〇万から一〇〇〇万匹のミンク、コヨーテ、チンチラ、ビーバー、アライグマ、兎、狐、黒貂《くろてん》、等々が毛皮のために殺害される。

要するに、動物たちをめぐる私たちの思考は、一種の「道徳的滅裂」に陥っているといっても過言ではない。動物たちが持つ利益は道徳的に無視しがたい、と私たちは口にしながら、実際にはその主張に反することを動物たちの身におよぼしている。

一般通念──私たちは人間を優先してよいが、それは「必要」な時に限られる

本書では、動物に対する私たちの言行不一致を理解するため、動物の道徳的地位に関する問題に光を当てたい。手始めに、この問題に関し何かしらの一般通念があるかどうかを確かめるのがよいと思われる──動物の道徳的地位に関し、検証に値するだけの広く受け入れられた直観や態度はあるだろうか。

私のみるところ、大半の人が賛成するであろう動物をめぐる道徳観は、二つの直観にもとづき、その両者とも「必要」の概念を含んでいる。

直観その一──私たちは「必要」とあらば人間を優先する

私たちは動物を人間と「同じ」とは考えない。人間と動物の利益が本当に衝突した場合、あるいは非常事態によって人間か動物かどちらかの利益を優先させなければならない場合──つまり、その選択が必要な場合──、大半の人は人間の利益を動物のそれに優先させるべきだと考える。

次のような状況を考えてみよう。あなたが家に着くと、そこは炎に包まれていた。燃える家屋にはあな

たの子供とあなたの犬が生きたまま閉じ込められている。近くに他の人はいない。炎の燃えようは凄まじく、あなたには子供と犬のどちらかしか救う余裕がない。あなたはどちらを選ぶか。答は聞くまでもない——あなたは子供を救う。しかしこの仮定は不当である。そもそも大半の人は、わが子とともに火事の家に残された者が他人の子であったとしても、マザー・テレサであったとしても、私たちが敬うその他の人物であったとしても、わが子の命を救うに違いない。それどころか正直に言えば、ほとんどの人は一〇人の人の子を見捨ててでも自分の子を救おうとするだろう。

少し仮定を変えて、燃える家にいるのが見知らぬ犬と人だったとする。あなたはどちらを助けるか。やはり答は簡単である。道徳的な直観から、あなたは動物よりも人間を優先すべきだと判断するだろう。しかし、仮に犬が家族の一員であなたと関係があり、人の方は知らない者だったとしたら、この道徳的直観はゆらぐかもしれない。また、犬を知っていようといまいと、家に残された人というのがアドルフ・ヒトラーやチャールズ・マンソン〔カルト指導者の殺人犯〕だったとしたら、直観はなおゆらぐのではないか。ただいずれにせよ、大抵の非常時には——少なくとも観念的には——、私たちは人間を動物に優先させるのが道徳的に好ましいことと考える。

直観その二——動物に「不必要」な苦しみを与えるのは間違っている

真の非常時や衝突時には人間を動物に優先させるとしても、私たちは一方で、動物たちが（少なくともその多くが）人間と同じく、また植物や鉱物と違い、《情感》[訳注2]を持つことを認める。すなわち、かれらは意識を具え、主観的に痛みと苦しみを感じられると私たちは考える。[原注15]人間と同様、人間以外の情感ある生きものは、苦痛を味わわずにいることを利益とする。つまり、かれらは痛みに苦しまないことを欲し、望み、願う。動物たちには他の利益もあろうが、情感を具える以上、最低でもかれらにとって苦痛を避けることが利益なのは間違いない。私たちはそのような利益を道徳的に重要なものとみて、動物に不必要な苦しみを与えてはならないと認める。

人道的扱いの原則――「不必要」な危害行為の禁止

動物をめぐる一般通念の元にある以上二つの直観は《人道的扱いの原則》に反映され、これは十九世紀以来、西洋文化に根を下ろした異論の余地ない考え方となっている。人道的扱いの原則は人間の利益を動物のそれに優先させることは認めながらも、それは必要な範囲に限るとして、動物に不必要な危害を加えてはならないと定める。この原則は道徳律であるだけでなく法理にもなっている。「動物福祉法」は人間が動物に不必要な苦しみを与えることを禁じると謳う。さらに、動物への不必要な危害を禁じる理由は、そうした行為が人間同士の優しさを損なうからというばかりでなく、動物たち自身にとってそれが不当だからとの考えにもとづく。

動物の利用や扱いが人道的扱いの原則に照らして必要といえるかどうかは、動物の利益と人間の利益を天秤にかけて判断する。天秤が人間の方に傾いたら――つまり、動物を苦しめて得られる人間の利益が、苦

訳注2 「情感」の原語であるsentienceは本来、ものを感じる能力一般を指し、動物倫理の領域ではより具体的に、快楽や苦痛を経験する能力と解される。おもに「感受性」「感覚性」などと訳されるが、経験能力としてのsentienceには主体の積極的な心の働きが関わっていると考えられるので、本書では受動的かつ機械的な語感がある「感受性」「感覚性」などの言葉を避け、「情感」を訳語に用いることとした。

しめられずにいる動物の利益よりも大きければ——その利用や扱いは必要とみなされ、よって道徳的に正当化できると考えられる。逆に天秤が動物の方へ傾いたら、当の危害行為は不必要とみなされ、したがって道徳的に正当化できないとされる。もちろん、このような利益の比較衡量《こうりょう》は正確な作業にはならず、個々の事例における人間と動物の利益の相対的な重みや、「必要な危害」を構成する条件については、人々のあいだで意見が割れることは充分に考えられる。しかし細部でどのような意見の違いがあろうと、絶対に認めざるをえない点がある——不必要な危害の禁止というものが、ともかく何らかの意味を持つのだとしたら、ただ私たちの娯楽や快楽のために動物を苦しめることは道徳的・法的に不当とされなければならない。動物の利用や扱いに、ある重要な限界が存することを否定するわけにはいかない。

問題——私たちは公言することを実践しない

私たちは、必要な際には人間を優先するとしても、動物に不必要な危害を加えるのは不当だと口にする。が、現実を見ると、私たちの動物利用は圧倒的大半が、単なる習慣・伝統・娯楽・利便・快楽のために正当化されている。言い換えれば、私たちが動物に加える危害の大半は、「必要」という概念をどう解釈するにしても、完全に不必要と言わざるをえない。

例えば、映画やサーカス、ロデオ、スポーツ・ハンティングといった娯楽での動物利用は、そもそもの定義からして必要とはみなせない。にもかかわらずこれらの活動は全て、動物への不必要な危害を禁じると謳《うた》う法律によって守られている。毛皮のコートを着たり、代わり映えのない日用品の製品試験に動物を使ったり、動物実験を経た新ブランドの口紅やアフターシェーブ・ローションを買ったりするのは、明らかに必要ではない。しかし規模の点で最重要なのは畜産業であり、これによって合衆国だけでも年間八〇億匹もの動物たちが食用に殺されている。第一章でみるように、肉をはじめとする動物性食品を摂取することは全くもって必要ではない。どころか、保健専門家のあいだでも動物性食品は人間の健康に悪いという見解が広まっている。さらに、権威ある環境科学者らが、畜産中心の農業による多大な地球への負担に警鐘を鳴らしている。いずれにせよ、私たちが何十億もの畜産用動物に計り知れない苦痛と死をもたらすのは、肉の味を楽しみたいからでしかない。また、実験や製品試験、科学教育で動物を用いる例は、私たちとかれらのどちらを選ぶかという古典的な「火事の家の二択」問題を代表するものと思われがちであるが、そうした動物利用の必要性も同じく、真剣に問われてよい。

財産たる動物――釣り合いの取れない天秤

私たちの甚だしい言行不一致の原因は、動物にあてがわれた《財産》という地位にある。[原注16] 動物は人間の所有する物資であり、財産所有者たる人間が与えた以外の価値を有さない。財産という動物の地位は、人道的扱いの原則や動物福祉法が求めるはずの比較衡量を全くの無意味に帰するものであって、何となれば本当のところ、天秤にかけられるのは財産所有者の利益と動物財産の利益だからである。財産法や経済学に通じていなくとも、この天秤が動物の側に傾く可能性は、あったとしても稀であろうことは理解できる。家にある自動車や時計の利益を自分の利益と比較衡量しろと言われれば、誰でも当然奇妙に思う。自動車や時計は財産でしかない。道徳的に重要な利益はなく、単なるモノとして、所有者たる人間が認めた価値しか持たない。動物は単なる財産なので、私たちは普通、こちらの経済的利益に繋がるかぎり、かれらの利益を無視して、どんなに恐ろしい危害や殺害におよんでも許される。

必要とあらば動物の利益を人間の利益に優先させることもできる、と私たちは言うが、動物に対する人間の財産権を保護するためには、いつでも動物に不利な判断を下す必要がある。必要な危害なる概念には、動物という財産の特定利用に伴うあらゆる危害が含まれると解釈してよい――たとえその目的が利便や快楽でしかないとしても、である。人間と動物の干渉は、全て火事の家の二択に等しい利益の衝突とみなされる。財産所有者としての人間の利益はほぼ常に優先される。天秤にかけられる動物はみな「ペット」「猟獣」「実験動物」「食用動物」「ロデオ動物」等々の動物財産であり、かれらはただ私たちに利用されるためだけに存在し、私たちの目的に資する手段としてしか価値を認められない。人間と動物の利益を比較衡量する場面など実際には皆無であり、動物が財産の地位にある以上、選択肢は初めから決まっている。

解決策――動物の利益を真に考慮する

動物の利益を真に考慮し、かれらに不必要な苦しみを課さないという私たちの言明に内実を伴わせるには、一つの方法しかない――《平等な配慮の原則》、すなわち同様の物事を同様に扱う規則を、動物に適用することである。平等な配慮の原則自体は物珍しい概念でもとりわけ難しい概念でもない。そもそもこの原則はあらゆる道徳理論が内包し、人道的扱いの原則と同様、道徳問題を考える上で大半の人々が普段から用いる概念でもある。平等な配慮の原則を動物に適用することは、動物を何らかの意味で人間と「同じ」とみたり、動物が私たちとあらゆる点で「対等」であるとみたりすることではない。その意味はただ、人間と動物が同様の利益を持つなら、特別の理由がないかぎり両者の利益を同様に扱うべきである、ということに尽きる。一般通念上、動物は少なくとも一点において現に私たちと同様の存在とされる。すなわち、動物は情感を具え、私たちと等しく、苦しまないことを利益とする存在である。その意味で人間と人間以外の動物たちは似た者同士であり、情感を具えないあらゆる世界存在と異なる者といえる。

私たちはどんな苦しみからも人間を守るというわけではなく、それは不可能でもあるが、少なくとも単なる他者の資源として利用されることから起こる苦しみは、人間の老若・賢愚・貴賤を問わず、一切否定する。種々様々な人間搾取に目をつむることはあっても、そこには限度がある。ある人間を他の人間の財産とすること、ある人間を他の人間の目的に資する手段としてのみ扱うことは、道徳的に許されない。そこで、他人の財産とされずにいる利益を守るために、「権利」という仕組みが用いられる。より具体的には、全ての人間は他人の財産とならない「基本権」を持つ者とされる。動物と人間は情感を具える点で等しい。苦しまずにいる動物の利益が道徳的に重要だというのであれば、平等な配慮の原則にもとづいて基本権の範疇を動物にまで広げ、道徳的に妥当な理由がないかぎりかれらがモノや財産として扱われないよう計らう必要がある。動物たちは人間と同様、資源扱いによる苦しみの一切から免れることを利益とするのであって、その道徳的重要性が無視されてはならない。

本書は動物の権利を主題とするので、ここでひとまず、権利一般の概念と基本権の概念についてまとめるとともに、平等な配慮の原則が動物の持つ資源扱いされない権利の認識へ至るとはどういうことかを考えてみたい。

権利の概念

権利という概念をめぐっては様々な混乱があるが、本書の目的に即し、以下では事実上すべての権利論に見られる権利概念の一側面にのみ着目する――すなわち、権利とは利益を守る一つの方便である。利益が権利によって守られているとは、他者の得になるというだけでその利益が無視ないし侵害される事態が防がれていることを指す。権利は柵や壁に譬《たと》えてもよく、それが利益の周りを囲って「立入禁止」の札を掲げ、侵入を得とみる者をも立ち入らせないイメージだと思えばよい。ある論者が述べるように、権利は「個への敬いから生じる道徳概念である。権利は個の周囲に防壁をめぐらせる。それによって個は、公共の福祉が損失を埋め合わせる場合でもなお、国家や多数派から守られる資格を得る（原注17）」。

例えば自由言論の権利は、他者の評価に関わらず自己表現する利益を保護し、他者が得をするというだけでその表現を抑え込むことを許さない。ただし権利は絶対的なものではなく、保護に例外を設ける。自由言論の権利を例にとれば、これは混雑する映画館で「火事だ！」とハッタリの叫びを上げたり、デマや中傷を並べたりする行為を保護するものではない。このような場合、言論を唱える利益は保護されないが、いずれのケースでも、単に他の者が発話者と意見を異にするというだけで言論の内容を検閲するわけではない。

同じように、自由権は他者の評価に関わらず私たちが自由でいる利益を保護する。私を牢屋に閉じ込めた方が得だというだけで、他者が私を投獄したいと思っても、私の権利がそのような扱いを許さない。しかしこの権利も絶対ではない。陪審が私の有罪を認めたら、私は自由を手放さなくてはいけないこともある。しかし自由でいる利益は、他人がどう評価しようと、それだけで奪われはしない。

財産権もまた、モノを所有する利益、モノを使用・売却・処分・評価する利益を守る（その利益を軽んじて得をする者がいても）。そして財産権も他の権利と同様、絶対ではなく、他者を害する目的で財産を使うことは許されない。また、時には国家が財産を奪うこともあるが、その際は普通、所有者への補償が求められる。

モノ扱いされない基本権

人々の利益には幅広い相違があるので、二人の人間が全く同じ物事を望んだり欲したりすることはほぼありえない。ある人々はプッチーニの『ラ・ボエーム』を好み、ある人々はピンク・フロイドのロックを好む。ある人々は大学教育を受けたがり、ある人々は商業を学びたがり、さらにある人々はどちらも望まない。しかし脳死などの理由で情感を欠くのでなければ、痛みと苦しみがないことは万人にとって利益となる。

私たちは人間をあらゆる苦しみから守るわけではなく、どんな利益を権利で保護すべきかについても統一見解を持たないものの、他人の財産や物資とされることによる苦しみからは全ての人間が守られるべきであるという点は基本的に受け入れる。どんな人物であろうと、人を他人の財産とすることは一切正当と認められない。事実、多くの道徳問題をめぐって様々に意見の割れるこの世界の中、国際社会が認める数少ない規範の一つに、奴隷制の禁止がある。しかもこれはある種の奴隷制が「人道的」か否かを問うているのではなく、全ての人間奴隷制が悪だと言っているのである。無論、人間奴隷制がこの世から完全に消え去ったというのは正しくないにせよ、この制度は世界的に不正とみなされ、法的には禁じられている。他人の財産とされない人間の利益は権利によって守られ、ある者の得になるというだけでそれを無視ないし否認することは許されない。他人の財産とされない権利は、人間が持ちうる他の権利と違って「基本」的なものであり、諸々の権利の基盤となる。それは道徳的に重要な利益を保証するための前提条件といってよい。単なる他者の手段とされない権利が認められなければ、人に付与されたその他のあらゆる権利、自由や自由言論や投票や財産所有の権利等々は全くの無意味と化す。(原注18)つまり、もし私が勝手に誰かを奴隷にして殺すことが許されるとするなら、その人物が持つはずの他の諸々の権利はほとんど役立たずになる。人間が他にどんな権利を持つかは様々な意見があるにせよ、いやしくも人間が権利を持つためには、モノ扱いされない基本権がなくてはならない。

動物の権利

平等な配慮の原則は、道徳的に適切な反対理由がないかぎり同様の利益を同様に扱うよう求める。全ての人間に他者の財産とされない基本権を認めながら、全ての動物にはこの権利がないものと考え、かれらを単なる私たちの資源とすることは、道徳的に適切な理由から正当化されうるだろうか。

よくある答は、人間と動物には色々な差異が確認できるので違う扱いをしてもいいのだという主張である。例えば動物は合理的ないし抽象的な思考ができないので、人間はかれらを財産としてもよいと言われる。先に述べておくと、多くの動物が合理的・抽象的思考力を持つという事実は、犬に尻尾があるという事実と同じ程度に否定しがたい。が、仮に動物が合理性を欠き、抽象的な思考を働かせられないとしても、それが道徳上どのような差異を生むというのか。幼い子供や重度の精神遅滞を抱える人など、多くの人間は合理的・抽象的思考ができないが、私たちはそうした人々を痛ましい生物医学実験の材料や衣服の材料にしようとは決して考えない。公言していることに反して、私たちは動物の持つ人間と同様の利益を、人間とは別様に扱い、それによって動物の利益を道徳的に無意味なものとしている。

人間をその他すべての動物から分かつような特徴はない。ある特徴をもとに全ての人間を「特別」な地位に引き上げ、他の動物から分け隔てようとしても、一部の人間以外の動物が必ず同じ特徴を具えている。ある「欠陥」をもとに動物を人間以下とみなしても、一部の人間集団が必ず同じ欠陥を抱えている。どのつまり、かれらと私たちを分ける唯一の違いは種《しゅ》でしかなく、種だけを基準に動物を道徳共同体〔道徳的配慮の対象となる集団）から排除するのが正当でないのは、人種が人間奴隷制を正当化せず、性が夫による女性の所有を正当化しないのと同じことである。種をもとに財産という動物の地位を擁護するのは《種差別》であり、これはちょうど、人種や性をもとに人間の財産化を擁護するのが人種差別や性差別であるのに等しい（原注19）。動物の利益に道徳的な重要性を持たせたいのであれば、同様の事例は同様に扱わねばならず、人間が相手であればためらうような仕方で動物を扱ってはならない。

平等な配慮の原則を動物に適用するとしたら、全ての人間を包む基本権、すなわちモノ扱いされない権利を、動物にも拡張する必要がある。そして、人間が他者の財産であってはならないという考えが、奴隷制をただ「人道的」にするだけの規制を求めるのでなく、その廃絶を求めたように、動物が先の基本権を持つと認めるのであれば、もはや衣食・娯楽・実験のために動物を組織立って虐待する行ないは擁護できない。言葉にする通り、動物が道徳的に重要な利益を持つと考えるのであったら、実のところ私たちに選択肢はない――動物搾取は奴隷制と同様、単に規制するのでなく、廃絶するのみである。

本書が示す立場は、今日の人々が当然と考える種々の動物利用を撤廃するよう迫る点で急進的といえる。しかし見方を変えれば私の議論はごく保守的でもあって、その基盤となっている道徳律は、既に人々のあいだで表向き受け入れられている――それは、動物に不必要な苦しみを与えてはならない、という原則に他ならない。もしも、苦しまずにいる動物の利益が本当に道徳的な意義を持ち、かつ動物が道徳的に考えて無生物と同じモノではないというのなら、動物への不必要な危害を禁じる規則は、人間へのそれを禁じる規則と同じように解釈する以外にない。どちらの場合も、他者に娯楽・快楽・利便を提供するという理由で危害を弁護することは叶わない。人間も動物も、他者の財産や資源とされることによる苦しみは決して負わないよう保護される必要がある。

火事の家についてはどう考えるか

真の非常時や衝突時に人命を動物の命に優先するとしても、それが動物への道徳的義務を考えるべき現実の状況について示唆するところはほとんどない。現実の状況下で真の衝突や非常事態が起こることは極めて稀である。むしろ私たちは、動物が財産であるという前提を初めから自明視することで、衝突や非常事態を人為的につくり出す。

動物の利益を真に考慮するといっても、それは本当の衝突や非常事態が発生した際に人間を優先できないことを意味するのではない。それが意味するのは、もはや平等な配慮の原則を無視し、相手が人間か動物かよって「不必要な苦しみ」の解釈を変えるなどして、みずから衝突をつくり出してはならない、ということである。もちろん真の非常事態に対峙する可能性はあり、火事の家に犬と子供がいてどちらかしか救えない状況などはその一例に数えられる。しかし仮にそこで犬をおいて人の子を助ける選択をしたとしても、それがために動物が人間の目的のために利用すべき資源以外のものではなくなる、とはいえない。二人の人間のどちらかを選ぶ場合でもそのような結論にはならない。火事の家に二人の人間がいたとしよう。一人は幼い子供、一人は大変な高齢者で、後者は火事を免れたとしてもすぐに自然死を迎える。人々は、幼い子供がまだ人生を歩んでいないという単純な理由で、そちらを救うだろう。ではそれによって高齢者を奴隷化することが道徳的に許されるのか。あるいはかれらを同意もとらず臓器提供者にしたり、生物医学の実験材料にしたりすることが認められるのか。到底ありえない。

似た例として、野生動物が私の友達、フレッドを狙っていたとしよう。フレッドの命を救うために私が当の動物を殺したとしても、それが食用目的での動物殺しを道徳的に認める根拠にならないのは、フレッドを狙うのが錯乱した人間で、私が自分なりの正義感からその人物を殺したとしても、錯乱した人間を本人の同意なく生物医学の実験材料としてはならないのと同じことである。

まとめると、私たちは真の非常時に、必要とあらば人間を動物よりも優先するかもしれないが、その選択によって、動物を人間用の資源とする扱いが正当化されることはない。そして、動物の資源扱いが許されない以上、制度化された動物搾取は廃絶しなければならない。

動物倫理の混乱

動物の道徳的地位をめぐる議論には様々な混乱が付きまとっている。この混乱は二つの原因から生じる。第一に、動物の権利論は動物に人間と同じ権利を付与する立場とみられることがある。これは動物の権利論を誤解している。動物の道徳的地位を認めることは、いかなる場面でも動物を人間と同じように扱ったり、動物に投票権や学習権、財産所有権を与えたりすることではない。

私の立場は簡単である——動物にまで拡張すべき権利はただ一つ、人間の財産として扱われない権利だけでよい。

第二に、動物保護団体は（特にアメリカでは）、動物の苦しみを減らすと思われるあらゆる立場を、単なる規制推進すなわち動物福祉の方策まで含め、一様に「動物の権利《アニマルライツ》」という言葉で言い表わす。例えば、卵用鶏を収容するケージを大きくしようという提案は、動物を財産として扱うことを許す前提から発しており、人間の動物所有に規制を課す狙いしかない。

動物の権利論は本来、採卵業が人間の資源とされないための動物の基本権を侵すものであるとして、その全廃を唱える。しかし動物保護団体は規制の推進も全廃の主張も、動物の権利を高める取り組みと評価する。動物擁護を唱える人々の中には、そのような規制が最終的に特定の動物利用を廃絶するための手段になると考え、これを支持する向きもある。(原注20) しかしながら、動物搾取の規制がその廃絶に繋がることを示す実証的な根拠はない。

初期のアプローチ

人間以外の動物の道徳的地位や、動物に対する人間の義務の内容・範囲については、過去四半世紀のあいだに多くのことが書かれたが、(原注21) 二つの考え方が注目を集めた。オーストラリアの哲学者ピーター・シンガーが著書『動物の解放』で示した立場と、(原注22) アメリカの哲学者トム・レーガンが著書『動物の権利擁護論』で示したそれである。(原注23) 本書の議論は、初期アプローチを代表するこの両者と重要な点で異なる。

『動物の解放』の中で、シンガーは種差別をしりぞけ、全ての情感ある動物を平等に配慮する方針に表向き賛意を示す。しかし彼は、動物の利益が道徳的に重要だとしても、動物にあてがわれた財産という地位や、動物を資源と位置づける制度的搾取を廃絶すべきであるとは考えない。人間は自分たちの目的で動物を利用し続けてもよいが、ただし動物の利益には今以上に配慮しなければならない、というのがシンガーの主張である。彼の見解については第六章で詳しく論じたい。さしあたり本書が説く立場として押さえておいてほしいのは、平等な配慮の原則を動物に適用する場合（それは動物の利益が道徳的な重要性を持つための必須条件であるが）、財産という動物の地位を廃絶することが欠かせないという点である。平等な配慮の原則は、「何者の価値も一とし、一以上とはしない」(訳注3) という方針を根本に持つ。人間奴隷制が道徳的に許されないと認められたのは、それがまさに人間を平等な配慮の原則の埒外《らちがい》に置くものだったからである。奴隷所有者の利益は決して奴隷の利益と等価には扱われなかった。奴隷の価値は常に一以下とされる。同じことが動物にもいえる――動物が財産であるかぎり、その利益は財産所有者の利益と決して等価には扱われず、前者の利益が持つ価値は常に一以下とされる。

『動物の権利擁護論』の中で、トム・レーガンは動物に道徳的権利があるとして、人間は結果に関わらず動物搾取をただ規制するのではなしに廃絶しなければならない、と説く。レーガンの理論は全ての情感ある存在におよぶものではなく、その範疇は彼が「生の主体」とみる者のみ、すなわち「信念や願望、知覚、記憶、自身の将来も含めた未来像、快苦の気持ちに彩《いろど》られた感情的生、好みや幸せを追う関心、欲求や目標をもとに行動を起こす能力、定まった心身の個性、および、他者にとっての有用性いかんや他者の関心の的であることとは論理的に切り離した上で、浮沈する経験的な生のなか訪れる個としての幸福」[原注24]を持つ者のみに限られる。レーガンは一歳以上の正常な哺乳類は全て生の主体とみなせると論じる。[原注25]

動物は権利を持ち、かれらが権利所有者の地位にあることを認める以上、動物の制度的搾取はただ規制するのでなく廃絶しなければならない、というレーガンの見解は支持するものの、私が示す議論は少なくとも四つの点で彼の主張と異なる。第一に、私には保護対象の動物をレーガンのいう「生の主体」に限定すべき理由が分からない。一部の動物や人間は「欲求や目標をもとに行動を起こす能力」を欠き、「未来像」や「定

訳注3　この言葉（each to count for one and none for more than one）は伝統的に「何者をも一人と数え、一人以上とは数えない」と訳されてきたが、count for は「（for 以下の）価値がある」の意であり（したがって例えば count for nothing は「全く価値がない」の意味になる）、「数える」と訳すのは誤りである。この文ではたまたま結果として似たような意味にはなるが、誤訳が定着しているので指摘しておく。

まった心身の個性」も至極単純なものに留まるかもしれないが、もしかれらが情感を具えるのであれば、苦痛からの自由はやはり利益であり、したがってかれらは「他者にとっての有用性いかんや他者の関心の的であることとは論理的に切り離した上で、浮沈する経験的な生」を有しているといえる。レーガンの並べる特性が正常に発達した一定年齢以上の哺乳類に具わっているのは容易に分かる事実であるが、鶏その他の鳥が知性と情感を具え経験的な生を生きていることもまた疑う余地がない。また、魚は痛みすら意識できないと考える者が多い一方で、研究者らは魚が「主体的経験を持ち、ゆえに苦しみを味わう」と結論している。(原注26)

第二に、レーガンは全ての「生の主体」が平等で、他の特徴に関係なく同じ大きさの道徳的価値を宿すという。したがって例えば、人間と犬が双方とも「生の主体」であるなら、両者を他者の目的に資する単なる手段とすることは道徳的に許されない。ところがレーガンは事実問題として、動物の認知能力が人間に劣ると考え、ゆえに人間の死は動物の死よりも大きな害になるとみるようである。ここからレーガンは、真の非常事態が発生した時、私たちは動物を犠牲に人間を救う義務があるばかりか、一人の人間を救うためならば百万の犬を犠牲にする義務がある、と結論する。(原注27)そもそも私は、生の主体たる諸々の特性がなくとも情感がありさえすれば個が道徳的重要性を帯びるに充分であると考えるが、それに加え、人間の死が動物の死よりも大きな害になるという説は経験的事実として認められず、一人の人間を救うためには百万の犬をも犠牲にすべきであるという主張にも賛同できない。真の非常時には人間を優先的に助けてもよいが、動物を優先的に助けてもよい。(原注28)

第三に、私の議論はレーガンのそれと違い、動物にあてがわれた財産という法的地位に光を当てる。財産とされるかぎり、動物は道徳的地位も道徳的に意味をなす利益も持たないモノとして扱われる。私は動物がただ一つの権利を持つと考える――財産や資源とされない権利である。

第四に最も重要な点として、私の議論では、財産扱いされない基本権は平等な配慮の原則から直接に導かれ、レーガンの依拠するような複雑な権利の理論を必要としない。むしろ、動物搾取の廃絶を求める主張は、動物の道徳的重要性を認めると謳う理論であれば漏れなく組み込まれていなくてはならない。動物が単なるモノではなく道徳的に重要な利益を持っていると本当に信じるのであれば、権利論の他の面はどうでもよいとしても、動物を私たちの資源としてはならないという見方だけは受け入れざるをえない。だからといって真の非常時や衝突時に人間をひいきできないことにはならないが、動物を単なる人間の資源とみなす道徳体系をもとに、そうした衝突をみずからつくり出してはならない。

というわけで、私の考えではシンガーもレーガンも同じ結論に至るべきであり――すなわち、動物の道徳的地位を認めれば、かれらを人間の財産とすることは必然的に禁じられる――、しかもこの結論は、苦痛を避けたい動物の利益に平等な配慮の原則を適用するだけで導き出される。

道徳問題の「証明」について

人間による動物の扱いは何よりも道徳の問題であり、人間が動物に対し、いかに振る舞うべきかを問う。またそれに関連して、動物の利用と扱いには道徳的な限度があるか、あるとしたらそれはどんなもので、私たちはどうそれを知るのか、という問いがある。

一般に、道徳問題の証明は「二足す二は四」を証明するようにはいかない。「二足す二は四」という命題は自明であり、それは使われている言葉の意味そのものによって真となる。「二」という言葉の意味と足し算の概念を理解する者は誰でも「二足す二は四」が真であり「二足す二は五」が偽であることを認める。

道徳問題の大半は数学のような確実性に至らない。死刑、中絶、積極的差別是正措置〔従来の被差別集団を優遇する措置〕、また動物の権利について、私たちがどんな道徳観を抱いていようと、それに数学的な確実性を与えることはできない。自分の道徳観を支える説得力ある議論はできても、その見方を「二足す二は四」と同じように論争の余地なく真で確実と言うことはできない。

道徳の問題が数学の問題と違うところから、一部の者は道徳観というものを、花や絵画の好み、野球チームや音楽グループの好みなどと同じように捉え、どんな道徳観も他に勝りはしないと考える。この思考は、人種差別的ないし性差別的な態度や言葉遣いが「政治的適切さ」(訳注4)の問題に過ぎないという主張に見て取れる。つまり、人種差別や性差別の善悪はその時々の政治観や社会観次第、ひいては慣習に対する主観の問題であって、これらの差別に関する絶対的かつ客観的な道徳上の「正解」はない、という考え方である。

こうした見方はしかし、道徳に数学同様の確実性を与えることはできないというだけで必然的に辿り着く結論ではない。道徳判断は数学の命題と同じように確実ではないかもしれないが、そのような確実性がなくとも当の判断を説得力あるものとすることはできる。ある道徳観が他よりも有力な根拠にもとづいていれば、さらに有力な根拠を持つ別の道徳観が示されないかぎり、それを私たちの準拠すべき考え方とみてよいだろう。ある道徳的立場を支持する議論が妥当であれば——すなわち、前提が真ならば結論も真である、という形式が保たれていれば——、それはそのような前提 - 結果の関係を持たない議論に勝る。また、ある道徳的立場が他に比べ、私たちの抱くよく考え抜かれた道徳観とよりうまく「合致」すれば、他をおいてそれを受け入れるのがよい。例えば、道徳的命題を「二足す二は四」式に証明することはできないといっても、ホロコーストを甚だしい不道徳として咎めるべき理由は、説得力ある形で複数提示でき、逆にこのような出来事を道徳的に許容できるとする理由は一つも示せない。ホロコーストへの道徳的糾弾は、罪なき人間の意図的殺害は悪であるという私たちの判断とも合致する。しかし、ナチスや諸々の白人至上主義者のように、ユダヤ人（あるいは任意の人間集団）は劣等人種であるから「支配者」階級の目的に資する手段としてのみ扱ってよいと考える者たちに、ホロコーストは不道徳であると「証明」することはできるだろうか。それはできない。が、だからといってホロコーストの善悪は意見の問題だということにはならない。

本書で私は、動物の権利論、すなわち動物利用は単に規制するのでなく廃絶すべきであると唱える立場が、理に適った根拠と論理的に妥当な議論にもとづくことを論じる。動物の権利論の立場が数学の命題と同じ意味で真であることを証明してみせるとは言わないが、私の掲げる立場は二つの直観によく合致する――どちらも動物の道徳的地位に関する一般通念を反映したもので、その第一は、真の非常時や必要時には動物よりも人間を優先してよいという直観、第二は、動物に不必要な苦しみを与えてはならないという直観である。動物の権利論はこの二つの直観のどちらにも説明を与え、かつ両者を統合することができ、それによって動物の道徳的地位をめぐる理論と一般通念ないし常識とのあいだに「内省的均衡」をもたらす。(原注29)それこそが数学ならぬ道徳問題を語る際に望める最善の目標である。

動物の心

本書が掘り下げない話題の一つに、動物が心を宿すか、認知活動を行なえるか、という議論がある。長

訳注4　特定の人々に対し差別的・侮蔑的となる物言いは「政治的に不適」であり、そうした表現は避けるのが好ましい、という考え方を言い表わした概念。政治的適切さへの配慮は、例えば「看護婦」を「看護師」と言い換えるなどの形で日本語においても反映されている。

きにわたり、哲学者らは動物がそもそも心を宿すのか、宿すとしたらその働きについて人間が知見を得ることが可能なのかを論じてきた。この思弁的論争に興味を持つ向きもあろうが、本書はそこへ深入りすることは避け、吟味するのはただ十七世紀の一部の論者と今日の強情な少数者だけに見られるところの、動物は何の心も利益も持たないという見解のみに絞る。この思想に注目するのは、もしそれが本当であった場合、動物は石や車のエンジンと変わらないことになり、その利用や扱いを道徳上の問題として考える必要はなくなるからである。また、人間と動物の心を分かつ諸々の差異は、動物を道徳共同体から排除する理由として引き合いに出されてきたので、それらについても考察する。しかしそれ以外では、全ての情感ある動物、痛みの意識を持つ全ての動物は、心を持ち、認知活動を行なえるものと想定する。

　動物が痛みの意識を持つことを否定したり、動物が痛みを感じるかどうかは分からないと主張したりする態度は、人間について同じ見方をするのとバカバカしさの点で変わらない。人間と人間以外の動物との神経学的・生理学的な類似性を思えば、動物が情感を持つことは否定のしようがない。正統の科学も動物が情感を具えると認める。例えばアメリカ公衆衛生局は、「反証がないかぎり、調査官は人間に苦痛を与える処置が他の動物にも苦痛を与えうると想定しなければならない」と述べる。[原注30] 科学者は動物を痛みの実験に用い、しかもそれは人間が痛みを感じる状況と酷似した形態をとるが、こうした実験は言うまでもなく、もし動物が痛みを感じないのであれば無意味となる。さらに一九九二年には全米研究評議会が『実験動物における疼《とう》痛《つう》と苦悩の把握および緩和』[原注31]と題した書籍を発行し、実験で使われる動物たちが「疼痛と苦悩を引き起こす状況に置かれる」ことを認めた。つまり、動物の苦痛を疑問視する者は事実上、誰一人としていない。[原注32]

　この問題は学術界に身を置く一部の哲学者を悩ませはしても、残りの人々は、犬や猫や霊長類、牛や豚や鶏、それに齧歯類や魚類など、あまたの動物が情感を具えることを認めている。だからこそ動物に不必要な苦しみを負わせてはならないという道徳律が万人に受け入れられる。もしも動物が痛みを気にしないのなら、そもそも人道的扱いの原則など生まれない。情感があるとは、痛み(および喜び)を主体的に経験し、痛みの回避(および喜びの享受)がその者にとって利益となることを意味せずにはおかない。衣服・実験・娯楽のために利用される動物の大半が、そのような主体的経験を生きていることは疑えない。そしてこの主体的経験があればこそ、動物は——人間も人間以外も含め——植物や鉱物から区別され、人間以外の動物は道徳的配慮の対象となる。

もっとも、動物が心を宿すという考えは全く新しいわけでもない。フランスの随筆家であるミシェル・E・ド・モンテーニュは一五九二年に記した。「人が選択と技能によって行なうことを、獣が生まれつきのやむにやまれぬ本能によって行なっていると考える理由はない。同様のことをしているのなら同様の機能があると(また、より多彩なことをしているのなら、より多彩な機能があると)想定するのが正しい。したがって人の活動に用いられるのと同じ理性、同じ方法は、動物によっても用いられていると認めざるをえない(より優れた理性と方法が用いられているのではないとしても)」(原注33)。動物に心があることは、チャールズ・ダーウィンの進化論でも、また古代ギリシャにさかのぼる科学者や哲学者らの文献でも、はっきり認められている(原注34)。

本書の概要

第一章および第二章では、動物をめぐる人々の「道徳的滅裂」について考える。私たちはみな、人道的扱いの原則を認めると言い、動物に不必要な苦しみを与えることは悪だと口にする。しかし私たちの動物利用の圧倒的大半は、どうこじつけても「必要」とはいえない。

第三章では、道徳的滅裂の原因が財産という動物の地位にあることをみる。動物が人間の所有下にあるモノとみなされ、人間が認める以外の価値を持たないとされるのであれば、かれらの苦しみは財産所有者たる人間の利益になるかぎり、ほぼ常に必要と判断される。

第四章では道徳的滅裂の治療法を探る。それは平等な配慮の原則を用い、人間の財産として扱われない基本権を動物に拡張するとともに、動物搾取を廃絶することである。第五章では、その基本権を動物に拡張しない態度が、適切な道徳的理由によって正当化されうるかを検証する。

第六章では、人道的扱いの原則が道を外れた経緯、および、人間が動物の道徳的地位を認めてよいと考えながらなおかつかれらを資源として利用し続ける原因を調べる。

第七章では、真の非常時や衝突時には人間を優先してよいという直観を保ちつつ、全ての情感ある動物たちがモノ扱いされない基本権を有すると認め、動物の資源利用を許さないと主張することが可能かを論じる。

補論では、動物の権利論によく寄せられる二〇の質問を取り上げ、回答を試みる。

第一章　診断——動物をめぐる道徳的滅裂

動物をめぐる私たちの道徳的態度は、どう甘く見ても支離滅裂と言わざるをえない。私たちは一方で、動物を不必要に苦しめるのは不正であると認める。しかし他方で、私たちが動物に加える危害の圧倒的大半は、火事の家から人間を救う選択と同一視できず、そもそもどのような意味においても必要とはみなせない。

本章では、動物について私たちが口にしていることと、動物に対する私たちの実際の扱いとの不一致を検証する。そこでまずは、十九世紀以前における動物の道徳的地位を確かめる。次に、人道的扱いの原則が道徳的・法的に受容され、動物に「不必要」な苦しみを与えないことが道徳上の義務と考えられだした結果、動物の地位が建て前上どう変わったかをみる。最後に、私たちが動物の道徳的地位について表向き口にする考えと、動物に対する私たちの実際の扱いとを分かつ隔たりに目を向ける。

モノとしての動物

概して十九世紀以前の西洋文化は、人間が動物に対し道徳的義務を負うとは考えなかった。動物は全く道徳と関わらない存在で、道徳共同体からは完全に切り離されていると考えられてきた。動物に関わる道徳的義務はありえても、それは実のところ人間に対する義務であり、動物に対する義務では全くない。動物は「モノ」とみなされ、その道徳的地位は無生物の物体である石や時計と同格に位置づけられた。

つい最近ともいえる十七世紀に、動物はロボット以上のものでなく、考えることも感じることもできないという見方が強まった。例えば近代哲学の創始者といわれるルネ・デカルト（一五九六〜一六五〇）は、神が人間にのみ魂を与えたと想定した上で、動物は魂を宿さないのだから意識もなく、どんな心も持ち合わせていないと主張した。そう考える根拠として、デカルトは動物が語句や記号を用いた言語を使わないと指摘した——言語は人間ならば誰でも使うが、動物ならば種を問わず使わない。なるほど動物は目的を持って知的に振る舞っているように見え、あたかも意識を宿すかのようだが、実際のかれらは神がつくった機械と変わらない。デカルトは動物のことを「カラクリもしくは動く機械」とさえ言った。(原注1) そして時計が人間よりも正確に時を告げられるように、一部の動物機械は一定の仕事を人間よりも巧みにこなせる。

デカルトの立場が行き着く先は明瞭で——これは本人が進んで認めたことでもあるが——、動物は情感を持たず、快苦その他を意識しない、という結論だった。(原注2) デカルトやその弟子たちは実験を行ない、動物の四肢を板に釘付けにした上、胸を切開して脈打つ心臓を剝《む》き出しにした。さらにあらゆる方法で動物を切り刻み、火傷《やけど》させ、火あぶりにした。動物が痛みに苦しむかのような反応を見せても、デカルトはそれを機械の不調音と同じものだとして無視した。彼に言わせれば、犬が泣き叫ぶのは、油の足りない歯車が軋《きし》るのと変わらないことだった。

デカルトの見方にしたがえば、神のつくった機械である動物への道徳的義務を論じるのは、人間のつくった機械である時計へのそれを論じるのと同じくらい無意味ということになる。時計に関する道徳的義務があったとしても、それは実のところ時計自体ではなく他の人間に対する義務である。私がハンマーで時計を壊した時に誰かが抗議をするとしたら、それは時計がその人の持ち物であったからか、壊した時計の破片が散ってたまたまその人を傷つけたからか、あるいは人が使える無傷の立派な時計を壊すのがもったいないからか、でしかない。同じように、私が他人の犬を傷つけない義務を負うとしても、その義務は犬でなくその飼い主に対して負うものである。デカルトの考えでは、犬は時計と同様、機械以外の何物でもなく、もとより何の利益も持たない。(原注3)

動物は機械に過ぎない、というデカルトの立場に賛同しないまでも、人間は動物に対し何の道徳的義務も負わないと主張する者はいた。十八世紀のドイツの哲学者、イマニュエル・カント（一七二四～一八〇四）がその一人で、彼は動物の情感と苦痛を認めながらも、理性と自己認識の存在を認めず、人間はかれらに対し直接の道徳的義務を負わないとした。カントによれば動物は人間の目的に資する手段、「人間の道具」でしかなく、ただ私たちに利用されるためだけに存在し、独立した価値は持たない。動物の扱いは、人間に影響がおよぶ範囲でのみ問題になる。すなわち、「動物に対して酷である者は人間に対しても非情になる」(原注4)。素直で忠実な犬を、高齢で役立たずになったとの理由から撃ち殺したとしても、それは犬に対する義務に反したことにはならない。当の行為が戒《いまし》められるのはただ、人間が行なう忠実な奉仕をねぎらうことが道徳的な義務であり、犬を殺すのはそうした義務の履行から人々を遠ざけるからである。「動物に関するかぎり、人間は直接の義務を負わない」。動物は「目的に資する手段に過ぎず、その目的とは人間である」(原注5)。

人間は動物に対し直接の道徳的義務を負わないという見方は法律にも反映された(原注6)。十九世紀以前の法律は動物に対する何らの法的義務をも課さなかった。法による動物の保護は、やはりあくまで人間の関心事だけを念頭に語られるもので、その主眼は財産上の利益を守ることにあった。もしサイモンという人物がジェーンという人物の牛を傷つけた場合、ジェーンが当の行為は自分に対する嫌がらせであると証明できれば、サイモンは「故意の器物損壊」罪を犯したことになる。サイモンがジェーンではなく牛に対して悪意を持っていたとしたら、故意の器物損壊罪は成立しない。法が守るのはジェーンが牛に関して持つ財産上の利益であって、牛自身の利益は一切認められも守られもしない。サイモンの悪意が牛に向いたか、それともジェーンの有する別の財産に向いたかで違いが生じはしなかった。

ごく少数の例外を除き、法が動物虐待を罰するのは、その行為が人間への暴力に発展しかねない、あるいは社会の道徳を脅かす恐れがある時に限られた。つまり当時の法律が映し出した思想はカントのそれであり、人間は動物に対しやさしく接するべきだとしても、その理由は動物に対する義務とは何の関係もなく、ただ人間に対する道徳的義務と関係するに過ぎなかった。

虐待好きのサイモン

次のような例を考えてみよう。サイモンはトーチランプで犬を焼いて苦しめてやろうと提案する。理由はそれが単に面白いからでしかない。サイモンの提案は道徳上の問題を呼び起こすだろうか。自分の楽しみのために動物をそのような目に合わせてはならない、という道徳的義務を、サイモンは破ることになるのか。それとも彼の行為は胡桃《くるみ》を割って食べるのと道徳的に変わらないことなのだろうか。

おそらくほとんどの人は一も二もなく、面白いというだけで犬を焼く行為はどんな状況であれ道徳的に許されない、と答えるだろう。ではその道徳判断の根拠は何か。犬の虐待に反対するのは、単に人間への影響が気になるからか。単に犬好きの人々の気分を害するからか。あるいは犬の虐待を通して、サイモンが人間に対しても無情で不親切な人物となりかねないからなのか。もちろん、人間への影響を念頭にサイモンの行為を咎めることはありうるが、それは虐待に反対する第一の理由ではない。サイモンが秘密裡に動物虐待を行なったとしても非難は免れないだろう。犬の虐待を好む点以外ではサイモンが魅力的な人物で、人間に対してはただひたすらやさしかったとしても、当の行為はやはり咎められる。

犬がサイモンの隣人ジェーンの伴侶動物〔いわゆる「ペット」〕であったとしよう。その虐待に私たちが反対するのは、犬がジェーンの財産だからか。そういう理由付けも可能ではあるが、ここでもやはり、それが一番の問題ではない。犬が野良であったとしてもサイモンの行為は咎められる。

サイモンの行為が不道徳とされるのは、何よりも犬自身に害がおよぶからである。犬は情感を具え、人間と同じように痛みを意識し、体を焼かれずにいることを利益とする。人は犬の虐待を差し控える義務を負っており、これは単に犬と関係ある人物に対する義務ではなく、犬自身に対するそれである。この義務はただ、犬が情感を具えるという理由だけで成り立ち、他の特徴、例えば理性や自己意識、人語《じんご》を用いた会話能力などは必要とされない。犬が痛みや苦しみを味わう以上、危害行為には相応の理由が求められる。どんな理由が危害を正当化するかは人によって意見が異なるものの、何らかの理由が求められることに異論はなく、単に虐待が楽しいからというだけでは理由にならない。道徳的思考の必須要素として、他の条件が等しければ、痛みを与える行為には反対するという考えが挙げられる――それは単に情感ある他の存在への危害行為が何らかの形で人間の価値を下げるからではなく、情感ある他の存在への危害行為そのものが間違っているからである。また、サイモンが楽しみを求めて焼こうとする相手が犬であろうと他の動物（牛など）であろうと、それは関係ない。どちらの場合も私たちは彼の行為に反対する。

つまり、数世紀にわたる西洋思想の中で支配的だった、動物はモノであるという見方は、ほとんどの人に受け入れられない。

人道的扱いの原則――動物をめぐる道徳思想の革命

二世紀近くものあいだ、アングロ系アメリカ人の道徳文化・法文化は、情感ある生きものと無生物のモノを区別してきた。真の衝突や非常事態が生じた際には人間を動物よりも優先すべきだと考えていても、動物の利用や扱いが人道的扱いの原則にもとづかねばならないという点は、多くの人々が異存なく認めるところであり、動物は苦しみを感じるのだから、不必要な危害を加えないことは人間がかれらに対して負う義務だとされる。

人道的扱いの原則はイギリスの法学者であり功利主義哲学者だったジェレミー・ベンサム（一七四八〜一八三二）の理論に起源をもつ。ベンサムによれば、人間と動物には違いもあるが、一つの重要な共通点がある――すなわち、どちらも苦しみを感じる。そして、会話能力や思考能力等々ではなく、この受苦の能力こそが、動物に道徳的地位を与え、かれらに対する道徳的義務を人間に負わせる充分な条件となる。動物は「モノという分類に貶められる」ので、その苦しまずにいる利益はないがしろにされてきた。（原注7）簡潔にして深みのある言葉でベンサムは語った――「問題はかれらが思考できるか、会話できるかではなく、かれらが苦しみを感じるかどうかである」。（原注8）

ベンサムの原則は動物に対する道徳思想の革命に他ならず、そこではデカルトのような、動物は情感も利益も持たないという見方や、カントのような、動物は利益を持つがそれは道徳的な意味を欠き、人間は動物に対して直接の義務を持ちえず、ただ他の人間に対してのみそれを持つという見方はしりぞけられている。動物を不必要に苦しめないという義務は、ベンサムによれば人間が動物たち自身に対して負うものであって、その根拠はかれらが情感を具えるという一点に絞られる。文化的伝統の中では、動物は道徳的に重要な利益を持たないモノとしか見られてこなかったので、ベンサムの発想はそこからの完全な決別を言い渡したに等しかった。

情感ある存在とは？――虫と植物

全ての動物が情感を具えるとは限らないので、痛みや苦しみを意識的に経験する動物としない動物を区別するのは難しい。が、人間に搾取される動物の大半が情感を具えていることは疑えない。虫が痛みを意識するかどうかは分からないとしても、霊長類や牛、豚、鶏、齧歯類《げっしるい》が情感を具え主体的精神経験を生きていることは明らかである。さらに、科学界では魚類をはじめ多くの海洋生物にも情感のあることが広く認められている。犬が私と全く同じ痛みの感覚を持つかは分からないが、それを言うなら他の人間が私と全く同じ痛みを覚えるかも分からない。相手が私の分かる言語で「痛い」と言ったら、私は自分が「痛い」と言う時と同じ意味のことを伝えているのだろうと察する。けれども確証はない。相手の心に立ち入って、私とその人の経験が同じであると確かめるすべはない。ただ相手が嘘をつくなどして私をだましたがっていると考える根拠がなければ、相手は痛いのだろうと思うまでで、それはその人と私が共通の神経系と生理系を具え、似たような痛みの感覚を持つと推測できるからである。同じように、犬の痛みが私と全く同じかは分からないにしても、犬や牛や豚や鶏が神経学的・生理学的にみて、苦痛を覚える存在であることは疑う余地がない。その意味で、全ての情感ある存在は個々の独自性に関係なく互いに似通っており、情感を具えない全ての存在とは異なっている。

ただし、情感を具えることは単に命を宿すこととは違う。情感を具える生きものは快苦を意識する存在に属し、主体的経験を生きる「我」を持っている。命ある存在の全てが情感を具えてはいない。例えば知られているかぎり、植物は命を持っていても痛みは感じない。植物は痛みを感じているような行動を示さず、人間や他の動物の情感と関連付けられる神経系や生理系を持たない。また一方、人間や他の動物の痛みは優れて実用的な機能を持つ。痛みは人間や動物が痛みの元から逃れ、負傷や死を回避するための信号になる。情感を具える生きものは、生存という目的に資する手段として痛みを利用する。植物は痛みをそのような信号として利用できない——花は人に摘まれそうになっても逃げられない——ので、仮に情感があっても全く役に立たず、そうした機能を発達させる理由は容易に思い浮かばない。

法律に反映された人道的扱いの原則

人道的扱いの原則は道徳文化の中にしっかり根を下ろしているので、アメリカその他の国々における法体系は表向き、その原則を動物福祉法の法的基準に据える。動物福祉法は二種に分かれる。動物虐待防止法のような、一般法としてのそれは、動物利用の様々な形態を区別せず、動物への虐待と危害を禁じることになっている。例えばニューヨーク州の法律は「動物に極度の労働や負担を強いる者、あるいは拷問や心ない殴打、許しがたい負傷・損傷・創傷《そうしょう》・死傷を加える者」に刑事制裁を科す。(原注9) デラウェア州の法律は残忍行為を禁じた上で、「残忍」の定義を「不必要ないし許容不可能な身体的苦痛を誘起もしくは放置する行為および怠慢の全て」とし、そこに「不必要ないし許容不可能な身体的苦痛を誘起する動物一般への虐待および保護管理下にある動物の放置」を含める。(原注10) イギリスで一九一一年に設けられた動物保護法は「動物を心なく殴り、蹴り、虐《しいた》げ、乗りつぶし、怒らせ、恐れさせ、過労に駆り立て、過負荷にさらし、拷問にかける」行為、また動物に「不必要な苦しみ」を課す行為を刑事犯罪と定める。(原注11) 特別法としての動物福祉法は、特定の動物利用に対して人道的扱いの原則を適用すると謳う。例えば一九六六年に制定されて幾度かの改正を経たアメリカ動物福祉法、(原注12) 一八七六年に制定されたイギリス動物虐待防止法、(原注13) 一九八六年に制定されたイギリス動物（科学処置）法は、(原注14) 科学実験における動物の扱いに焦点を当て、一九五八年に制定されたアメリカ人道的屠殺法は、食用とされる動物の屠殺に規制をかける。(原注15)

動物福祉法は故意の器物損壊防止法に取って代わり、人道的扱いの原則を直接応用する法規として十九世紀に現われた。先に見たように、サイモンがジェーンの牛を傷つけた場合、従来の法はサイモンがジェーンに対し悪意を抱いていた証拠を示すよう求めるのが一般だった。動物虐待に法廷が目を向けるのは、虐待が人々の気分を害しかねない時や、それが人への危害を助長しかねない時に限られていた。しかし動物虐待防止法は、サイモンがジェーンに悪意を抱かず、ただ牛に対してのみ悪意を向けていた場合でも起訴を可能とする。さらにこれらの法律は、動物虐待が社会や財産所有者の利益におよぼす悪影響を勘案するばかりでなく、動物の利益そのものの道徳的重要性を明確な形で法の基盤に据えた。(原注16) 故意の器物損壊を防ぐ法規は「鳥獣を苦しむ生きものとしてではなく財産として守る意図に発した」ものだったが、対して動物虐待防止法は「動物を守るため」につくられた。(原注17) この新しい法律は、「動物を感受と受苦の能力を持つ生命とみてその便益を図り、財産の地位にあることと関係なく虐待から守る狙い」を持つ。(原注18) 動物虐待防止法の多くは、人間の所有下にあるか否かを問わず全ての動物を対象とする。その目的は「動物との干渉時に人心が悪意や無関心へ流れることを戒め、獣畜の権利と感情に対する人道的配慮の念」をやしなう点に置かれた。(原注19) 同法は「人間の支配下にある存在として創られた動物という被造物の全て、その最も巨大にして高貴なものから、もっとも卑小にして瑣末《さまつ》なものまでが等しく有する一種の抽象的な権利を認めかつ守らんとする」ものであると謳われた。(原注20) 動物虐待防止法は、少なくとも部分的には動物に情感があることを認め、人間は動物に対する直接の法的義務を負い、かれらへの不必要な危害を差し控えなければならないと定める。これらの法が人間の利益保護に留まらず、裁判所が言う「動物たち自身の保護」を目指すのは、「痛みは悪」であって、「良識ある人間ならば……「動物への」いわれなき残忍行為を不正でないとみることは不可能である」からだという。(原注21)

　動物福祉法の多くは刑法に分類される。刑法として正式に認められるのは基本的に、他殺・他害や他人に属する財産の窃盗・破壊を禁じるなど、広く受け入れられた道徳規則に限られる。動物福祉法の多くが刑法である事実は、人々が動物の利益を真剣に考慮し、人道的扱いの原則を破った者には刑事罰という社会的不名誉を着せる態度で挑んでいることを示している。

人道的扱いの原則とそれを反映した動物福祉法は、特定の目的で動物を利用する際に動物の利益と人間のそれを天秤にかけるよう求める。利益を天秤にかけるというのは、衝突する二者の利益の相対的な大きさを評価することを指す。危害によって得られる人間の利益が動物の利益を上回れば、前者に軍配が上がって動物の苦しみは必要とみなされる。逆に、弁護可能な人間の利益がなければ、動物への危害は不必要とみなされなければならない。例えば動物実験を規制するイギリスの法律は、実験の承認に先立ち、「予想される対象動物への悪影響を、予想される［人間の］便益と比べ合わせる」ことを要求する。(原注22) 人道的扱いの原則は、動物利用を許可しながらも、それは必要な時のみ――火事の家の二択よろしく、真の非常事態によって選択を迫られた時のみ――に限られるとし、人間の目的に照らして必要最低限の苦痛しか与えてはならないと命じているように窺われる。不必要な危害を禁じる規則が意味ある内容を伴っているのだとしたら、動物を単に娯楽・快楽・利便のために苦しめることがあってはならない。現実的な代替案がある状況では、人道的扱いの原則によって動物利用は禁じられるかに思える。

私たちの動物利用――私たちはみなサイモンである

現実には、人間が動物を利用し扱うさまは、人道的扱いの原則に織り込まれた道徳的・法的規範から大きくかけ離れている。私たちは人間と動物が関わる場面の事実上すべてを火事の家の二択のように考える。しかしながら私たちの動物利用の大半は、どこをどう見ても必要とはいえず、むしろ単なる娯楽・快楽・利便を求める欲望の充足に過ぎない。この全くもって不必要な動物利用のせいで、計り知れない苦痛と死が動物の身に降りかかる。つまり私たちは、必要といえない危害を犬に加えた虐待好きのサイモンと何も変わらない。

ここで、動物利用の大部分を占める食用利用・狩猟・娯楽・毛皮産業について簡単に見ておこう。次章では科学研究・製品試験・教育における動物利用を取り上げるが、こちらは同じように斬って捨てることはできないまでも、その必要性についてはなお真剣に問われるべき点がある。

畜産業――肉食嗜好が生む苦痛

規模の点でアメリカ最大となる動物利用は、年間八〇億以上の動物を殺す食用利用である。食用とされる動物の大半は、機械化された巨大な動物種別の畜産場に何十万匹という単位で収容され、繁殖・飼養・殺害される。これは「工場式畜産」と呼ばれる飼養法で、『農業事典』の定義によれば、「普通、大規模な操業形態をとり、現代的な事業効率を基準に、ただ経済的利益のみを求める畜産の一種で、生業とされるいわゆる家族農業に対比される」(原注23)。工場式畜産場は基本的に大企業の所有下にあり、規模の経済(訳注1)にもとづいて操業する。高度な自動化と完全な閉じ込め飼育を特徴とするこの飼育場では、収益と効率の概念が事業の原動力となり、動物たちは否応なく経済物資とされる。工場式畜産の目標は、最小限の人力労働と金銭投資によって最大量の肉・乳・卵を生産することに置かれる。

実際の工場式畜産では、動物は最低の投資でつくられた施設で最小のスペースに囚われ、最小の人力しか要さない形で最低額の飼料を与えられる。例えば肉用牛ならば肥育場《フィードロット》と呼ばれる大きな汚物だらけの囲いに過密収容される。豚や鶏などは工場の倉庫に似た巨大な監禁畜舎に囲われ、大抵は屠殺の日まで決して外の風景を見ることはない。

工場式畜産場の動物たちは、四肢を動かし体の向きを変えるだけの空間すら奪われる。肉用鶏のブロイラーは数千羽もの単位で鶏舎に押し込まれ、卵用の鶏は四羽前後を一単位として金網の「家禽檻《バタリーケージ》」に閉じ込められる。家禽檻は一四四平方インチ〔約九三〇平方センチメートル〕の寸法が普通で、しばしば三段から五段に積み上げられる。鶏たちは一生のあいだ休む場も運動する場も与えられず、ひしめき合う金網の檻に首や翼や爪を引っ掛けて足の負傷や骨折に見舞われることも多い。繁殖に使われる雌の豚たちは鉄製の分娩房《ぶんべんぼう》に入れられる。幅二フィート〔約六〇センチメートル〕のこの檻は豚の動きを完全に封じ、拘束環境で母豚が子豚を押しつぶす事態や継続的な授乳を防ぐ。繁殖用とされない豚は大半が屋内の小さな「肥育・仕上げ」檻に囲われる。檻は一般に鉄でてき、数頭を収めた状態で二段、三段に積み重なる形も珍しくない。乳用牛の多くは見回りと扱いを楽にするため、屋内に延々と連なる「繋留檻《タイストール》」で飼われ、あらゆる運動、方向転換、毛づくろいを妨げられる。繋ぎ飼いをされない乳用牛は肉用牛よろしく、ひしめき合う汚物だらけの囲いに置かれる。飼養中も移送中も動物たちは監禁されているので負傷や発病に見舞われやすくなり、それを防ごうと工場式畜産農家は飼料へ定期的に抗生物質その他の薬剤を加える。豚を例にとれば八割以上が屠殺時に肺炎を患っている。（原注24）

のみならず、工場式畜産農家は動物をおとなしくして密飼い環境での負傷を減らすため、動物の身体損傷を行なうことが多い。例えば鶏は肉用か卵用かを問わず、密飼いがもとで生じる共喰いや羽つつきを防ぐ目的から、くちばしを焼き切り等の手法で切断される。さらに、金網の檻を引っ掻く行動や檻に爪が絡まる事態を防ぐため、「爪切り」と称する作業で足の指先も切り落とされる。肉用とされる牛の多くは混雑する

訳注1　事業規模の拡大によって生産費用をさげること。

肥育場やトラックでの負傷を抑えるために角を落とされる。除角《じょかく》は激痛を伴う処置で、実施の際には腐食性の軟膏《なんこう》や焼きごて、のこぎり、あるいは頭蓋骨から角をえぐり取る「除角スプーン」を使う。雄牛は気性を和らげ肉を柔らかくする目的から精巣を破壊される。大抵はナイフが用いられるが、ペンチやヤットコで精索を切る方法や、去勢用ゴムリングを性器に装着して睾丸への血の流れを止める方法もある。豚も去勢を施されるほか、ストレスにより仲間の尾を噛むなどして感染を広げるのを防ぐため、尾と歯を切られる。ほとんどの場合、こうした身体損傷の施術に麻酔は用いられない。

　雌動物を単なる生殖機械として扱うのも現代畜産業の代表的特徴といえる。彼女たちは月経周期を速められ、人工授精を施され、常に妊娠状態に置かれ、出産からわずか一日で子を奪われ、生殖能力が衰え次第すぐに屠殺へ回される。雄もまた「流れ作業」式繁殖工程の犠牲となる。例えば人工授精に適した発情期の雌を選び出すのに使われる雄牛たちは、交尾を行なわないよう、男性器を横向きに逸らされるか、切り落とされるか、あるいは下腹壁〔下腹の皮下〕に縫い付けられる。乳用牛の雄子牛はすぐに屠殺されて低品質の子牛肉となるか、数カ月の肥育期間を経た後に殺されて高品質の「乳飲み子牛肉《ホワイト・ヴィール》」〔筋肉の未発達な子牛肉〕になる。筋肉の発達を防ぐ意図から子牛たちは小さな檻に閉じ込められ、簡単な毛づくろいはおろか方向転換すら禁じられる。子牛の運動を最小限に抑えようと、檻を並べた巨大畜舎は照明が落とされている。子牛たちは全く粗飼料の混ざっていない流動食を与えられ、肉が白身になるよう貧血にされる。檻には寝床になる敷料〔藁など〕もないので、反芻《はんすう》の欲求は全く満たせない。他方、採卵業者は雌雄の見分けがつき次第、卵も産まず肉用にも適さない雄ひよこを捨てていく。ひよこたちはビニール袋で窒息殺されるか、断首、ガス殺、もしくは粉砕される。

　科学技術の発達と並行して集約畜産の方法も進化しつつあるが、動物の苦痛、悲嘆、不快は一切顧みられない。選抜育種、成長ホルモン、飼料添加物、遺伝子操作などにより、畜産業者は動物の急成長と肥大化を推し進めている。遺伝子工学の研究はヒト成長遺伝子を組み込んだ豚や、通常の倍の大きさに育つ七面鳥、「筋肉二倍」牛を生み出した。こうしてつくられた動物たちは立つのも動くのも困難であり、ストレスによって多くの病気にかかり、肺その他の器官に障害を負う。最新のハイテク搾取であるクローン技術は往々にして畸形動物を生み出している。

屠殺もまた飼養と同じく、大規模移送から流れ作業の解体に至るまで、経済効率を最大化する形につくられている。鶏は家禽檻やブロイラー鶏舎の床から摑み取られ、ケージに回収されて一〇段かそれ以上に積み重なった状態のまま屠殺場へ送られる。檻での生活と移送により、屠殺場に着いた鶏の多くには骨折がみられる。その後かれらは足を金具に留められて逆さに吊られ、コンベヤーを伝った先の帯電した浴槽に浸かり、電気で失神したということにされて巨大な回転のこぎりに首を落とされ、羽むしりを容易にするため熱湯の中に沈められる。多くの鶏は完全には失神せず、時にはのこぎりも頭部の一部をかすめるに留まる。そのせいで生きたまま熱湯に浸かる鶏は少なくない。

牛と豚はトラックや列車へ大量に詰め込まれ、立ち尽くしたままで長時間の移送に耐えねばならず、大抵は水も食料も休息も与えられない。牛の場合、移送時に死亡するもしくは重傷を負う率は二五パーセントにも達する。トラックや列車の中で牛や豚たちは踏み潰され、立てなくなることも珍しくない。こうした「へたり」すなわち歩行困難の動物は、屠殺場へ着いたら足に鎖を巻かれて引っ張っていかれるか、死ぬまで弱っていくままにされる。屠殺場に入った動物たちは畜殺室へ誘導され、電気ショックで失神させられたのち掛け金に足を嵌められ、逆さ吊りにされ殺される。確実な電気ショックを与えることは容易でなく、時には作業員にとって至極手間がかかるので、一部の動物はぶら下がって屠殺を待つあいだ、もしくは屠殺の最中に意識を取り戻す。ユダヤ教やイスラム教の戒律にしたがった肉をつくる屠殺場では、頸動脈を切られるまで動物は意識を保っている。

酪農業で利用される動物たちも結局は屠殺場で最期を迎える。ただし彼女たちは「肉用」の動物よりも長く生かされ搾取される。乳用牛は何度も妊娠させられ――普通は「強姦枠《レイプ・ラック》」と呼ばれる装置に固定されて雄牛もしくはその精子を持った人間に孕《はら》まされ――延々と泌乳を促される。子牛が生まれたらすぐに、大抵は一日か二日で引き離される。いずれにせよ、乳用牛の生涯が「肉用」の動物よりマシということは全くなく、むしろ普通は前者の方が長く利用され、屠殺に先立ってより残忍な扱いを受ける分、苦しみは大きいといえる。

これはアメリカの現代集約畜産で特に注目される側面を拾い出したに過ぎない。他の工業国で行なわれる工場式畜産も大同小異である。例えばイギリスでは子牛を育てる小さな囲いに、若干の動きと仲間同士の関わりを許す設計が求められ、スイスでは家禽檻に関し、空間の拡張と止まり木および巣箱の設置が求められる。しかしながら、こうした工夫はそれが導入された施設の動物に大した快適さを与えず、残りの施設にいる何十億という動物には全く関係がない。工場式畜産場の環境は改善しつつある、と信じたがる人々はいるが、その思い込みが真っ当かどうかは定かではない。例えば一九九九年七月にはＥＵが理事会指令を発し、従来型の家禽檻に代わる「福祉型」採卵システムなるものの導入を求めた。二〇〇二年から二〇一二年のあいだに段階的に導入されたこのシステムは、飼われる鳥に広い空間と寝床を与えるものとされるが、ＥＵの指令は一般に各国の法制定を求めるのみなので、[訳注2] 家禽檻に関する指令も遵守されるかは極めて疑わしく、これに反対する声も既にＥＵ内の数カ国で上がっている。[訳注3] さらに欧州共同体が過去に家禽檻を改善しようとした際も大きな前進は見られなかった。よしんば国が集約畜産を改める法律を通過させても、それらは経済的理由から無視されてきた。加えて、集約畜産は今や第三世界の国々へも広がりつつある。

肉その他の動物性食品を食べることは人間にとって全く必要ではない。現に今日では合衆国農務省やアメリカ栄養士協会といった保守的な組織さえもが、ビタミンB12を補えば植物だけの食事で充分な蛋白質、ビタミン、ミネラル、その他の栄養を摂取でき、優れた健康を維持できると認めている。むしろ正統の科学界では、動物性食品の健康効果に大きな疑いが寄せられている。特に保守的傾向の強い保健専門家でも今や動物性食品の消費を減らすよう促し、他の識者はそうした食品を一掃するよう呼びかける。菜食主義者が種々の癌や心疾患、糖尿病、高血圧、胆石、腎石、その他の病気にかかりにくいことは争う余地のない事実である。かたや肉食に関係する病気――単純な食中毒からクロイツフェルト・ヤコブ病（「狂牛病」）のような奇病まで――の話はほとんど日常的に耳にする。植物食から肉食に移った国々では肥満や心疾患、癌が増えている。すなわち、動物性食品は健康のために必要ないどころか、むしろ有害ですらある。（原注25）

さらに――これもまた動かぬ証拠が揃っているが――、畜産業は環境に深刻な悪影響をおよぼす。（原注26）動物は生産する以上の蛋白質を消費する。一キログラムの蛋白質を生産するのに、動物は（穀物や飼い葉などの形で）約六キログラムの植物性蛋白質を消費する。（原注27）アメリカの穀物の五割以上、世界の穀物の四割は、人間が

訳注2　EUでは条約が一次法とされ、その元に二次法の規則・指令・決定が定められる。規則は各国の国内法を要さずEU加盟国の全てにおいて執行される。指令は加盟国に対し、特定の目標達成に向けた国内法の制定を求めるのみで、規則ほどの拘束力を持たない。決定は特定問題に関する取り決めで、拘束範囲は特定の加盟国・企業・個人に限られる。

訳注3　実際、「福祉型」のケージはほとんど鶏の境遇を改善しなかった。動物擁護団体が収録した以下の動画を参照されたい。Compassion in World Farming, "Legal, But Not Right," https://www.youtube.com/watch?v=q_1omgiUWko（二〇一七年九月十六日アクセス）；Animal Aid, "Sunrise Eggs 'Enriched' Cage Investigation," https://www.youtube.com/watch?v=wpG0my4wEH4（二〇一七年九月十六日アクセス）。

直接消費するのでなく、肉用とされる動物の飼料となる。アメリカでは動物の食べる穀物の量が人間による消費量のおよそ五倍にも達している。飼い葉や牧草のほかに、年間二億三六〇〇万トン――人間一人当たり一九七八ポンド〔約九〇〇キログラム〕――の穀物が肉用の動物に与えられる。人が食べる何十億という動物をやしなうために莫大な飼料作物が要されるので、その作物を育てる広大な土地も必要になる。試算は異なるが、控えめな見積もりでもアメリカの陸地のおよそ三分の一が畜産のために使われている。飼料栽培地を無際限に求めるせいで表土の荒廃も進んだ。アメリカの耕作地の約九割では、持続可能とされる率の一三倍に当たる速度で表土が失われつつある。過放牧のひどい土地では浸食の進行速度が持続可能な率の一〇〇倍を上回り、国内における放牧地のおよそ五四パーセントは過放牧の状態にある。のみならず、動物用の穀物と飼い葉を育てる土地を確保するため、世界中で森林破壊が進んでいる。古い放牧地が過放牧によって壊される一方、新しい土地が切り開かれて放牧に使われてもいる。菜食主義者一人に一年分の食料を供給するには六分の一エーカー〔約六七〇平方メートル〕の土地があればよい。肉食者一人に一年分の食料を供給するには三と四分の一エーカー〔約一万三〇〇〇平方メートル〕の土地が要る。つまり菜食主義者二〇人をやしなえる土地は肉食者を一人しかやしなえない。毎日アメリカの畜産用動物には充分な穀物が与えられるが、それで得られる一日の食料は世界人口の一人につきパン二個分にしかならない。

畜産業は他の資源、水やエネルギーなども大量に浪費する。取水後に使われる淡水の約九割は畜産を含む農業用とされる。動物性蛋白質を得るには植物性蛋白質を得る際よりも遥かに多くの水を要する。例えば一キログラムの小麦を得るには約九〇〇リットルの水が必要なのに対し、一キログラムの牛肉を得るには一〇万リットル超の水が必要になる。放牧地であれば同量の牛肉を得るのに二〇万リットル超の水が必要になる。一キログラムのジャガ芋をつくるには五〇〇リットルの水があればよいのに対し、一キログラムの鶏肉

を得るには約三五〇〇リットルの水が要される。(原注28)

動物性蛋白質の生産に要される化石燃料の平均量は、穀物蛋白質の生産に要されるそれの八倍以上にのぼる。アメリカは既に石油の半分以上を輸入に頼り、今世紀最初の四半世紀中にその大半もしくは全てを輸入に頼ると予想されるが、(訳注4)それにもかかわらず畜産業を続けるために非効率この上ない化石燃料の使い方をしている。理性的と称する人間が本当に理性的思考を働かせているのか、真剣に問われてもよい。

水とエネルギーの大量消費に加え、畜産業は深刻な水質汚染も引き起こしており、これは年間およそ一四億トン――人間の一三〇倍――にものぼる動物糞尿の排出が原因である。糞尿のほとんどは再利用されず水系に廃棄され、その結果、糞尿中の窒素が水中の溶存酸素を減らしてアンモニア・硝酸塩・燐《りん》酸塩・細菌の濃度を上昇させる。ユタ州にある一軒の養豚場からはロサンゼルス市と同量の糞尿が排出され、ノースカロライナ州では養豚場による水質汚染が深刻な問題と化した。動物性食品の加工も水質汚染に大きく関わる。例えばチーズをつくる際に生じる副産物の乳清は食品添加物に使われるが、大半は下水に送られ川を汚染する(一ポンドのチーズをつくるには一〇ポンド前後の牛乳が要される)。

畜産業は地球温暖化の原因としても無視できない。牛、羊、山羊は胃腸のガスと糞尿を介して年間七〇〇〇万から八〇〇〇万トンのメタン(温室効果ガスの一種)を排出し、大気中のメタンの実に三〇パーセントがこれによって占められる。飼料栽培地と放牧地をつくるための森林伐採もまた、温室効果ガスの二酸化炭素を大量に放出させる原因となっている。

肉食擁護者の中には、世界の一部地域では他の食料源がないから動物を食べることが必要なのだと論じ

訳注4　本書刊行後にシェール革命が訪れたのでこの予想は外れると思われるが、だからといって資源浪費の問題が解決されたわけではない。

る者がいる。が、この主張が本当だとしても、そうした地域の例は動物性食品の消費全体の中では微々たるものに過ぎない。なるほど、動物を殺して食べるか飢え死にするかという二択を迫られる状況は考えられる。しかしそれをいうなら、真の非常時に人間が人間を食べた例もある。幸い、そのような状況にある人は少なく、私たちのほとんどは動物性でない食べものをいくらでも選ぶことができる。

別の肉食擁護論は、確かに人間は菜食で（より健康とはいわずとも）恙《つつが》なく生きていけるので、その点では肉食が不必要といえるかもしれないが、人間は何世紀にもわたり肉を食べてきたのだから、この食習慣は「伝統」として擁護できる、と唱える。が、この議論には少なくとも二つの問題がある。第一に、歴史的には動物性のものを食べない文化が多数存在するので、一つの伝統を取り上げてそれを人類共通の習慣とみることはできない。実際、現代以前――特にアグリビジネスが現われる以前――においては、世界の大半の人々は今日よりも遥かに少ない肉しか食べていなかった。第二に、より重要な点として、仮に人類全体もしくは一部の人間集団が共有する伝統があったとしても、それが道徳にどう関係するのか。私たちは動物の利益が道徳的に重要だと言っているが、ならば、どうしたら不必要な動物利用を伴う伝統が動物の利益に優先されるというのか。伝統に訴える道徳的正当化の議論は、甘く考えても常に疑問の余地がある。何と言っても、伝統は性差別や人種差別など、今日の人々からすれば道徳的に許しがたいと思われる行為を正当化する際にしばしば引き合いに出されてきた。もしも奴隷制が伝統として続いていたら、ローザ・パークス(訳注5)は今もなおバスの黒人席に座らされていただろう。

最後に、一部の肉食擁護者は工場式畜産が道徳的に許しがたいことを認めながらも、家族農場で育てられた動物ならば食べてもよいだろうと論じる。しかし、畜産を「人道的」にできるかどうかが争点であると思ってはならない。工場式畜産が現われる以前から人間は動物を食用に育て、殺してきた。十九世紀から二十世紀初頭の家族農場では動物が野外にいられる時間も多く、母動物が子とともにいられる期間も少しはあったと考えられるが、それでもかれらが大変な苦痛を負わされていたことに変わりはない[訳注6]。人道的扱いの原則を真面目に受け止めるなら、食肉生産に伴う苦しみは工場式畜産場のそれであろうと家族農場のそれであろうと、サイモンに焼かれる犬の苦しみ以上に必要なものとはならないことを認めなければならない。

このような次第で、そもそもの出発点からして、私たちの最も大規模な動物利用である畜産業は、人々が表向きこぞって認める道徳規則——代わりの選択肢がある時には動物を害してはならず、ましてただ快楽や至福を得たいというだけの理由で動物を苦しめてはならない、との規則——に反する。動物の食用利用に対しては代わりの選択肢があり、それは人の健康と地球の健康にとって肉食に勝るとも劣らない。菜食がその答である。アルバート・アインシュタインが述べたように、「人間の健康を高め、地球生命の存続を確かなものとする点で、菜食に勝るものはない[原注30]」。ところが私たちは肉と動物性食品、つまりは動物の苦痛と死を選択しており、その理由はただ快楽を得たいということにしかない。しかし曲がりなりにも動物の利益を真に考慮するのであれば、肉の味が好きというだけで動物に苦痛と死を強いる行ないは正当化のしようがない。

動物の利益を真に汲むなら菜食へ移行すべきである、という主張は過激に思えるかもしれない。が、哲

訳注5　アメリカの公民権活動家（一九一三～二〇〇五）。市営バスで白人優先席に座り、白人に席を譲ることを拒んで逮捕される。これを切っ掛けにキング牧師の呼びかけでバス乗車のボイコットが始まった（モンゴメリー・バス・ボイコット事件）。
訳注6　人類による動物利用は太古の昔から暴力的であり、人間同士の戦争を促す原因ですらあり続けた。デビッド・A・ナイバート著／拙訳『動物・人間・暴虐史——〝飼い貶し〟の大罪、世界紛争と資本主義』（新評論、二〇一六年）を参照。

学者のジェームズ・レイチェルズが言う通り、「逆が正しい。不必要な危害を戒める規則は、あらゆる道徳律に見られる最も自然な一条であり、この規則に正直に従えば、人間は食肉生産業を廃して別の食生活へ移るべきだという結論に至る。そう考えると、菜食主義は至極穏健な道徳的態度であるといえよう」(原注31)。

狩猟――スポーツが生む苦痛

アメリカで第二に大きな動物利用はスポーツ・ハンティングであり、これによって一年に少なくとも二億の動物たちが殺される（なお、この数には負傷したまま放置される何千万匹もの動物たちや、狩猟公園その他で殺される動物は含まれない）。まず、狩猟は主に経済的理由で行なわれるという説は打ち砕いておこう。狩猟は中産階級の活動である。狩猟擁護者の一人によれば、「今日のアメリカにおける平均的な猟師は、四十二歳の白人男性で……専門職や管理職、サービス職、肉体労働などの仕事で四万三二二〇ドルの年収を稼ぎ……年におよそ一〇〇〇ドルを狩猟免許料や道具代、旅行代、食料代、宿泊代、その他に費やす」(原注32)。

猟師はライフルや拳銃、弓矢、先込め銃などの旧式銃器、高性能の半自動銃や全自動銃を使う。標的は狩猟目的で維持された土地に住む野生動物、人間に育てられ狩猟用に放たれた動物、さらには動物園やサーカスから狩猟区に売られた囚われの異国産動物《エキゾチック・アニマル》に分かれる。猟師は一般に、ツリー・スタンド（木に設置した見張り台）に座って銃を携え、岩塩その他の好物を撒いて、動物が至近距離に来るのを待つ。動物が発する苦悶の声や求愛の声を模した音声を機械で流して動物をおびき寄せ、猟犬を使い（時に発信機付きの首輪を装着する）、「夜猟《やりょう》」ではスポットライトで目をくらまして動物を撃ち殺す。猟師やその広報組織であるアメリカ野生生物保全基金などは、増え過ぎて餓死へ向かう動物を殺すことで自分たちは動物への「サービス」を行なっているのだと人々に説く。議論の趣旨にのっとり、現に人の干渉がなければ動物が増え過ぎることもある、と想定してみても、狩猟が必要かつ適切な調整策といえるかは疑問である（この問題は後で取り上げる）。実際には、狩猟対象とされる動物の大半が、人為的な生息地管理のもと、繁殖率を高めて数を増やし、猟の存続を可能とする形に統制されている。公有地でも私有地でも、猟師の標的となる動物の多くは人の手で飼養・保護され、猟師の需要に合うだけの数を保てるよう仲間を補塡《ほてん》される。

猟師は免許や許可や道具を得るために大金を投じ、アメリカでは連邦政府が各州の野生生物局へ、狩猟免許の発行部数に応じた資金提供を行なうので、州と自治体の野生生物局は狩猟用の動物を経済資源とみなし、「最大捕獲量」の維持に努める。(原注33) ある野生生物学者が記すように、「州の野生生物局はほとんどがビジネス・モデルに沿ってつくられた機関で、猟師と釣り師はその最大の『顧客』となっている。……野生生物局は商品を提供し、猟師はそれに金を支払う」(原注34)。動物の繁殖率と生息密度を高めようと、連邦および州の野生生物局は様々な形で動物集団と生態系に干渉するが、その手口は、森を刈り払い焼き払って鹿その他の餌場である草地とする、捕食動物を絶やす、水路の新設・改変やダムの設置などをして鴨《かも》の飛来する沼地や湖をつくる、果樹を植えて鹿や熊をおびき寄せる、冬に餌付けを行なう、人気の鳥を集めようと巣箱や営巣地を設ける、動物が減ったら新たに補う、生息密度を高めるために猟場をフェンスで囲うなど、枚挙にいとまがない。尾白鹿は特によく猟師から、数が多過ぎるので「間引き」の必要がある動物だと言われるにもかかわらず、野生生物局は猟師のため、その生息密度を高く保とうと管理・干渉を行なっている。野生生物局はしばしば雄鹿の猟に制限を設け、雌鹿の繁殖、ひいては生息数の増加を担保しようと計らう。一部の局は管理手法を駆使して、「大物鹿」、すなわち猟師らが高く評価する、大きな枝角を生やした堂々たる体躯《たいく》の雄鹿を育てようとさえする。動物を殺さない狩猟の代替策、例えば避妊法などは、鹿集団の規模を調整するのに効果的であることが証明されているが(原注35)、こうした手段は猟師が殺せる動物を減らすので、一般に野生生物局の眼鏡には適わない。

野生生物局はさらに、特定の動物を繁殖して公有地での銃殺に供する。例えば珍しい獲物を欲する猟師のため、十九世紀にアメリカへ持ち込まれた高麗雉《こうらいきじ》は、一部の州の野生生物局により、家禽《かきん》の工場式畜産場に似た雉農場で育てられ、公有の狩猟区へ放たれる。コネチカット州環境保護局の野生生物委員会は、毎年およそ二万五〇〇〇羽の雉を購入・放鳥して猟に供する[原注36]。他の州も同じことをする。この雉たちは檻や囲いで飼われ、自然界での暮らしを知らないので、猟期を生き延びても飢餓や風雨や捕食動物の襲撃によって命を落とす。

近年では監禁した動物を猟師に撃ち殺させる民間の狩猟区が増加した。そこにいるのは多くが珍しい異国産動物で、サーカスや動物園から地主に売られた動物と、地主の手でこの「缶詰狩猟」用に育てられたおとなしい動物とがいる。このような狩猟区の多くは大物サイズの動物を揃え、「獲物確約」〔必ず動物を仕留められる、の意〕、特別会員制、近距離射撃、希望の動物種の特別発注を売りにする。缶詰狩猟は一部の州で全面禁止され、一部の州では種が限定されたものの、多くの州では今もなお許可されており、アメリカ国内には現在、そうした営利の狩猟区が一〇〇〇以上も存在する[原注37]。

「缶詰狩猟」に似ているのが鳥撃ちである。毎年、何千もの飼い鳩《ばと》射撃が全米で催される。後援は民間のクラブによることもあれば、地域振興の金を欲しがる慈善団体や自治体によることもある。国際的な注目を集めている催しに、ペンシルベニア州ヒギンスで毎年「労働者の日」〔九月第一月曜〕に行なわれる鳩撃ち大会があり、そこでは参加費を払った者らが一日に数千羽の鳩を至近距離から撃つ。主催者によると、このイベントで集めた金は地域の学校や行政事業に投じられるという。鳩たちは脱水して衰弱し、参加者らの数ヤード手前に置かれた箱から放たれる。参加者は腕の悪い者や酔った者が多いので、鳩のほとんどは即殺され

ず、時間をかけて死んでいくままにされるか、集められた地域の子供たちによって歩道や壁に叩きつけられ殺される。（原注38）

アメリカの状況を主に解説してきたが、狩猟についてもやはり、同様の例をカナダやイギリスほか、人道的扱いの原則を重んじると謳う西洋諸国に見て取ることができる。イギリスを例にとると、国内外の猟師らに案内付きの猟をさせる多くの狩猟区が存在する。野兎《のうさぎ》狩りはイギリスの猟師らに至極好まれ、囲いで飼われた狩猟区の雉を撃つ猟も人気がある。狐狩りは昔から上流階級が愛したスポーツで、一年に二万から二万五〇〇〇匹の狐を殺す。狐が増えるよう、人気の狩猟区では生息地が守られている。（原注39）「鹿の連れ込み猟」も猟師らに人気の余暇活動となっている。イギリスでは野生の鹿が希少になったので、牧場で育てられた鹿が狩りに使われる。雄鹿はナイフやゴムバンドで去勢され、扱いやすくなるよう角を切られた後、トレーラーで狩猟区へ運び込まれる。猟師はこの鹿たちを殺さず、猟犬を使って追い回し追い詰め、その後、次の猟のため解放する。鹿はこうした狩りに最大一〇回ほども使われるが、ストレスによって死ぬことや猟犬に殺されることもある。犬を使った哺乳類の狩りに対しては、禁止を求める声が高まってはいるものの、少数の中核層はいまだ頑《かたく》なにこのスポーツを守ろうとする。

狩猟の的となる動物たちが甚だしい苦しみを味わっていることは疑えない。ケンブリッジ大学の教授パトリック・ベイトソンによる一九九七年の研究によれば、犬を使って狩られた鹿の客観的な生理計測を行なった結果、「犬に追われる長い狩りで赤鹿に与えられるストレスは、多大な苦しみに繋がりうることが判明した」。また、狩りが元となる「鹿の体調変化は、自然環境での生活で訪れる通常の体調変化とはかけ離れている」。（原注40）「幸福度の低さを表わす一般的な指標を用いるなら、狩られる鹿は殺される時点で極めて不幸な状態にあるといえる。狩猟の賛否両派は動物が苦しむことを理由に負傷を抑えるべきであると論じるが、狩られる鹿の苦しみは実のところ、負傷の苦しみに劣らない」(原注41)。

畜産業と同じく、狩猟も多大な動物の苦痛を伴い、その苦痛の大部分は必要とみなせない。狩猟はスポーツである。これを擁護する者はしばしば、不必要であったところで狩猟は人類の「伝統」なのだから正しい、と論じるが、畜産業について述べたように、伝統に訴える議論はその行ないが道徳的に許されることの証明にはならない。

漁業――人々に認知すらされていない苦痛

毎年、人間は何百億という魚その他の海洋動物を殺す。魚介類は冷血動物で、人に理解できる表情を持たないせいか、一般に情感ある生きものとすら見られていない。現に道徳的理由から陸生動物の肉を食べない人々の中でも、魚は食べるという者が少なくない。かれらは釣り針にかかった魚や水から出されて窒息する魚が苦しんでいるとは考えない。しかしながら序論で述べたように、科学者たちは魚が情感を具えると認めている(原注42)。加えて硬骨魚類は、哺乳類や爬虫類、鳥類、両生類など、他の脊椎動物と同様、脳にベンゾジアゼピンの受容体があり、不安を経験していると推測できる(原注43)。そして事実、一部の研究者によれば、魚は針にかかるのに劣らない苦しみを恐怖によっても感じている(原注44)。

魚肉は牛肉・豚肉・鶏肉よりも健康に良い、と思い込んでいる消費者は多い。しかしこれは神話である。魚肉の多くには牛肉に勝るとも劣らない量の飽和脂肪とコレステロールが含まれる。また、魚は世界の水系に捨てられる工業汚染物質や化学汚染物質を体内に溜め込み、そうして蓄積された毒物濃度は、生息域となる水中の濃度を大きく上回る。毒物には発癌性物質のＰＣＢやダイオキシン、脳や神経系を損なう水銀、幼い子供の脳損傷や発育異常を引き起こす鉛、それに農薬のＤＤＴなどがある。人間にとって最大のＰＣＢ摂取源は魚肉であり、PCBは体組織に蓄積して何十年も残留する。このほか、多くの魚は人や動物の糞便に混ざった細菌にも汚染される。

人間が魚その他の海洋動物を消費することは大きな環境破壊にも繋がる。世界中で日々行なわれる乱獲は海洋生態系の将来を脅かし、魚類を危機的な速度で減少させている。(原注45) 大半の魚は、大きな網や何マイルも伸びる釣具を使う大規模な商業漁業で捕らえられる。商業漁業は捕獲の手段を選ばず、毎年それらの業者によって致命的な傷を負わされた魚たち〔商用とならない魚種〕が推定一八〇〇万から四〇〇〇万トンも海に投棄される。えびトロール船は、えび一トンを捕獲するごとに一五トンの魚を投棄する。さらに何千という海洋哺乳類（イルカなど）、海亀、海鳥が漁具に絡め取られる。一九八〇年代には牛や豚や鶏などを密飼いする工場式畜産場に似た養殖場が多くの魚を供給するようになり、陸の畜産場と同様、様々な問題を引き起こした。混雑する生け簀《す》や養殖場は水質を大きく損なう。飼われる魚たちは種々の病気・感染・寄生虫に悩まされ、その対処として与えられる抗生物質は魚肉を介して人間に取り込まれる。養殖場から逃げた魚は周辺の水域に病気を持ち込む。養殖場は沿岸部に設けられるのが一般的なので、マングローブ林や湿地のような貴重な沿岸の自然が壊される。(原注46) また一方、商業目的でない地域的な「スポーツ」・フィッシングも鳥その他の動物を殺傷する点では同様で、捨てた釣り針や釣り糸が動物に絡まること、飲まれることもあれば、鉛の錘《おもり》やプラスチックのルアーが飲み込まれることもある。

動物娯楽――単なる楽しみが招く苦痛

無数の動物園、サーカス、カーニバル、レース、ロデオで、動物たちは日々、人間の楽しみのために利用される。(原注47)「娯楽」「気晴らし」「スポーツ」「エンターテイメント」など、これらの活動を表わす言葉自体が、その不必要性を物語っている。もしも娯楽を必要と言ってしまえるのなら、その名目でなされるあらゆる蛮行が人道的扱いの原則を逃れかねず、同原則そのものが意味を失う。しかしそれはさておき、ここで娯楽目的の動物利用を一瞥しておこう。(原注48)

サーカスと巡業動物芸　サーカスで使われる動物たちは普通、狭くて何もない檻に囚われ、わずかな空間の中、ただ寝起きしかできない。象のような大型動物は、芸をしていない時や移動中は常に鎖に繋がれ、巡業の際は大抵、灼熱の鉄道車両に入れられ長距離移送に耐えなければならない。サーカスでは叫ぶ人間や眩《まぶ》しい照明、けたたましい騒音の中、肉体的にも心理的にも普通ではありえない芸を動物に強いるため、調教師はしばしば恐怖を与えて動物に権力を見せつける。鞭、縄、鎖、電気棒、鉄鉤《てつかぎ》は、どれも調教でよく用いられる。調教師は時に「踊る熊」の手の平を焼いて二足で立たせ、普通の「動物取り扱い方法」と称して絶えず殴打や首絞めにおよぶ。巡業動物芸や路上の見世物は一般に大手のサーカスよりもさらに動物の扱いがひどく、ろばや馬を台から水に飛び込ませたり、大抵は牙と爪を取り去って薬漬けにした熊と人間が格闘したりする。

サーカスは旅回りをするものを筆頭に、満足な獣医療を動物に施さないことが多く、これは獣医のほとんどが犬や猫などの小型動物と畜産用動物の扱いを教育されるのみで、異国産動物を扱えないのが原因でもある。病気やストレスへの対応が皆無もしくは不適切なせいで、多くの動物が若いうちに死を迎える。アジア象はそのほんの一例で、自然界では六十歳ほどまで生きるが、サーカスでは三十歳にも滅多に達しない。

動物園　動物園はアメリカで人気の娯楽施設である。(原注49)全国に散る大型動物園と小型の路傍《ろぼう》動物園に一〇〇〇種を超える動物が囚われている。動物は自然の生息地で捕獲される場合と、動物園の飼育下繁殖事業で繁殖される場合、他の動物園から売却ないし貸与される場合がある。かれらは往々にして窮屈なコンテナで長旅を強いられ、多くが移送中に負傷し、病気になり、死亡する。

アメリカの一般的な動物園の環境は、ただ嘆かわしいというほかない。動物を閉じ込めた寂しい檻には心身の刺激となるものが何もない。動物園が「自然の生息地」を再現したという時は、普通、コンクリートで作った土手があり、金属の「葉」を付けたプラスチック樹脂の「木」が生えているだけで、本物の植物は全て電気柵で囲われているのが普通である。非展示区画は、来場客の目から隠されていても動物にとっては大半の時を過ごす場所であるが、そこには先のような工夫がなく、ただの檻と変わらない。「優れた」動物園や「自然の生息地」を再現した動物園でさえ、動物たちはよくストレスによって神経症的な行動を起こし、檻の中を行き来したり、頭を上下に振ったり、体を前後にゆすったり、糞を人間に投げたりする。中には潰瘍《かいよう》を患う動物や、糞尿の中に立っているせいで足に感染症を生じる動物もいる。監禁のストレスが性交や出産といった動物の正常な行動を妨げることもあり、現に動物園は飼育下繁殖事業で思うように特定種を殖やせていない。

動物園職員の中でも異国産動物の飼い方をよく訓練されていない者は、動物の扱いが乱暴であったり世話が不適切であったりする。例えば中西部のある動物園の職員は、象が移送トラックに乗ろうとしないのでその体を金属の鉤《かぎ》で滅多打ちにした。テキサス州エル・パソの動物園では、象が鎖に繋がれ、「誰が上かを知らしめ」ようとした職員に斧の柄で容赦なく殴られた。獣医療が行き届かないのはサーカスの事情と同じで、単に獣医が動物園に監禁された種々様々な動物を扱えないことによる。路傍動物園はさらに深刻で、多くは僻地にあり、近くの獣医は小型の伴侶動物や畜産用動物しか扱った経験がない。

動物園を擁護する者は、飼育下繁殖事業で絶滅危惧種を保護しなくてはいけないからこのような施設が必要なのだと訴える。この主張は愚劣である。繁殖事業に取り組む動物園に囲われた一〇〇〇種を超える動物のうち、自然界へ帰す目的で繁殖が行なわれているのはわずか五〇種前後に過ぎず、現に野生復帰が成功した動物はほんの一握りしかいない。費用面を考えても、動物園の飼育下繁殖事業は絶滅危惧種や絶滅危急種を守る上で最も非効率な方法と考えざるをえない。動物園で生まれる動物の圧倒的多数は、野生復帰のためでなく無計画な繁殖事業のせいで殖やされたまでであり、繁殖の目的は「赤ちゃん動物」の特別展示を続けることにある。動物園は大抵、このような余剰動物を匿《かくま》う広さがなく、特に成長後は園内に囲っておくのが難しくなるので、頻繁にかれらを他の小さな動物園や海外の動物園、サーカス、巡業動物芸の興行主、実験施設、個人の異国産動物コレクター、「缶詰狩猟」用の牧場に売却する。路傍動物園に見られる大型動物の五割から八割は、大手動物園の繁殖事業を出所とする。中には高額を支払う営利の狩猟牧場に動物を売って副収入を得る目的だけで繁殖に取り組む動物園もある。

老いた動物や人気を集めなくなった動物も売却される。アメリカ国内の「優秀」とされる動物園一七〇軒以上が加盟するアメリカ動物園水族館協会は、余剰動物一〇〇〇匹以上を販売リストに挙げている。大手の動物園も歳を取った動物や飼育下繁殖事業で生まれた動物を狩猟牧場やその卸売業者に売る。テキサス州に位置するサン・アントニオ動物園の役員らは狩猟牧場を持ち、同園から直接仕入れた動物を缶詰狩猟に用いている。

最後に、動物園は人々に動物の知識を提供するとして擁護されることも多い。しかし一般の来場客は動物展示の解説をじっくり読んだりはせず、そもそも多くの動物園は大して教育になる情報を載せてもいない。動物園は動物本来の姿についてほとんど何も教えてくれず、そこに展示されたライオンを見ることが、健全で自然のままに行動する野生ライオンを映像で見るよりも教育になるとは考えがたい。

ロデオ　ロデオも全米で人気の娯楽となっている（原注50）。アメリカでは毎年、およそ八〇〇の公式ロデオと総数不明の小ロデオが催される。そのほかに「特別」ロデオとして、女性限定ロデオ、同性愛者限定ロデオ、黒人限定ロデオ、軍人ロデオ、警察ロデオ、子供ロデオなどがある。その娯楽性の根本にあるのは動物の恐怖と絶望であって、おののき死に物狂いになるからこそ動物は走り回り、ロデオの競技者に腕の見せ所を与えるのである。

正式なロデオ協会が認めるイベントを見ると、荒馬《あらうま》乗りや雄牛乗りでは馬や雄牛が「跳ね上がり帯」を装着され、これに腹部を刺激されることで跳ね上がり動作を強いられる。子牛捕りや若牛捕りでは、最大時速三〇マイル〔時速約四八キロメートル〕で走る子牛や去勢牛が、縄をかけられて急に足を留められ、ひっくり返されて縛られる。二人投げ縄では一人の競技者が走る動物の頭と角に縄を巻き付け、もう一人が後ろ足を縄で捕らえて縛りつける。若牛レスリングでは競技者が馬に乗って去勢牛の背に飛びかかり、牛の首をひねって地面に引き倒す。

ロデオに使われる動物たちは大抵、競技場に接する整列路に押し込まれたまま電気棒で苛《さいな》まれ、半狂乱になったところでゲートから放たれる。すると子牛や去勢牛は電気棒の痛みを逃れようと競技場へ飛び出す。競技中に動物はよく負傷する。馬は脚を折り、子牛や去勢牛は角や首の骨を折り、喉笛を断たれ、フェンスへの激突や捕獲時の転倒で麻痺に陥る。競技者は金属製の拍車〔靴のかかとに着ける歯車状の器具〕を馬の首や肩に喰い込ませる〔速く走らせるため〕。公認のロデオ協会は獣医の同席もしくは待機を求めるものの、およそ半分のロデオには一人の獣医も立ち会わず、非公式のロデオに至っては待機する獣医すらいないことも珍しくない。

競馬とドッグ・レース　アメリカでは毎年六万以上の競馬が催され、何百万人もが競馬場へ足を運ぶほか、さらに多くの者がテレビ観戦にふける。馬券の売り上げは年間一三〇億ドルを超す。かたや多数の馬が毎年、骨折や靭帯《じんたい》断裂などにより、致命的な傷やそれに近い重傷を負う。一九九三年にミネソタ大学が実施した研究によれば、一年で八四〇頭の馬が競走中に致命傷を負い、さらに多くの馬が練習中の負傷によって命を落とす。およそ三五〇〇頭の馬は、致命的ではないが競走を終えられないレベルの重傷を負う。(原注51)

馬が競走に使えなくなると、繁殖に利用されることもあるが、普通は屠殺用の競売にかけられる。競走馬の約四分の三が屠殺場で生涯を閉じ、国連食糧農業機関によれば、アメリカで屠殺される馬は年間一〇万頭ほどに達する。

アメリカでは競馬とともにドッグ・レースが一大ビジネスとなっている。一年におよそ四万頭の競走用グレーハウンドが生み出され、全国の訓練場に送られる。グレーハウンドの競走産業は落ち目に思えるものの、いまだ四八軒ほどのレース場が一五の州で営業を続け、年間二〇億ドル以上を賭け金の形で得ている。競走に使われるグレーハウンドは基本的に一頭ずつ小さなケージに入れられ、積み重なった状態で最大一〇〇〇頭もの犬を収容する犬舎施設に置かれる。一日のうち十八時間から二十二時間はケージの外に出られない。歳を取った犬や競走に強くない犬は殺されるか実験施設に売られるかラテンアメリカのレース場に売られるか里親団体に譲られる。競走用グレーハウンドの救助と里親探しをするグレーハウンド保護リーグの試算では、毎年二万から二万五〇〇〇頭の犬が業者に殺され、約一万頭が里親のもとへ引き取られているという。(原注52)

海洋哺乳類ショー　数多くの娯楽施設が海洋哺乳類のショーを行ない、イルカ、シャチ、アシカ、アザラシなどに人前で「巧みな芸」を演じさせる。この動物たちは普通、自然界から捕まえて来られ、身体的な脅迫と剝奪を伴う手法で訓練を受ける。野生の海洋哺乳類は多くが一生にわたり家族や他の仲間と集団生活を送るが、監禁飼育の環境は最善の形でもかれらにとって甚だストレスが大きい。また、イルカやシャチなどは様々な周波数の音を駆使する反響定位《エコーロケーション》によって進路を確かめ仲間と会話する。そうした動物が水槽やプールのような空間に閉じ込められると、発した音が自分に跳ね返って強いストレスを味わう。テレビ番組『フリッパー』に登場するイルカを調教した動物調教師リチャード・オバリーはこう語る。「狭いコンクリートの囲いに［こうした動物たちを］監禁するのは、視覚に頼る私たちのような生きものを鏡に囲まれた空間で生活させるようなものです。平静ではいられません――狂ってしまいます」。

監禁された海洋哺乳類の大半は自然な寿命よりも遥かに若くして死ぬ。死因はストレスのこともあれば、潰瘍のようなストレス由来の病気のこともある。過去三十年に捕らえられたシャチの八割は既に死亡し、おおかたは八歳にも至らなかったが、自然界のかれらは八十歳まで生きられる。早い死を迎えるのに加え、海洋哺乳類はストレスによって喧嘩や攻撃などの異常行動を起こすことも多いが、これもまた自然界では見られない。

動物「タレント」　毎年アメリカでは動物を使った映画やテレビ番組が三〇〇以上も制作される。それらの制作に当たってはアメリカ人道協会（ＡＨＡ）〔動物福祉団体の全米人道協会（ＨＳＵＳ）とは別〕の監督が入ることにはなっているものの、この組織は動物利用に関し強い法的権限を持ってはいない。それどころかＡＨＡは、みずから取り締まるはずの映画業界から財政支援を受け、業界と固い結束を築いている。テレビ番組のライター兼プロデューサーであるジル・ドナーが記すように、「動物が娯楽に使われる時は、見えないところで常に虐待が犯されるが、ＡＨＡはその状況を変えるために何の手も打たない」。動物は映画や番組の制作時に虐待・傷害・殺害されるが、虐待や傷害を被るのは訓練中や普段の監禁時も同様である。訓練では暴力的な手法が多く用いられる上、動物は一生のほとんどを小さな檻のような狭い囲いの中で過ごす。アメリカの有名タレントであるボブ・バーカーは、映画に使われる動物の虐待を精力的に告発してきた。

以上のような娯楽目的の動物利用は一つの共通点を持つ――これらは全く不必要ということである。もしも不必要な危害を禁じる規則が何かしらの意味を持っているのだとすれば、それはこうした利用の禁止を意味するのでなければならない。ここでも主にアメリカの例を取り上げたが、当然ながら娯楽目的の動物利用はアメリカだけの専売特許ではない。闘犬のような「見世物スポーツ」はスペインやフランスでも盛んであり、ヨーロッパの動物園は多くがアメリカの施設と同等もしくはそれ以上に劣悪である。ロデオや闘犬といった娯楽的な動物利用の多くは伝統文化として擁護すべきものと考えられている。これもまた畜産や狩猟の擁護論と同じく、議論として説得力を持たない。

毛皮――ファッションのための苦痛(原注55)

人間が毛皮をコートその他の服飾雑貨に変えるため、毎年世界ではおよそ四〇〇〇万匹の動物が殺される。そのうち三〇〇〇万匹ほどを占めるミンク、チンチラ、狐、狸《たぬき》などは「毛皮農場」と呼ばれる工場式畜産場に似た施設で飼養・屠殺される。動物たちは大きな畜舎の小さな金網檻に入れられ、普通は果てしなく広がるこの恐ろしい監禁施設の中、しばしば檻の中を往復する常同行動や幼児殺害、自傷行為などの異常行動を来す。監禁のストレスは潰瘍その他の身体疾患にも繋がる。近親交配と新しい色の毛皮をつくる試みの結果、斜頸《しゃけい》〔首のねじれ〕や難聴といった畸形、免疫不全も生じた。毛皮用に飼われる動物は頸椎破壊、ガス殺、毒殺、あるいは肛門や生殖器からの電殺で命を絶たれる。毛皮用動物の飼育はヨーロッパの一部国家で段階的な全廃もしくは一部撤廃に向かっているものの、アジアでは増加傾向にある。

毛皮用に殺される四〇〇〇万匹の動物のうち、残り一〇〇〇万匹は罠で捕らえられる。この数字は犬や猫、鳥、栗鼠《りす》、オポッサムなど、うっかり罠にかかってしまう標的外の「ハズレ」動物を含まないので、実際の犠牲はさらに多い。毛皮をまとった動物を捕らえる代表的な罠はトラバサミで、これは金属でできた二つの顎《あご》が、動物の足を挟んで閉じる仕掛けである。顎には合成素材の緩衝材が付けられることもあるが、そうした「パッド付き」の罠も、動物に与える苦痛の激しさは普通のトラバサミと変わらない。他の罠では、二つの長方形の枠が動物の胴体を挟む胴バサミや、輪型のワイヤーが動物の足を捕らえ、逃げようと暴れると輪が締まる括《くく》り罠がある。罠にかかった動物は何日もそのままに置いておかれることが珍しくなく、脱水や出血、足の腫れ、靭帯断裂、他の動物による捕食に苦しみ、脱走のためにみずからの足を喰いちぎる、あるいは金属の罠を噛んで歯を失うなどの自傷にまでおよぶ。罠の見回りに来た人間は、捕らえられた動物がまだ生きていれば撃ち殺すか踏み殺すか叩き殺すかする。トラバサミの使用は多くの国で禁止され、胴バサミと括り罠の使用は一部の国で禁止された。

アメリカでは様々な試算がありながらも毎年およそ八〇〇万から一〇〇〇万匹の動物が毛皮のために殺され、罠による犠牲は四、五〇〇万匹にのぼると推定される。ここでもやはり、標的外でありながら罠にかかって殺された動物や、負傷した状態で放たれた動物は数に含まれない。トラバサミは毛皮をまとう動物を捕らえるため、アメリカで最も一般的に使われる罠となっている。アメリカ人の八〇パーセントはこの罠の禁止を支持するにもかかわらず、現に禁止を決めたのはわずか五州だけに留まり、連邦法でこれを禁じようとする努力はいまだ成果を挙げていない。罠の見回りを行なう時間間隔も州法によって異なる。一部の州では時間間隔の規定がなく、別の一部では定期的な(例えば二十四時間ごとの)見回りを義務付けるが、こうした決まりがあったところで遵守はされず、罠にかかった動物は長く放置される。アメリカの毛皮農場では約三〇〇〇万匹のミンクが飼われるほか、狐、兎、チンチラなども飼われる。一着のフォックス・コートには一〇から二〇匹分の狐皮が使われ、一着のミンク・コートには三〇から七〇匹分のミンク皮が、一着のラクーン・コートやラビット・コートには三〇から四〇匹分のアライグマや兎の毛皮が、そして一着のチンチラ・

コートには三〇から二〇〇匹分のチンチラの毛皮が使われる。

毛皮目的の動物利用が必要といえる理屈はない。罠にかかった動物、飼育下に置かれる動物が計り知れない苦しみを味わうのに加え、毛皮産業は環境にも壊滅的な影響をおよぼす。毛皮農場は食料部門の工場式畜産場と同じく、莫大な動物糞尿を排出して土と水と大気を汚染し、藻の繁殖を促して〔富栄養化により〕魚類を脅かす。毛皮生産の過程では様々な動物が本来の生息地でない場所へ持ち込まれ、往々にして不幸な結末を迎えるほか、罠猟によって捕食動物が一時的な激減を迎え、その後、〔生息密度が減った分だけ〕食料源と生息地が増え、以前よりも大きな集団となる。

衣類に使われる動物製品では皮革や羊毛も忘れてはならないが、これらは毛皮に比べ、食用利用される動物の副産物という側面が強い。(訳注6) いずれにせよ、綿や合成素材といった代替物が沢山ある以上、衣類のための動物利用は全て不必要といってよい。

人々が異存なく受け入れている考え方によれば、動物たちは情感を具え苦しみを感じるのだから、ただそれだけで、私たちはかれらに対し不必要な危害を差し控える道徳的・法的義務を負う。どんな危害を必要とみるかは人によって意見が異なるにせよ、娯楽・快楽・利便を目的とした危害がそれであってはならない。ところが数にして最大の犠牲者である食用利用される動物たちは、ただ私たちが肉食の快楽を得るためだけに飼われ殺される。他の膨大な動物利用――狩猟、漁業、娯楽、衣服のためのそれ――も、不必要な危害の禁止に背く。真の非常時・衝突時には人間を動物より優先するとしても、肉を食べる、狩りに出かける、ロデオに加わる、毛皮コートを買うなどの選択は、火事の家から人間を救うか動物を救うかを選ぶ二択とは到底比較できない。

次章では別の状況における必要性の問題を取り上げる——生物医学の実験、製品試験、および教育での動物利用である。これらは今までの例と同じ意味で不必要とは論じられないかもしれないが、以降で確認するように、そうした利用の必要性についてもやはり大きな疑問が生じる。

訳注6　ただし、副産物だけではない。爬虫類や駝鳥は「クロコ」や「オーストリッチ」の革製品をつくるため、専用の飼育場で密飼いされる。牛なども皮だけを目当てに屠殺される例がある。

第二章　動物実験——騙されがちな問題

第一章では人道的扱いの原則を取り上げた。真の非常時・衝突時には動物よりも人間の利益を優先してよいとしても、私たちは動物に対し不必要な危害を差し控える直接の義務を負う、というのがその骨子である。また、毎年桁外れに多くの動物を利用する畜産業、および狩猟と漁、娯楽や毛皮目的の動物利用が、どのような意味においても必要とはいえないことを見てきた。もしも人道的扱いの原則に何らかの内容が伴っているのなら、娯楽・快楽・利便のため、あるいは「伝統」を守るとの名目で、動物への危害を正当化することはできない。

本章で考える動物利用は、多くの人々が真の衝突もしくは非常事態の例と受け止め、人間の利益を動物のそれに優先すべき場合と考えるもの、すなわち動物実験――研究や製品試験や教育における動物利用――である。本書の後半で私は、もし動物の利益を道徳的に尊重したいのであれば、そのような目的があっても動物を利用すべきでなく、それは浮浪者や精神遅滞のある人々を他の人間の便益のために使ってはならないのと同じことであると論じる。ただ差し当たり、ここでは動物実験を前章で挙げた例と同列には論じられないこと、人の病気の治療法を発見するための動物利用はあからさまに下らないとは言い切れないことだけを想定しておく。ところが、そうして動物実験を火事の家の二択と重なるもののように考えたところで、その必要性とやらは極めて怪しいことを確認したい。動物実験という語は研究・試験・科学教育での生体利用を全て指すものの、ここでは以上の三種を別個に扱う。

議論に先立ち注目したいのは、科学目的での動物利用は十九世紀のイギリスにおける動物擁護運動および二十世紀のアメリカにおける動物の権利運動が中心に据えた問題だったことである。(原注1)これは何も、当時の動物擁護者らが菜食を勧めなかった、あるいは狩猟や娯楽や毛皮産業での動物利用に反対しなかったということではない。ただし、動物実験は少なくとも見かけ上、必要性をめぐってそれら他の動物利用よりも難しい問題を投げかけ、また犠牲の規模でいえば畜産や狩猟に比べ小さいにもかかわらず、これが動物擁護運動における最大の関心事であったことは確かである。結果、アメリカとイギリスでは他の利用と比較して動物実験を取り締まると銘打つ法律が多い。その法律に効力があるかどうかは別問題で、これについては第三章で考える。動物擁護者が動物実験に重きを置くのは、この動物利用に関与する人間が比較的少数の専門集団に限られ、したがってそれを批判しても一般人にとっては菜食の推進ほど不穏なものには映らないことが関係しているのかもしれない。実際、動物実験に反対しながらも肉食をやめず他の動物利用に加担し続ける人々、ひいては他の動物利用に反対しない人々は大勢いる。(原注2)

研究での動物利用

科学研究での動物利用は、肯定派に言わせれば、それが人の健康を高めるのに必要で、ほかに代替法がなく、かつ研究者が動物の苦痛と不快を最小限に抑えるかぎり、道徳的に認められる。生物医学研究財団が述べるところでは、動物利用が許されるのは、例えば癌や糖尿病や高血圧、アルツハイマー病、感染症、エイズ、嚢胞《のうほう》性繊維症の治療法を見つけたいなど、重要な目的がある時のみに限られ、「研究機関は実験用動物の疼痛《とうつう》と苦悩を抹消ないし最小化すべく、あらゆる手段を尽くさなければならない」。また、「研究者は人間の生命に動物の生命以上の価値を置くものの、同時に自らの負う特別な義務を認識し、実験用動物の福祉を保証するとともに……動物モデルの使用は、他の手段が不充分・不適切な時のみに限定しなければならない」(原注3)。同財団の言葉からすると、アメリカの実験施設で使われる動物の中で、疼痛や苦悩を味わうのはほんの少数であるかに思える。研究業界は一般に「三つのR」を重んじると謳《うた》う——必要な知見を得るために利用する動物の「削減（Reduction）」、不快・疼痛・苦悩・苦悶《くもん》の最小化に向けた既存の方法の「洗練（Refinement）」、およびコンピュータのような動物不使用の研究モデルによる「代替（Replacement）」である。(原注4)「三つのR」が示す理念は明白で、要するに、代替法がある状況での動物利用は悪であり、特定の実験目的から動物利用が必要と判断した研究者は、目的達成に必要なだけの苦痛しか動物に与えてはならない。この思想は連邦動物福祉法などの法律やその具体的施策である諸規則にも反映され、実験に動物を用いる者は、動物に代わる手段を検討したこと、痛みを伴う処置について獣医と相談したことを示すよう求められる。

逆に言えば、動物実験の支持者らは実のところ、そうした動物利用が食用利用や狩猟、娯楽、毛皮などと違い、本当に必要だと訴えていることになる。他の動物利用はほぼ例外なく代替できるとしても、動物実験は代替法がない時のみに行なわれるというのである。かれらの議論によれば、研究での動物利用は人々に火事の家の二択に似た選択を迫るもので、私たちは恐ろしい病を抱える人間を救うか、実験にかける動物を救うか、どちらかを選ばなくてはならない。しかも動物に与える苦しみは必要最小限だと実験支持者らはいう。

が、こうした主張とは裏腹に動物実験の現実は、少数の動物たちが汚れ一つない実験室で、ほとんどもしくは全く疼痛や苦悩を味わうことなく癌やエイズの治療法発見に役立てられている、などという図とは似ても似つかない。それどころか生物医学研究での動物利用は、無慈悲で搾取的かつ産業的である点で、工場式畜産や野生動物管理に劣らない。動物実験者はありとあらゆる下らない目的のために動物を利用しており、これを必要といえる論理はない。また、過去の情報からすると、動物実験者は特に動物の疼痛や苦悩を抑えようと真剣に考えてはいないものと思われ、これはかれらが動物の疼痛や苦悩の存在を認めてすらいないことが一因でもある。研究業界に属する者の多くは今なお、言葉通りの意味で、動物はデカルトが想定したようなカラクリであり、痛みや苦しみを味わわないと信じ込んでいる[原注5]。

アメリカでは毎年何百万という動物が手術技法・機材・製薬・消費財の開発と試験、および人疾患モデルの作成をはじめとする様々な実験に使われる。動物実験者にとっての動物は「研究資材」であって、人の心身の問題を解明するのに役立つ程度には人と似ていながら、人と違って使い捨て扱いが可能な程度には人から離れた存在である。合衆国議会の技術評価局（OTA）によると、「アメリカで一年間に使用される〔実験用〕動物の数は一〇〇〇万匹から一億匹と試算される」。なお、OTAは「動物使用数は全て概算に過ぎない」ので「これらのデータは全て信頼に足らない」と結論する[原注6]。連邦政府は連邦動物福祉法によって動物実験を取り締まり、同法の運用と執行は合衆国農務省が担う[原注7]。農務省は研究施設に動物の使用数を報告するよう求めるが、動物福祉法はラットとマウスを対象としないので、その使用数は報告義務のうちに入らない――連邦政府によれば、ラットとマウスは実験で使われる動物のおよそ九割を構成するにもかかわらず、である。加えて同法は鳥類、爬虫類、両生類、および農業研究で使われる馬その他の畜産用動物も報告義務の対象外とする。さらに、実験用に生まれた動物でも、年齢や性別や健康状態などが、求められる条件と違い、結局は使われない場合が多々ある。そうした理由で廃棄される動物は、政府の試算では全体の五〇パーセントにも達する。したがって、農務省は実験に使われる動物の数を年間一五〇万から二〇〇〇万匹と報告するが、そこにラット、マウス、その他の実験用動物、そして実際には使われない動物を加えると、合計はおそらく二〇〇〇万匹を優に超えると思われる――しかも、これは最も控えめな概算である[原注8]。

実験で使われる動物を繁殖・販売するのは大企業であり、その一つ、チャールズ・リバー研究所は「世界最大の実験動物生産企業」を自称する。いわく、「弊社は現在、アメリカ、カナダ、日本、およびヨーロッパ諸国を含む一四カ国で、高度に細分化された専用の実験動物を生産しています」[原注9]。同社は特許を認められた系統の動物や、さらには研究者の要望に応じて遺伝子改変した動物を提供する。動物たちは交配によって何らかの発作を起こすように、あるいは癌や筋ジストロフィーや糖尿病を患うように、あるいは免疫反応を起こさないように、あるいは貧血を起こすように改変される。チャールズ・リバーの代表者はこう語った。「論文を読んでいると、あらゆる物質が発癌性を有するように思えてきますが、そうだとすればさらに多くの動物実験が必要になるわけでして、それはわが社の成長に繋がります。ですから私どもにとって刺激と興奮が薄れる時はありません」(原注10)。チャールズ・リバーのような企業は犬や猫など比較的大型の動物に高値を付けるので、実験施設はしばしば動物シェルターや保健所から安値でそうした動物を仕入れる。また動物商人の中にも、シェルターや競走犬業者、あるいは「里親募集」の広告を掲げる個人宅から犬や猫を譲り受け、高額ではあっても営利繁殖企業よりは安い値で実験施設にその動物たちを売る者がいる。実験施設で使われる動物の相当数は動物商人に攫《さら》われたペットが占める(原注11)。実験施設への動物販売が収益を生むのに加え、何百万もの動物を閉じ込めるケージその他の器材を製造する者も儲かり、さらに毎年何億ドルという税金が動物実験者の助成金に変わる。動物実験はビッグ・ビジネスといってよい。

実験施設の動物たちは金属やプラスチックでできた小さなケージで一生を送る(原注12)。例えば体重三五〇グラム未満のモルモットの場合、国の規制では六〇平方インチ〔約三九〇平方センチメートル〕の飼育スペースが求められる。普通、動物は仲間から隔てられ、運動の機会はほとんど与えられない。

動物実験の支持者らは研究での動物利用が必要だと人々に信じ込ませようとするが、この主張は様々なレベルで問われる余地がある。

第一に、動物は医療処置や治療法の開発において惰性的に使われているので、当の動物利用が特定の医学的発見の決め手になったとする因果関係を正確な事実にもとづいて示すことは困難である。動物は常に疾患モデルや薬剤ないし医療処置の試験材料とされるのであるから、動物利用のおかげとされる発明や発見がそれなしにありえなかったかどうかは分からない。この点をよりはっきりさせるため、次のような例を考えてみよう。自動車修理工のジェーンは車のエンジンを直す際にいつも特殊な手袋を着ける。エンジンの修理が成功するたびに、ジェーンはそれを手袋のおかげだと考える。手袋の装着と修理の成功に因果関係があるとする判断は、現に正しいかもしれない。が、正しくないかもしれず、もしジェーンが手袋の効果をしっかり知りたければ、同じ修理を手袋なしでやってみる必要がある。それでうまくいかなければ、その時に初めて、ジェーンは手袋が修理の成功に欠かせないと自信を持って言うことができる。同様に、研究者は処置や薬剤の試験ないし開発にいつでも動物を用いるので、因果の点からして動物利用が研究の成功に欠かせないと示すことはできない。

仮に動物利用と人の健康上の便益に因果関係があったとしても、その繋がりは相当に弱いのが普通である。動物実験による科学的発見なるものがメディアで報じられるのは珍しくないが、そうした話はほぼ毎度、人間への応用が見込めるか否かについての補足説明や、人の健康問題への応用は数年先になるとの指摘で締めくくられる。動物実験は応用研究、すなわち人の問題に直接応用される研究として描かれがちなのに対し、現実の実験は基礎研究、すなわち科学的方法を用いて自然現象の過程を調べる研究であって、そのほとんどは人への応用に全く結び付かない。また、人と他の動物に生物学的な違い〔種差〕があるせいで、動物実験の結果を人に応用しようとすると必ず問題が生じる。

第二に、動物利用が人の健康のために必要だというのは、動物利用なしに人の健康問題を解決する方法がない、という意味である。しかし、仮に動物実験が人の健康に資する情報を生むとしても、それによって、動物実験が人の健康問題を解決する唯一にして最良の手段であるとの結論には至らない。動物実験には毎年大金が費やされる。その金を別の方面に投資すれば、よりよい収穫が得られることは充分に考えられる。例えば動物を用いたエイズ研究は何十億ドルもの金を費やしながら、エイズで苦しむ人々にはほとんど何の意味ある成果ももたらさなかった。エイズ研究者のダニー・ボロニェシ博士が述べるには、「動物モデルでは正確に……人のＨＩＶ－１感染と病状を再現できず、動物モデルを使った試験用ワクチンの研究は……比較不可能な結果を生みました」[原注13]。もしもこの資金が安全な性交渉を促す啓蒙活動や注射針の交換、コンドームの配布に使われていたら、新たなＨＩＶ感染は劇的に減っていたに違いない。問題の解決に動物実験を用いる選択には、多くの面で科学的判断とともに政治的判断が混ざってくる。動物実験がエイズ問題を解決する妥当な手段と考えられているのに対して、針の交換やコンドームの配布、安全な性交渉の啓蒙は遥かに議論を呼ぶ。しかし、それは動物実験が他の手段に比べ問題解決に役立っていることを意味しない。むしろ動物実験は他よりも役立たずのきらいがある。

第三に、数多くの経験的証拠からすれば、動物実験が人の健康を高めるのに必要だとの考えは疑問であり、多くの場合、動物利用はむしろ悪い結果を生んできた。一例を挙げると、喫煙と肺癌に密接な関係があることは一九六三年までに様々な研究で示されてきたが、動物にタバコを吸わせて肺癌にする試みはほぼ全て失敗した。それをもとに、著名な癌研究者のクラレンス・リトル博士らは、動物に癌を生じさせる実験が失敗した以上、「タバコと肺癌に関係があるという説は極めて疑わしい」と結論した[原注14]。動物実験が人のデータと一致しなかったおかげで、タバコ業界は健康に関する警告文の表示を何年も遅らせることができ、結果、多くの人々が死亡した。ここでもやはり、動物実験は科学的目標でなく政治的・経済的目標に貢献した。同じく、アスベストが人に癌を引き起こすことは一九四〇年代初頭までに明らかになっていたにもかかわらず、動物実験がアスベストの危険性を実証しなかったために、アメリカでは何十年ものあいだこの物質が無規制のままに使われた（原注15）。

アメリカは一九七一年に「癌との戦争」を宣言し、癌研究に巨額を費やしてきたが、癌の年齢調整死亡率は上昇の一途をたどっている。ロズウェル・パーク記念癌研究所の生物統計学局長アーウィン・ブロス博士は、「相矛盾する動物試験は癌との戦争でことあるごとに進歩を遅らせ足を引っ張るばかりで、人の癌治療・癌予防を発展させる上では一つの重要成果も生みませんでした」と振り返った（原注16）。合衆国会計検査院による一九八七年の報告書によれば、国立癌研究所の統計は、癌研究における「『真の』前進の数をいびつに水増ししていた」（原注17）。遺伝子、分子、免疫の大きな違いが人を他の動物から分け隔てているので、癌研究者のジェローム・リービット博士が説明するように、人の癌は「決定的な機能上の差異を有するかもしれず、そうだとすれば癌の撲滅には人向けに特化した新しい対策が求められよう（原注18）」。

動物実験によるとされる他の医学的発見も、動物を使ったおかげで、というより、動物を使ったにもかかわらず達成できた、というべきことの方が多い。猿を使ったポリオの実験では、このウイルスが神経系にしか感染しないという間違った結論が出され、この誤り――動物「モデル」への依存が生んだ直接の結果――がワクチンの発見を遅らせた。ポリオ・ウイルスが神経以外の組織にも感染すること、神経以外の組織で培養できることを明らかにしたのは人の培養細胞を使った研究だった（原注19）。これに似て、動脈血栓に対するバイパス手術の開発が遅れたのも、犬を使った実験では自家動脈の使用が不可能に思われたからだった（原注20）。

こうした例は挙げていけばキリがない。私たちは動物実験が人の健康のために欠かせないと信じているが、その思い込みは大抵、科学業界の主張を根拠とする。しかし事実を顧みれば、言うところの動物実験の便益に対しては強い疑いを抱かざるをえない（原注21）。

第四に、百歩譲って一部の動物利用が人の健康に資するもので道徳的に認められうるとしても、多くの実験は明らかに必要でなく、現に動物実験の大半はただ奇怪で猟奇的としか形容のしようがない。動物実験の情報を得るのは大抵容易でなく、研究者は税金を得て実験をしているにもかかわらず、その実態を手を尽くして人々の目から隠そうとする。が、そうした中で得られた論文を紐解けば、愚にも付かない動物利用の実例が山ほど見つかり、そこに費やされた連邦政府その他の公的資金は遥かに有効な使い道があったと知れる。例えば以下のような具合である。

- カリフォルニア大学バークリー校の研究者らは、ホルモンを使って雌の犬を雄に、雄の犬を雌に変える研究に十年を費やした。この研究で得られた一つの知見は、雄のホルモンを注射された雌犬はペニスのようなものを発達させるが、この雌たちは当の「ペニス」を使って普通の雌と交尾することはできない、という事実だった。(原注22)
- ニューヨーク州立大学オスウィーゴ校で攻撃行動を調べていた研究者らは、雄ラットを用いて、去勢が殺害行動におよぼす影響を観察した。ラットたちは去勢された群、男性ホルモンを注射された群、去勢されない群に分けられた後、生後一日の赤子ラットとケージに入れられ、赤子ラットに対する攻撃と捕食の発生率を記録された。(原注23)ラトガース大学の研究者らは動物の嗅覚をつかさどる脳の嗅球《きゅうきゅう》を手術で破壊した後、その動物たちの攻撃行動を確かめた。(原注24)タフツ大学の研究者らは猿、ラット、マウスの攻撃行動を調べ、アルコールの入っていない動物はアルコールを強制投与された動物に対し攻撃的になることを確かめた。(原注25)この種の研究は現在も全国に散る数多くの研究機関で実施されている。
- カリフォルニア大学デービス校の研究者らは子羊の発達にストレスがおよぼす影響を調査した。生まれた時点から週に三度、五週間にわたり、子羊たちは母の元から引き離され、ハンモックにぶら下げられてショックを与えられた。その後、研究者らは生後五カ月を迎えた子羊にさらなるショックを浴びせ、その反応が幼児期に与えられたストレスによって変化するかを確かめた。（原注26）

- ニューヨーク州立大学アルバニー校の研究者らはサイズの異なる二種類のチューブにラットを入れ、六時間にわたり強い電気ショックを浴びせた。大きなチューブに入れられ暴れることのできるラットたちは、小さいチューブのラットたちよりも潰瘍の発生率が少なかった。続く実験では、感電中に齧《かじ》るものを与えられたラットたちが、それを与えられなかったラットたちに比べ潰瘍を起こしにくいことが確かめられた。（原注27）
- ウィスコンシン大学の研究者らは、まだ目の開かない子猫一四匹のまぶたを縫い合わせ、盲目の影響による神経細胞の変化を確かめるため、生後七カ月から十五カ月にかけての脳細胞を観察した。（原注28）
- カリフォルニア大学サンフランシスコ校の研究者らは夜猿《よざる》八匹の指を切断した後、脳を調べて切断による知覚の変化がないかを確かめた。（原注29）
- 生物医学で盛んな研究の一つに、動物を薬物中毒の「モデル」とする実験がある。人間の薬物中毒を少しでも知っている者であれば、そうした習慣が複雑な社会要因の結果であることは分かる。人間はアルコールやタバコや違法ドラッグのような有害物質を利用する唯一の動物である。つまり動物を使った中毒の実験は、動物たちが自然では決して触れず、まして使うことなどありえない物質の中毒にさせられた時、どのような反応を見せるかを知る機会にはなろうが、人間による薬物の利用や中毒についてはたいした知見を生まない。また、仮に一般論として動物研究を支持するとしても、人間が喫煙・暴飲・薬物にふけることを理由に動物を苦しめてよいかは甚だ疑問である。いずれにせよ中毒研究は動物の体を使って行なわれるのが普通で、この実験には連邦政府や州政府から毎年莫大な資金が投じられる。赤毛猿、栗鼠猿《りすざる》、狒狒《ひひ》、チンパンジー、犬、猫、齧歯類などの動物が、無理矢理アンフェタミンやバルビツール酸系睡眠薬、アルコール、ヘロイン、アヘン、コカイン等々の中毒にされたあげく、行動をテストされ観察される。中毒研究に使われる猿は、多くの実験で一日平均五時間以上ものあいだ金属製の椅子に拘束され、尾は毛を剃られて電極に繋がれる。猿たちは電撃や餌の剥奪によって、中毒になるまで薬物やアルコールの自主的な摂取を強いられた後、各々の摂取量に応じ、様々な強さの電気ショックに対する反応をテストされる。中毒研究の中には十年以上も続くものがあり、その間、同じ猿たちが実験に使われる。別の中毒研究は妊娠中のラットを種々の物質の中毒にした上で子への影響を調べ、今度はその子ねずみらを懲罰回避テストにかけて、水や電気ショックからの逃避能力、低体温への耐久力を計測する。子ねずみは一日に三〇回ものテストを強いられることすらある。

　心身の苦しみを伴う実験に何百万もの動物を使っていながら、多くの研究者は動物の「中毒」から得たデータを人間の薬物使用者に当てはめるのは極めて難しいと認める。例えばある研究者は、コカインの新生児毒性を調べるのに妊娠ラットを使った研究をしても、「コカインが［人に］長期影響をおよぼす可能性についてはほとんど何も分からない。しかしそれこそが妊娠女性のコカイン摂取に伴う主要な懸念なのである」と記す。(原注30) 別の研究者も薬物中毒の動物モデルが役に立たないと結論する。「動物にアルコールを投与する研究は六十年ほども続けられたが、それらはこの身を滅ぼす行動の原因について何一つ重要な知見をもたらさず、そもそも満足な病的飲酒の再現すらできなかった」(原注31)。

- ウィスコンシン大学のハリー・ハーロウによる「母性剥奪」実験は悪名高い。この実験でハーロウは猿の幼児を母親から引き離し、完全な隔離環境もしくは針金と布でできた「代理母」を置いた環境で育てた。何体かの「代理母」は、愛情を求めて近付いた子猿を傷つける仕掛けになっていた。ハーロウはこの子猿たちに恐怖とそれによる精神病理が見られたことから、人間にとって母の子育てが大事であるとの結論を出した。(原注32) 似たような母性剝奪の研究は今日も続いている。

・ペンシルベニア大学のマーティン・セリグマンらは「学習性無力感」の実験で、犬に電撃を浴びせて火傷を負わせ、それを長く頻繁に、犬が痛みの回避を断念するまで繰り返した。他の多くの研究者も似たような実験を行ない、長期にわたる精神的・感情的苦悩が人間にも「無力感」を植え付けることを明らかにしようと試みてきた。(原注33) 同様の実験に携わる研究機関は今なお多数存在する。

・動物は軍事研究でも利用される。例えば一九八三年から一九九一年のあいだに、アメリカ陸軍は二一〇万ドルを「負傷」研究に費やした。(原注34) 研究者らは何百匹もの猫の頭部をスチール弾で撃って負傷を調べた。一般会計局の批判を受けて国防総省はプロジェクトを中止したが、その後はただ猫をラットに変えて研究を再開した（陸軍はかつて、ラットがこの実験には「不適切な動物モデル」だと述べたにもかかわらず、である）。陸軍のサム・ヒューストン駐屯地では研究者らがラットを十秒間にわたって熱湯に沈め、火傷を負った部位に病気をうつしてその様子を観察した。ブルックス空軍基地の研究者らは温度変化が神経ガスの効力にどう影響するかを確かめようと、氷点下の環境で八時間を過ごさせたラットに神経ガスを浴びせ、電気ショックを回避する行動課題を強いた。また同施設は猿を飛行シミュレーターに縛り付け、放射線と電気ショックを浴びせながら十時間にわたる操縦を行なわせた。NASAは宇宙空間で筋肉を使わなくなることによる影響を調べるため、猿を全身ギプスに固定し、十四日後に殺害して顎骨の状態を確かめた。こうした軍事研究の多くは重複実験である、もしくは全く人間に関係ないとして他の省庁から批判を浴びてきた。(原注35)

・農業研究にも多くの動物が使われる。実のところ、クローン技術や遺伝子導入工学といった「ハイテク」

科学の大半は食肉生産の拡大を図るものであって、第一章でみた通り、これらの営為には何の必要性もない。

いずれにせよ、否定のしようがないほど下らない動物利用の例は枚挙にいとまがない。(原注36) 重要なのは、動物実験から人間が得たものは何もなかったという点ではなく、動物実験者やその広報機関が口にするところの、全ての動物実験は人疾患の治療法発見や人の健康促進を目的としたものであるとの主張が、ただ間違っているばかりか、この上ない根っからの嘘だという点である。そしてそう判断するのに科学の博士号は要らない――常識があれば足りる。

第五に、動物実験の擁護者は、動物を利用する研究者が必要最低限の痛みしか与えないよう努力していると論じる。生物医学研究財団は、疼痛と苦悩を最小化するのは「責任ある研究者すべての大切な目標」であるという。同財団は農務省の見解にもとづき、麻酔や無痛法によって疼痛と苦悩を緩和されない実験用動物は全体の約六パーセントに留まるとした上で、「ほとんどの研究事業は痛みを伴う処置や伴いうる処置を一切含まない」と述べる。(原注37)

この主張の正しさを評価するに当たって念頭に置かなければいけないのは、アメリカの実験施設で使われる動物の約九割を占めるラットとマウスが動物福祉法の対象外とされているため、農務省の数字は実際に使われる動物のたった一割しか考慮に入れていないことである。したがって生物医学研究財団のごとく、まるで実験に使われる動物全体のことを述べているようで、実際には動物福祉法の対象とされる少数の動物についてしか述べていないような主張は、知的不誠実と言わざるをえない。

加えて、この六パーセントという数字は研究者たち自身の報告だけにもとづく――つまり、動物を利用する研究者たち自身に、どれだけの動物が疼痛や苦悩を緩和されずにいるのか、と尋ねているのである。当然ながら研究者は自分たちが動物に緩和措置なしの痛みを与えているとは報告しないのが普通で、現に実験施設の研究者がどれだけ痛みに配慮するかを調べた研究では、動物実験者が単に――また、おそらくは都合よく――動物の苦痛を無視していることが証明されてきた。農務省はある調査で、オハイオ州立大学にいる約四〇匹の猫が、首に喰い込んだ識別タグのせいで負傷していることを突き止め、同大が動物福祉法に違反したとの判断を下した。オハイオ州から農務省へ提出されたこの期間の動物利用に関する年次報告書には、緩和されない疼痛や苦悩を味わっている動物は（この四〇匹の猫たちも含め）一匹もいないと記されていた。明らかに、オハイオ州の動物実験者たちは、首に喰い込んだタグの鎖が疼痛や苦悩を動物に負わせていないと考えていたことになる。ハーバード大学の実験施設を調べた政府査察では、動物が自然な姿勢をとれない小さ過ぎるケージや、鋭い針金が剝き出しの錆《さ》びたケージ、カビの生えた飼料、鎖に絡まった猿たち、許容しがたい廃棄物の蓄積が確認された。ハーバード大学から農務省に提出されたこの時期の動物利用に関する報告書には、全ての動物が（劣悪な環境に閉じ込めたものも含め）何らの疼痛や苦悩も味わっていないと記されていた。さらに別の研究者らは、兎の目や肌に腐食剤を塗布しても疼痛や苦悩は生じないと考えていた。(原注38)

一部の動物実験者は痛みや苦しみの計測など全くできないと考え、多くの者は極度に侵襲的な（身体の損傷を伴う）処置についてさえ、動物に疼痛や苦悩がおよぶことを認めない。社会学者のメアリー・フィリップス博士は動物実験の実態を調べた結果、マウスにコブラ毒を注入する、ラットを毒性試験にかける、マウスやラットに癌を発症させて鎮痛剤を与えずにおく、といった処置が、研究者らのあいだでは動物に疼痛や苦悩を負わせるものではないと考えられていたことを突き止めた。研究者らは大きな手術の後に動物に痛み止めを施すことも必要でないと考えていた。フィリップスの調査対象となった動物実験者たちは、一切の動物が何らの疼痛や苦悩も負っていないと政府に報告していた。フィリップスによれば、「研究者たちは幾度となく、自分の実験室では動物を傷つけていないと私に請け合った」が、「『疼痛』という言葉は意識ある動物を手術する際の激痛を指すのみで、他の意味ではほとんど使われなかった」（原注39）。

しかも実験に使われる動物の疼痛と苦悩はある特定の実験や手術に伴うものばかりではない。動物たちはケージに入れられ隔離され、実験で故意にうつされる以外の病気にも罹患し、疼痛、苦悩、時には死に繋がる一連の侵襲的な観察手法に苦しめられる（原注40）。例えば血液その他の体液は定期的・日常的に採取され、処置や試験の影響が記録される。血液は静脈から採られるのが普通であるが、時には心臓からも注射で採られる。齧歯類の場合、少量の血が必要な時は尾の先を切られることもあり、ハムスターなどではしばしば眼底の血管に針を刺されて血液サンプルを採られる。採尿では尿道カテーテルを使うか、膀胱《ぼうこう》に注射を刺すことが多い。雌動物の膣液《ちつえき》を採る時は、膣にガラスのピペットや綿棒を差し込むか、もしくは食塩水を流し込んで膣液を押し出す。雄動物の精液を採取する際は電気射精法といって、直腸に電極を差し込み電流を浴びせる。泌乳《ひつにゅう》を促す薬を与えた雌動物から乳液を採取する時にはポンプが使われる。ラット、マウス、モルモットなどの小動物は、しばしば個体識別のために指を切り落とされる。動物たちは絶えず針を刺され、特に痛みが大きい足の平への注射も頻繁に行なわれる。殺される時は首の破壊〔頸椎脱臼法〕、ガス殺、冷凍殺、動脈切断、血管や心臓へのバルビツール酸系麻酔薬の注射といった手法がとられる。処置の最中は基本的に拘束される。ところがこうした扱いは「日常」と考えられているので、疼痛や苦悩の元として報告されることはまずありえず、ここからしても、動物実験者は動物の痛みをただ手術の最中に味わうものとのみ考えているというフィリップスの結論が裏付けられる。動物実験者はこれら日常的な処置に伴う痛みを過小評価しており、フィリップスの取材を受けた実験者らは、動物の心理的・感情的な苦しみに関する彼女の質問に答えられなかったという。

最後に、ここ数年に行なわれた多数の潜入調査では、実験施設の研究者らが——権威ある機関に属する者も含め——口にするほど動物の疼痛を真剣に受け止めても慮《おもんぱか》ってもいないことが暴露されてきた。例えば一九八四年にはペンシルベニア大学の実験施設で研究者らが作成したビデオテープが動物擁護活動家によって盗み出された。(原注41)テープに映る研究者らは意識ある狒狒の頭部を麻酔もかけずに損傷し、明らかに激痛を味わっている狒狒を笑いものにしていた。本件のほか、動物擁護活動家が類似の証拠を得て明らかにした諸々の事例によれば、研究者は施設で使う動物にほとんど配慮を向けていない。

要するに、動物実験者やその広報会社である生物医学研究財団などは、動物実験が人の健康にとって必要であると言い、実験で使われる動物の大半は疼痛や苦悩を味わっていないと豪語する。この主張は嘘であり、嘘を見抜くには動物の権利を支持するまでもない。いくらかの動物実験が人の健康にとって重要で道徳的に擁護できると考えたとしても、極めて多くの動物実験が明らかに下らないものであること、それに実験施設での動物の扱いは多くが疼痛や苦悩を伴い、動物実験者が単にそれを顧みないだけであることは否定のしようがない。利用内容が下らない上に日常的な実験手技が動物に痛みを負わせるとなると、人道的扱いの原則を認めると口にする実験者たちの言葉とは裏腹に、動物実験の制約などはあったとしても皆無に等しいことが分かる。実験に利用される動物たちはただの物資としかみられていない。

製品試験での動物利用

疾患の「モデル」や外科的処置の実験台とされるほかに、何百万という動物たちは製薬や民生品、例えば洗剤や漂白剤、化粧品、農薬、様々な工業用潤滑剤などの試験に使われ、毒性その他、製品が人間におぼしかねない有害作用の有無を確かめる目的に供される。実施される試験は多種多様であるが、ここでは製薬の試験から一部を拾い出し、簡単に考察する（原注42）。

眼球への刺激を調べるドレイズ試験（開発者ジョン・ドレイズの名にちなむ）では、化学物質が動物の目に投与され、眼組織の損傷が観察される。この試験では一般にアルビノの兎が使われる。兎の目は大きく澄んでいて観察がしやすく、他の動物に比べて涙が少ないので、試験する物質が流れたり薄まったりすることがない。普通、兎は頭と体を首枷《くびかせ》に固定され、暴れることも目をこすることもできなくなる。首枷から逃れようと暴れて背骨を折る兎もいる。試験は基本的に一週間つづき、「この期間に角膜、結膜、虹彩が観察され、混濁、潰瘍、出血、充血、腫脹《しゅちょう》、分泌物の徴候が確かめられる（原注43）」。試験が終わったら動物たちは殺されるか、別の実験に使い回される。

肌への刺激を調べるにはモルモットや兎を使い、背にある毛を剃って皮膚に試験物質を塗った後、水や空気を通さない覆いを被せて蒸発を防ぎ、物質を肌に留める。覆いは普通、二十四時間後に剝がされ、それから三日間にわたって肌の腫れや傷などが観察される。同じ動物はしばしば別の部位を使った試験にもう一度使われる。皮膚刺激性試験には三週間つづくものもあり、動物は物質を塗布された状態で一日最大六時間を過ごす。

製薬や化学物質の急性毒性を調べる上では大抵、「致死量」（ＬＤ）試験もしくは「致死濃度」（ＬＣ）試験が行なわれる。ＬＤ試験の代表格はＬＤ50試験と称されるもので、これは試験対象の物質が十四日間に動物集団の半数を殺す量（体重一キログラム当たりのミリグラム数で表わす）を調べ、多くは最大三カ月のあいだ続けられる。試験時にはラット、マウス、兎、犬、もしくは猿に強制経口投与が行なわれ、物質は専用の注射器で喉に流し込まれるか、チューブで胃に送り込まれる。動物には痙攣《けいれん》、震顫《しんせん》、麻痺、目や鼻や口からの出血といった徴候が顕われる。経口摂取よりも吸入が問題になる時はＬＣ50試験が実施される。動物はガス室に置かれ、高濃度のスプレーや殺菌剤、工業化学物質などを強制的に吸わされる。

慢性毒性試験は生物検定と呼ばれ、多くは物質の発癌性を数年間にわたって調べるもので、対象動物にはラットやマウス、犬が選ばれる。動物は最低二集団に分けられ、強制的な経口投与や吸入によって、一方は腫瘍が生じる量の（ただしＬＤ50試験のように致死量には至らない）化学物質を与えられ、もう一方はその半分量の物質を与えられる。腫瘍の他に動物は外傷や呼吸器疾患、体重減少、血液凝固の変化、それに神経系・肝臓・腎臓などの機能不全といった症状を来す。また、先天性異常その他、生殖系の問題を引き起こす催奇形性物質や、神経毒の試験にも動物は使われる。

大抵の場合、麻酔薬や鎮痛剤は試験物質の作用を阻害しかねないとの理由で動物には用いられない。またそもそも、研究機関から政府に提出された報告書の内容によれば、多くの研究者はこれらの試験が動物に疼痛や苦悩を負わせるとは考えておらず、したがって痛み止めも処方しないことが窺い知れる。

動物を使った毒性や刺激性の試験が人の健康のために必要かという点は大きな論争になっている。動物実験全般に疑いを抱く人々が増えている一方で、多くの科学者や保健専門家も動物を使う試験に批判の目を向ける。第一に、動物試験の結果を人に当てはめる方法については一致した考え方が存在しない。外挿《がいそう》〔予想的な当てはめ〕に不確実性が付きまとうのは動物を使う生物医学研究すべての難点であるとはいえ、特に製品試験でそれが問題になるのは、短期間で大量の物質に曝露された動物の反応から、長期間にわたり少量の物質に曝露される人の反応を予測しなければならないからである。甘味料チクロの試験では、動物は一日に、人間でいえば清涼飲料五五二本分にあたる量の物質を投与された。コーヒーのカフェインを取り除く物質の一種、トリクロロエチレンに関する二つの実験では、ラットに一日五〇〇〇万杯分のコーヒーが与えられた。(原注44)こうした大量投与は動物の細胞や組織を壊し、発症しえた癌の発達を妨げることもあれば、代謝を損なうことで、少量であれば発症しなかったであろう癌の発達を促すこともある。外挿をさらに難しくする要因は、人と同じ生体反応を見せる動物がいないことにある。例えばラットは嘔吐ができず、したがって人と違い、毒物を排出できない。ドレイズ試験については、兎と人のあいだで瞼《まぶた》や角膜の構造、流涙機能が異なるので、動物から得た結果を人に当てはめることが妥当かは極めて疑わしい。一四種類の民生品に曝露した兎と人の目の炎症を比較した研究では、両者のデータの値に一八倍から二五〇倍の誤差が認められた。(原注45)

第二に、動物試験は本質的に信頼性を欠く。動物を使った毒性試験の結果は試験方法次第で変化する。経口摂取では癌を生じさせない化学物質が吸入の試験では発癌性を示す、といった例は珍しくない。急性毒性試験と慢性毒性試験も結果が大きく異なる。のみならず、結果のズレは実験室の違い、動物種の違いによっても起こり、同じ種の中でも生じる。同じ化学物質に対する同じ種のLD50値に一〇倍もの開きが生じることすらある。動物の種や系統が異なれば試験物質への反応もかけ離れたものとなる。二一四種類の化学物質に対するラットとマウスの発癌性を比較した研究では、両者の反応に三〇パーセントもの開きがあると分かった。(原注46)早くも一九八三年には、人が経口摂取すると癌を発症する既知の発癌性物質のうち、他の動物にも癌を引き起こすものはたった七種類しかないことが判明した。(原注47)加えて動物の性別・年齢・体重や飼育環境のストレスといった可変要素も試験結果を大きく左右する。

また、試験の有効性はさておき、動物を使う毒性試験の圧倒的大半が人の健康と何ら関係ないことは論をまたない。巷《ちまた》には洗剤だのシャンプーだのの「新改良」版が溢れるが、それらが動物試験を経るのは、製品が人の健康にとって必要だからでなく、企業収益のために必要だからでしかない。もし私たちが動物への不必要な危害に反対するというのであれば、これ以上「新改良」製品をつくることが本当に必要なのかを問わなければならない。現に剃刀《かみそり》製品を販売するジレット社が世間から動物実験を批判された時に答えたように、肝心なのはつまるところ動物への道徳的義務を果たすことではなく、企業が新製品を売り続けて「株主への義務」を果たすことである。(原注48)

最後に、過去二十年で動物試験の代替法は爆発的に増えた。例としては人の培養細胞、細胞膜、代用皮膚、目のつくりを模した蛋白質化合物の利用、分子構造その他から化学物質の毒性を予測するコンピュータ・プログラム、生物系モデルを再現するコンピュータ・プログラム、改良された疫学研究、その他の革新が挙げられる。これらの代替法は動物利用に比べ費用も時間も大幅に減らせる。齧歯類の生体検定は二〇〇万ドル以上の資金と数年の歳月を要する。培養細胞の試験は一〇〇〇ドルほどでできて一日で終わる。ドレイズ試験は数千ドルがかかるのに対し、目を刺激する物質を加えると混濁を起こす蛋白質化合物の模造眼を使った試験は一〇〇ドル前後で行なえる。

ならば、なぜいまだに動物試験が行なわれるのか。化粧品試験での動物利用は幾分か減ったとはいえ、動物試験はなおほとんど衰えを見せないが、それはまさに、動物利用が金と時間を費やすものだからこそのことである。現在使用されている約七万五〇〇〇種類の化学物質のうち、試験にかけられたものはごくわずかしかなく、かたや毎年およそ一〇〇〇種類の新物質が登場する。金と時間がかかるのに加え、試験の結果は本質的に信頼がおけずバラつきが大きく、したがって動物のデータを人間に当てはめるのが難しいおかげで、業界は安全性試験を行なっていない製品や、試験はされても動物のデータが一貫性を欠くなどの理由で安全性を確かめられない製品を売り続けることができる。しかも動物試験がいまだに規範となっているおかげで、企業は人間被害が発生して訴訟を起こされた際に、しばしば動物試験の結果を示して安全性を証明する（もっとも、裁判所はそうした試験結果が人間に当てはまらないとの理由で、動物試験を根拠とした責任逃れはできないという認識に変わりつつあるが）。

つまり製薬・化学業界は、勘違いにもとづき勘違いを招く政府の試験義務を盾に、人々とモルモットを両方ともモルモットにしつつ、自分たちは病気の治療その他、人間生活の質を高める方法を模索していると殊勝ぶったことを口にするのである。

教育での動物利用

アメリカの初等中学校、高等学校、大学、医学校、獣医大学は、一年に少なくとも五七〇万匹の動物を使って、生徒に解剖学や外科手技、薬剤の効果を教育する。こうした利用は必要だろうか。「ヨーロッパではほとんどの国が高校での解剖実習を行なわない」という『サイエンティフィック・アメリカン』誌の言葉を考えてほしい。（原注49）また、イギリスでは百年以上ものあいだ、医学生や獣医学生への外科手技教育で動物が使われていないが、同国の医師や獣医がきちんと訓練されていないと訴える者はいない。それどころかアメリカの大学はイギリスの大学を出た卒業生を絶えずインターンや専門医学実習プログラムに引き入れようとする。アメリカの大学にはイギリスで学んだ多数の医師や獣医が所属する。

過去十年にわたり、私とラトガース大学法学院の同僚アンナ・チャールトンは、法的理由から授業での動物利用に反対する学生たちとともに、文字通り何百もの訴訟に関わってきた。（原注50）あらゆる教育課程の学生たちがこれらの訴訟を起こした。学生たちのために動物不使用の代替法を勝ち取る試みは成功したが、大きな勝因は、学校が教育における動物利用の必要性を示せなかったことにある。もっとも、反対した学生たちは代替法を得たとはいえ、学校はその後も動物を使い、反対しない学生たちは学校が必要性を示せなかった当の授業を全て履修する次第となったので、それらの教育機関が動物を物資とみなし、道徳的に重要な利益を持たない存在と捉えていることがこれで証明されたといえる。

動物実験は火事の家の二択に似た問題を含むと思われがちであるが、これはよく言っても単純な見方であることが分かった。少なくとも、研究・試験・教育での動物利用が必要という議論は甚だ疑問であることに間違いない。そしてこの動物実験という領域においても、動物が道徳的に重要な利益を持つという私たちの口先の主張と、その利益を無視して動物を物資扱いする私たちの現実には、明らかに甚だしい開きがある。

第三章　道徳的滅裂の根源——財産としての動物

私たちは真の非常時・衝突時には人間を動物に優先してもよい、もしくはそうすべきであると考えるが、また一方では人道的扱いの原則を重んじると言い、動物に不必要な苦痛を負わせるのは道徳的に許せないと認める。問題は、これまで見てきたように、人間が動物に課す苦しみの大半が、どのような意味においても必要とはいえないことにある。それどころか、動物に関する私たちの表向きの考えと、かれらに対する私たちの実際の扱いはひどく乖離《かいり》している。本章ではこの不一致の原因を探ってみたい。

動物――人間が所有するモノ

動物は人間の《財産》、つまり人間が所有するモノである。(原注1) 現代の政治・経済体制の実質すべてにおいて、動物は経済物資とのみ見られ、所有者――個人であれ法人であれ政府であれ――が与えた以外の価値を認められない。動物に財産の地位をあてがう発想は新しくなく、数千年前から存在する。というより、歴史的な証拠によれば、動物の飼育と所有は資産と貨幣の概念そのものの発達と密接に関わっている。例えば「畜牛(cattle)」という語は「資本(capital)」という語と同じ語源を持ち、両者は多くのヨーロッパ言語で同義語とされる。スペイン語で財産に当たる語は ganaderia であり、畜牛に当たる語は ganado である。ラテン語で貨幣に当たる語は pecunia であり、その語源に当たる pecus は「畜牛」を指す。(原注2)

財産という動物の地位がとりわけ西洋文化で重視されるのは二つの理由による。

第一に、財産権は特別扱いされ、私たちが有する最も大事な権利の一つと位置づけられている。アメリカ独立戦争はイギリスが入植者たちの財産所有を規制・制限しようとしたことへの反発という側面が大きく、合衆国憲法修正第五条は「適正な法的手続きなしに」財産(および生命と自由)を奪う行為を禁じ、私有財産

を「適当な補償なく公共の用途のために没収しては」ならないと定める。（原注3）

第二に、西洋の私有財産概念は、資源を特定個人に帰属する独立の物件となし、当の個人にその独占的な利用を認める制度であって、これは動物が神から人間に与えられた資源という地位に置かれたことと明確な関係を持つ。（原注4）

財産権の重要性と財産にされた動物の役割については、財産権の理論をつくり上げた中心人物であるジョン・ロック（一六三二～一七〇四）の著書にはっきり述べられている。（原注5）当時の大半の人々と同じく、ロックはユダヤ‐キリスト教の世界創世神話と神による人間の大権確立説を支持した。聖書の第一巻に当たる創世記では神がこう語ったとされる――「われらの形、われらの似姿に人を創ろう。海の魚、空の鳥、畜牛、大地、地を這う一切のものへの統治権をかれらに与えよう」。（原注6）このくだりによれば、神は地球とその資源を万人の共用物として創ったように思われる。しかし、もし人々が全てのものを共有するとしたら、同じものを使う他者の権利を侵さずに資源を使うことなどできるのだろうか。森の木々を万人が共有するとしたら、個人的な用途から木を切ろうとする者に別の者が抗議することは充分考えられる。ロックはこの問題の解決策を求め、個人が木を切ることを認めながらも、同時にその木が本来は皆の共有物であるとする考えを維持できるような案をひねり出し、それを、労働にもとづく自然権としての私有財産権、と称した。

ロックによれば、神は自分に似せて人を創った。そして人はみな他の人間ではなく神に帰属する存在であるが、各人はみずからの身体と労働を所有する。人間は自然界のものに労働を「加える」ことで、そうしなければ人々みなの共有物に留まっていた対象を、財産として獲得できる。もし私が木から木片を切り出し、それを家具の部品に加工したら、私は木片に加えた労働を通して、その木片を自分の財産としたことになる。私はその木片に対する財産権を得て、木片を独占的に使用・管理する資格を有し、他の人々はその資格を尊重する義務を負う。
財産に対する人間の利益が権利によって守られると、所有者が独占的に物を使用・管理する資格は、他の人間を利するだけの目的で奪うことができなくなる、とロックは論じる。所有者は財産を保持・使用する正当な資格を持ち、当の財産を他者が保持・使用することは認められなくなる。財産権は法律によって発生すると思われがちであるが、ロックによればこれは「自然」権、つまり究極的には神から与えられた権利であって、その保護を目的として設けられたいかなる政府や法制度からも独立に存在する。財産権は「自然の内に」存在し、ただ物に対する人間の労働投資だけに依拠する。仮に財産権が人間の法によって定められたものだとすれば、立法府や裁判所は法を変え、この権利を都合次第で恣意的な規範の下に置くことができる。ロックはこれを神の法に対する侵犯とみた。(原注7)
ロックの思想では、動物に対する支配権が神から人間に与えられた以上、動物は人間の所有する他の資源や物体と何も変わらないものだった。(原注8)ただし、動物は人間の共有物として与えられたものの、「それらが何らかの有用性を備えるには、あるいは少なくとも特定の個人にとって有益なものとなるには、何らかの方法でその動物たちを専有する」必要がある。(原注9)そして人間は他の資源と同様、動物に対する財産権も獲得できる。例えば野兎を狩り殺すなど、動物に人間労働を加えた者は、「それによって［動物を］共有物であった自然状態から分かち、一財産へと変える」。(原注10)「こうして、この理性の法により、鹿はそれを殺したインディアンのものとなり、かつては万人の共有物だったそれが、労働を加えた者の財と認められる」。(原注11)
ロックによれば、動物は「被造物の劣等位」(原注12)にあり、人間はかれらに対して何の道徳的義務も負わない。動物は水や樹木と同様、神が人間の役に立たせるために創造しただけの資源に過ぎなかった。ロックは動物を「粗末もしくは無駄に」してはならない、つまり無目的に使ってはならないと説くが、それは神から与えられた他の資源も全て「粗末もしくは無駄に」してはならない、というのと同じ意味でしかない。第一章で触れたカントと同じく、ロックは動物が痛みを覚え苦しむことを認めながらも、かれらへの扱いは人間への扱いと関係する範囲でしか問題にならないと考える。例えば「死刑判決の陪審に屠殺業者を入れない」のは、動物屠殺の行ないが人間を他人に対して無情にするという共通了解の表われであるという。無論、ロックは、屠殺業者の人間を陪審に迎えられるよう、私たちは動物食をやめるべきだ、などとは論じない。代わりに彼が目を向けたのは、おもに子供たちが犯す「いたずら」、すなわち「目的もなく物を粗末にする行為の中でも、とりわけ痛みを感じる存在に痛みを味わわせる気晴らし」だった。ロックは動物に優しくすることを親が子に教えるよう説き、理由を説明する。「獣を苦しめ殺す習慣は、次第に人への態度をも冷酷にする。人に劣る生物の苦しみと死を喜ぶ者は、自分と同じ種に属する成員にも強い憐れみや優しさを抱かないだろう」[原注13]。無目的に「獣を苦しめ殺す」行為をロックが気に病むのは、カントと同様、動物におよぶ現実的な害を念頭に置いてのことではなく、人間におよぶ想定上の害を念頭に置いてのことである。猫をいたぶる子供と豚を葬る屠殺業者は、無論、どちらも甚だしい苦痛を動物に負わせる（特に十七世紀の屠殺場の様子を考えれば）。ところが子供は無目的に痛みをおよぼすので動物をただ粗末もしくは無駄にするのに対し、屠殺業者はある種の目的を持つとされる。なぜなら人間は神の手から動物を財産として与えられたからである。

ロックはさらに、動物におよぶ財産権と財産権一般が密接な関わりを持つという。一切の財産権を生んだのは、神が人間に与えた動物への統治権と、そこから派生した「人が劣等種すべてを利用する権利であり、利用の意図は生の維持や充足のため」、あるいは「所有者の便益や個人的な便宜のためであってもよく、所有者は利用を通して財産となした物を、必要とあらば破壊することもできる」[原注14]。つまり、財産権は独占的な物の利用・管理権を所有者に与えるというロックの思想は――これが近代的な私有財産理論の基礎となったものであるが――、神から人が授かったといわれる独占的な動物の利用・管理権を元としている。

財産と財産化された動物に関するロックの理論はイギリスの普通法《コモン・ロー》（アメリカが受け継いだ判例法）に多大な影響をもたらした。著名な普通法の解説者であるウィリアム・ブラックストンが述べるには、「広く人々の想像を掻き立て興味を惹き付ける概念として、財産権に勝るものはない。これは一人の人間が己以外の者の権利を完全に排除した上で、外界の物に対し独占的かつ専制的に主張しうる支配権を指すのである」[原注15]。財産権の哲学的根拠を論じる中で、ブラックストンは「空想好きな物書きがこしらえたこの主題に関する空虚な形而上学的概念の全て」をしりぞけ、創世記に依拠してこう述べた。「聖書にあるごとく、恵み深い創造主は『全地ならびに海の魚、空の鳥、地を這う一切のものへの支配権』を人に与えたもうた」[原注16]。ブラックストンはロックの理論にのっとり、「わずかな侵犯」[原注17]も許さない広義の財産概念をつくり上げた。

今日の法のもとでは、「動物は車や家具のような無生物と同じ形で所有される」[原注18]。かれらは「法によって他の動産と同じように扱われ、絶対的すなわち完全な所有権の下に置かれる。……所有者は絶対的な所有権に関し、法が与える全ての保護を自由に行使できる」[原注19]。所有者は動物を物理的な独占下に置き、経済的その他の利得のために使い、動物に関する契約を交わし、動物をローンの抵当にする権利を認められる。自分の動物財産が他人の財産を損なわないよう計らう義務は負うにしても、動物の売却・相続・放棄はでき、法的判断による罰則により動物を没収されることもある。そして、動物を殺すことも許される。野生動物は一般に国家の所有下に属し、公益のために保管されるものの、狩りや手なずけや囲い込みによって特定の者の財産ともなりうる。

人道的扱いの原則と動物福祉法の欠陥

人道的扱いの原則と、それを法的基準として取り込んだといわれる動物福祉法は、表向きにはベンサムの思想にしたがい、動物たちは（情感を具える点で）人間と似通うのだから、人間は動物たちに対し、不必要な苦しみを与えないという直接の道徳的・法的義務を負う、と公言する。が、財産という地位に置かれた動物の利益は意味ある形で認識されはしない。

人道的扱いの原則は比較衡量の基準を確立するもので、私たちは人間の利益と動物の利益を天秤にかけ、個々の動物利用が必要かどうかを判断することになっている。しかし動物は財産であり、財産権は非常に重視されるので、既に比較衡量以前から、衣食・狩猟・娯楽・実験・製品試験その他での動物利用は道徳的によしとされる。つまり一般に、ある動物利用の制度が必要か否かは問われない。問われるのはそうした様々な制度に伴う特定の行ないが必要か否かだけである。動物を食べることが必要かは問われず、牛の除角や焼き印や去勢が動物の食用利用に必要かが問われるに過ぎない——そしてその問いに答を出す上では、食品産業で一般に認められた慣行が参照される。動物をスポーツや娯楽や見世物に使うことが必要かは問われず、特定の行ないがそれらの動物利用にとって必要かが問われるに過ぎない——そしてここでもやはり、答を出す上ではそれらの活動に興じる者のあいだで一般に認められた慣行が参照される。こうした状況の中で実際に天秤にかけられているのは、抽象化された動物の利益と人間の利益ではなく、特定の動物利用に関わる財産所有者の利益と、動物という財産の利益である。しかしながら財産の利益をその所有者の利益と比べるという発想はナンセンスであり、財産は「権利も義務も有さず、規則の認識もしなければ規則に拘束されもしない」（原注20）。動物が財産である以上、その利用や扱いに関わる事柄は全て、人間と動物のどちらの利益をとるかという火事の家の二択と同一視される。結果は、たとえ人間の利益が取るに足らず、動物の利益が究極のもの、文字通り生死に関わる問題であったとしても、前者の利益が優先されることとなる。しかし本当のところ、ここで比較されているのは財産所有者の利益と、その財産の一部をなすものの利益である。この「利益の衝突」は初めから勝負が決まっている。

種々の動物福祉法、とりわけ動物虐待防止法は、動物への不必要な危害を禁じると謳うが、これらの法律は端的にいって、意味のある保護を与えられない。この欠陥には少なくとも五つの原因があり、そのいずれも財産という動物の地位と関係する。第一に、こうした法律の多くは、最大の動物利用である制度化された搾取の大半をあからさまに規制の対象外とする。第二に、よしんばいくらかの動物利用が明確な規制対象外とならない場合でも、裁判所は動物利用の大半を規制対象外になるものと解釈してきた。第三に、多くの動物虐待防止法は刑法に分類され、被告が特定の精神状態にあることを処罰の条件とするが、財産利用の慣例や習慣にしたがって動物に危害を加えた者が、処罰に値する精神状態であったと証明するのは困難である。第四に、法の想定では、所有者は経済的利益の最大化をめざすので、動物の金銭的価値を損なわないよう、必要以上の苦しみを負わせないものと考えられている。第五に、動物虐待防止法も他の動物福祉法も、処罰と執行の点で深刻な問題を抱える。私たちは財産所有者が自分の財産をどうしようと、それに刑事罰の烙印をおすことには概して消極的で、所有権のない者は普通、特定の動物利用や動物の扱いに関し疑問を呈してはならないとされる。

財産の地位に置かれた動物が道徳的に重要な利益を持たない存在として扱われるのは、以上の理由による。続いてこれらの点を簡単に掘り下げてみよう。

もとより規制対象外の虐待——特定活動の免除[原注21]

多くの動物虐待防止法は、社会最大の動物殺戮を構成する諸活動に対し、明白な規制免除を与える。例えばカリフォルニア州の動物虐待防止法は狩猟法が認める活動に対しては適用されないが、狩猟法の認める活動には、特定鳥類の駆除、有毒爬虫類をはじめとする危険動物の殺害、食用目的の動物殺害、正式な法人格を得た医科大学の権限で行なう動物実験が含まれる。[原注22]デラウェア州の法律は、「一般的な」獣医処置や科学実験を規制対象から外し、食用目的の動物殺しも「殺害方法が残酷でないかぎりは」よしとする。[原注23]ケンタッキー州はあらゆる動物殺害を禁じると謳い、[原注24]これは一見したところアメリカで最も厳しい法規と思われるが、狩猟、罠猟、漁業、食用「ないしその他の商業目的」にもとづく動物解体、「人道的意図」による動物殺害、公認された目的による動物殺害、それに犬の訓練を規制から免除する。[原注25]メアリーランド州の動物虐待防止法は「除角、去勢、断尾、給餌制限などを含む伝統的で正常な獣医・畜産慣行には適用されない」。同法の目的は全ての動物を故意の残忍行為から守ることにあり、「動物が個人所有下にあるか、野良であるか、飼育用品種か、野生動物か、家畜か、企業・機関・個人宅・自治体・州政府に属すか、あるいは連邦政府の助成を受けた科学機関ないし医学機関のもとにあるかを問わない……が、正常な人間活動において、付随的かつ不可避な痛みが動物におよぶ場合、何人《なんぴと》も刑事告発の対象とはならない」と述べる。[原注26]ネブラスカ州は必要条件を満たした研究機関による動物実験や、獣医処置、狩猟、罠猟、漁業、ロデオ、動物競走、牽引競走〔動物に重い物を牽かせて順位を競う娯楽〕、および「一般的な畜産慣行」を規制対象外とする。[原注27]オレゴン州の法律は「適切な畜産業務の対象となる動物」を保護の枠から外すが、別の節によれば、適切な畜産業務とは「獣医学や畜産業において認められた牛の除角、馬・羊・豚の断尾、家畜の不妊去勢」などを指す。[原注28]ペンシルベニア州で規制対象外となるのは「正常な農事業」の全てで、これは「農業・農地管理・園芸・造林・養殖業の産物や商品を生産・収穫する中で、農家が家禽や家畜やその生成物を生産し流通させるため、例年採用・使用・従事する業務や処置」と定義される。(原注29) 動物虐待防止法で特によく免除されるのは科学実験、農業慣行、それに狩猟である。法律によっては保護対象を温血の脊椎動物だけに限定する。(原注30)

州の動物虐待防止法が動物実験を免除しようとしなかろうと、少なくともアメリカでは、この活動を規制する法規の中心は連邦動物福祉法となる。(原注31) 本法はもと一九六六年に、人の財産である犬や猫を盗んで実験に使う行為を禁じる意図から制定されたもので、動物実験に大きな制限を設けると銘打つ。例えば第二章でみたように、同法とそれにもとづく規制は、動物不使用の代替法がある場合は動物利用を禁じることになっている。しかも同法は、動物の痛みを最小に抑え、痛みやストレスを伴う処置については代替法を考えるよう実験者に求める。この法律はあたかも人間と動物の利益を比べる一つの天秤を設けているように思える。が、本当は天秤など存在せず、実際の動物実験は巧みに監視の枠から外されている。同法とそれによる規制は動物移送に一定の基準を設け、実験で使われる動物に充分な食料と水、および住居を与えるよう定めるものの、規制はそこまでで終わってしまう。ひとたび実験室の扉が閉められてしまえば、実験者が動物に対してすることには何ら意味ある法的制限がかからない。同法は実験で使われる動物の大半を占めるラットとマウスを保護対象とすらしない。のみならず同法は「実際の研究の計画・概要・指針」に干渉することを公然と禁じ、「研究の実施」や研究方法の決定を妨害することも認めない。(原注32) 動物実験の内容や、実験において動物に与える苦痛の量にも制限はない。したがって研究者や研究機関は、おそらくは関係する公共・民間の資金提供元とともに、どのような動物利用が適切かを自主的に決め、その利用は意味ある規制から完全に逃れる結果となる。

必要な危害――動物を「人にとって利用しやすくする」行為の全て(原注33)

特定の動物利用を動物虐待防止法があからさまに免除しない場合でも、裁判所は実質上、法解釈によって一般的な動物利用を免除してきた――極度の苦しみをおよぼす行為でさえも、それが一般的な動物利用に付随するものであるかぎり、法による規制は受けない。例えば「シナディア対州政府」事件の判決では、動物虐待防止法があろうと「飼育動物に対する財産権は確固たるものである」との点が強調され、「不必要に」一頭の豚を殺した被告の有罪判決が覆された。判旨によると、「所有者が〔自身の〕動物を殺すと決め、それを実行に移すことは、〔動物虐待防止法が〕扱う事柄として適切」ではないという(原注34)。さらに、法が定義するところの残忍行為は、多くの人々が日常的な意味で考える残忍行為とは大きく異なる。「マーフィー対マニング」事件の判決によれば、「自明なことながら、動物に痛みをおよぼす個々の行為は、たとえ身体損傷による激痛を伴い、日常的な意味では残忍といえるに値しようと、必ずしも」動物虐待防止法で禁じられるものではない(原注35)。また「ルイス対ファーマー」事件の判決によれば、残忍行為とは「単に痛みを与える行為を意味するのではない。……動物に対し施される焼灼《しょうしゃく》〔焼きごてを当てて傷口を止血する処置〕の例からも分かるように、手術が必要な際にはしばしば多大な痛みを動物の身に負わせる。……これは拷問であって、ある意味では残忍と形容することもできようが、私見では本法の『残忍』という言葉は、正当な目的を持たない行為を指してしかるべきだと思われる」という(原注36)。

動物虐待防止法は不必要な危害を禁じると謳うが、裁判所は普通、公認の目的にもとづく動物利用をやりやすくする行ないは、全て法のもと必要と判断されるという見方をとる。人間と動物の利益が天秤にかけられ、残忍とされる行為の合法性や、虐待を内包する動物利用の合法性が問われることはない。問われるのは、被告の行なおうとしていることが一般的な制度化された動物利用であるか、だけである。もしそれが現に制度化された利用であるなら、今度は言うところの残忍行為が、業者のあいだで正常な業務の一環とされているか、あるいは当の利用を可能とする意図によるものかが問われる。この枠組みは動物財産の所有者が決める「必要性」の基準を受け入れるもので、動物虐待防止法が畜産や狩猟といった特定の活動に対処できてこなかった原因をよく物語っている。

例えば食用利用される動物の扱いをめぐっては、痛みや苦しみを与える行為も「その目的が動物を人にとって利用しやすくすることにあるかぎり」、裁判では必要な処置と判断されてきた(原注37)。食用利用される動物の扱いが動物虐待防止法に抵触するか否かを考える際は、その扱いが普通の意味で「残忍」かを問うのではない。代わりに問うのは、その扱いが特定の目的に向けた動物利用を容易にするか、動物利用の市場性を高めるかである。その答がイエスなら、当の扱いは動物虐待防止法の定義でいう「残忍」行為には当たらない。ある裁判所が述べた通り、「広く認知されるべきことであるが、食用とされる『動物』が家畜待機場《ストックヤード》や市場へ送られる際の扱いは、時に残忍というほかなく、場合によっては拷問的である。豚は鼻に穴を開けられ鼻輪を通される。子牛は耳を同じように扱われる。鶏は貨車に押し込まれる。鱈《たら》は水揚げされて氷入りの容器に放られ、生きたまま売りに出される。うなぎはフライパンの上でもがくことが知られている。巻貝や蟹やロブスターは煮えたぎる湯の中へ放り込まれる(原注38)」。

「バウヤー対モーガン」(原注39)事件の判決では、熱した鉄棒で子羊の鼻に焼き印をおす行為が動物虐待防止法違反に当たらないとされた。焼き印は動物に痛みを与える点で「残忍」ではあっても、個体識別という目的のために「当然必要」であり、加えてウェールズではこの方法が慣習になっている、というのがその理由だった。本件では焼き印が激痛を伴う処置であることを原告側と被告側、双方の獣医学の専門家が認めたものの、動物食そのものがよしとされる状況では、そうしたことに関係なく、食用に向けた搾取をやりやすくするのに必要な行為は全て、動物虐待防止法の完全な規制対象外となる。本件とその法廷に出席した専門家による反対意見の証言概要を詳しく調べると、第一審裁判所が焼き印を必要と判断した大きな理由は、それが慣習となっていたことにあると分かる（痛みの少ない代替法は当時から存在したにもかかわらず）。

「ルイス対ファーマー」事件では、「動物に対する残忍な虐待・冷遇・拷問」を犯罪とする動物虐待防止法のもと、獣医のファーマーが起訴された。ファーマーは雌豚の卵巣除去を行なったが、この手術は「子宮と卵巣を切り取り、豚の脾腹《ひばら》に設けた切開箇所から取り除く」処置だった。[原注40] ファーマーは麻酔薬を使わなかったので、裁判所は彼が豚に「痛みを与え、おそらくは責め苦を味わわせた」ことを認めた。[原注41] ところが、それは豚の体重増加と発育を促し所有者に利益をもたらすためにしたことであるから、動物虐待防止法の違反には当たらないと判断した。この結果にはっきり示されているように、激痛を負わせる行為や拷問が動物虐待防止法のもとで認められるかどうかは、それが例えば動物の体重を増やして動物所有者に利益をもたらすなど、「正当な目的」にもとづくかどうかに左右される。卵巣除去が動物の体重や発育に影響しないとの証拠が出されると、裁判所はこの処置が同地域の養豚農家のあいだで当然視され、「その有用性が広く信じられている」[原注42]とした上で、ファーマーが手術の生む経済的利益を信じていたかぎり、それが激痛を伴うとしても動物虐待防止法違反にはならないと指摘した。

同様に、アイルランドで争われた「キャラハン対動物虐待防止協会」事件の裁判では、牛の除角がアイルランドの牛所有者のあいだで一般的に行なわれる処置ということで、動物虐待防止法違反を免れた。判決によると、残忍行為とは「不必要な虐待」のみを指し、「動物を人にとって利用しやすくする」ための処置は法の適用外になるという。[原注43] この事件では、除角は過密状態で飼養され移送される牛たちが互いを傷つけないために行なわれる処置とされ、判決ではこれが「合理的かつ有益な養牛形態である越冬飼養システムの適切な運用において必要であるのに加え、飼養中・移送中の牛をおとなしく、扱いやすく、かつ仲間同士で傷つけにくくし、さらには所有者にとって牛の価値を高める行ない」であると評価された(原注44)。裁判所によると、「所有者が自身の動物を育て守り養うのは、できるかぎり短期間で屠殺場への出荷を行なうためであり、痛みを伴う手術がより低費用で迅速にこの目的を達する手立てとなるのであれば、この場合、動物を痛める行為は不必要な虐待には当たらない」。農家が除角を行なうのは「事業の過程においてであり、この手術を施した動物がより多くの収益を生むことが判明したためである(原注45)」。裁判所が強調したところでは、動物を人間の目的に即応させる行為は、たとえ激痛を伴う処置であろうと、全く違法性を伴わない。

もっとも中には、所有者の利益や利便がそれ自体でおのずと動物への危害を正当化することはない、と述べたように思える判決もある。しかしながらそれらの判例を詳しく検証すると、危害が問題になるのはそれが特定農家だけの行為であったり、世間を騙《だま》す意図を含んでいたりするからであって、畜産業者が広く取り入れている慣行であれば経済的理由から擁護されることが分かる。例えば「フォード対ワイリー」事件でイングランドの裁判所は、歳を取った牛の角をノコギリで切り落とすのは不必要な苦しみを与える行為だとして、動物虐待防止法違反の判決を下した。が、同裁によれば、「動物を充分に発育させるため、または通常の用途に即応させるため(原注46)」の処置は何の問題もない上、「牛馬の身体損傷は必要であり、正しく行なえば合法であることに疑いの余地はなく、なんとなればそれを行なわない場合、少なくともわが国では、動物の飼育が全く不可能となるからである(原注47)」。裁判所は馬の例を挙げ、馬は「牽引用ないし乗用」とされるものの、「しつけを受けない自然の状態ではその用途に適さない。言うことを聞かず危険をおよぼす事態を防ぐためには調教が欠かせず、時には一定の厳しい仕置きや一時的な懲罰も求められるが、これらはそうした必要性がなければ到底擁護できないものである」と指摘した。(原注48) 裁判所によれば、除角については他の方法、例えば牛が生後六カ月を迎える前にナイフで角の芯を切る方法もあり、これであれば、痛みを伴うのは変わりないにしても動物虐待防止法には違反しない。もっとも、この判決を左右した最大の判断材料は、歳を取った牛の除角がイングランドやウェールズ、およびスコットランドの大部分で二十年にわたり行なわれずにきたこと、したがってそれはもはや一般的な農業慣行とはいえなくなっていたことにある。裁判所いわく、牛の所有者らは被告も含め、ほぼ一様に、歳を取った牛の除角は牛を「通常の用途に即応させるため」に必要ではないと認めた上、被告は牛の品質について将来の買い手たちに嘘をついていた。(原注49)

これに続く一連のイングランドの訴訟事件から明らかになったところでは、食用とされる動物の扱いが一般的な動物管理の方法とされている場合、それによる苦しみは必要と判断され、苦しみの少ない代替法があったとしても当の扱いは動物虐待防止法に抵触しない。例えば一九八五年の「ロバーツ対ラッジェーロ」事件では、動物擁護団体の代表ロバーツが、肉用子牛の集約飼育は動物虐待防止法に違反すると論じた。(原注50) 彼は「フォード対ワイリー」事件の判例をもとに、子牛の飼育に際しては代替法の検討が求められると主張した。が、裁判所はこの訴えをしりぞけ、肉用子牛の集約飼育は先の事件の除角とは違い、一般的な動物管理の方法であるとした。

イギリスでは肉用子牛の集約飼育が法律によって制限されたのに加え、子牛の苦しみが少ない代替飼育法は明らかに存在したにもかかわらず、裁判所は集約飼育が動物虐待防止法違反には当たらないと判断した。つまり「フォード対ワイリー」事件や後続の判例によれば、動物所有者の収益に繋がる危害行為は、業界の伝統であるかぎり擁護される。実際そうでもなければ、この集約畜産という方法――動物所有者の利益と利便だけにもとづき、米英と西欧の一帯を覆うのみならず世界の他地域にも急速に広がっている飼育形態――

は、そもそも存在しえなかった。

同じく、一八九二年にはアメリカの「州政府対クライトン」事件で、裁判所が「フォード対ワイリー」事件の判例にならい、ノコギリを使った牛の除角は、一所有者の増収や利便だけでは擁護できないとしながらも、それがその動物の通常利用に資するのであれば容認できるとの見方を示した(原注51)。すなわち、除角によって「肉の栄養価と健康性が高まる」と証明されれば、あるいは角のある牛が除角された牛よりも互いを傷つけやすいと証明されれば、この処置は牛を人間の目的にしたがわせる役に立つとの理由で擁護される。フォード事件で注目されたのは、ノコギリによる除角が畜産業の由緒ある慣行ではない、という点だった。裁判所の判決を繰り返すように裁判所は述べた。「牛馬その他の雄に施す身体損傷は必要かつ明らかに合法であって、それなくしては動物を充分に発育させられず、人間の通常の用途に即応させることもできない(原注52)」。しかしこの裁判以降の年月に、麻酔なしの除角は牛の年齢を問わずアメリカの畜産業界で一般的に行なわれる処置となったので、それによる牛の苦しみは必要な苦しみということにされ、明文化された法的免除もしくは裁判所の法解釈を通し、動物虐待防止法の規制枠から外されてしまった。

特定の飼育方法や屠殺方法の人道性が問われた際に概して慣習が参照される傾向は、ほか数十件の判例からも分かることであり、問題の行為が慣習にしたがっていればそれは残忍とはみなされない。「州政府対アンスパック」事件では、シアーズ・ローバック&カンパニーの店舗経営者が、飼育下のひよこに与える飼料を宣伝する目的から瓶の中に幼いひよこを入れたとして動物虐待防止法違反の罪に問われた(原注53)。瓶は高さが一九インチ〔約四八センチメートル〕で、ひよこの足場は金網になっていた。判決では瓶への監禁が動物虐待防止法違反には当たらないとされたが、理由は業界での慣習が裁判所いわく、より非人道的であるからだった。判決のよりどころとされた専門家の立会人は、幼いひよこが普通、わずか八から九インチ〔約二〇～二三センチメートル」の高さしかない抽斗《ひきだし》に入れられること、一羽あたりの空間は瓶の中よりも遥かに余裕がないこと、金網床は育雛《いくすう》小屋で一般的に見られること、商業飼育ではどのみち拘束的なケージが使われることを説明した。加えて、裁判所は他の畜産用動物も極めて拘束的な環境に置かれると指摘した。ここでも、問題の行ないが通常の意味で残忍かどうかは論点とされなかった。

制度化された動物利用は、どれほど大きな苦痛を伴うものでも、動物虐待防止法の規制枠を免れるのが普通で、それは食用の動物搾取以外に関する判例を見ても分かる。「タウブ対州政府」の裁判は、動物実験者が州の動物虐待防止法のもと起訴された稀な事件で、研究者のタウブは実験用の猿に充分な獣医ケアを施さなかったことから有罪となるが、メアリーランド州控訴裁判所は判決を覆し、州の動物虐待防止法は実験用動物への適用を前提していないと論じた。同法は動物実験の免除を明言してはいないものの、控訴裁によれば、「人間活動の中には動物の痛みが純粋に付随的かつ不可避に伴うものがあり」、動物を使う科学研究はその一例に当たる、ということだった。(原注54)

動物虐待――精神状態の議論(原注55)

州の動物虐待防止法は、規制法である連邦動物福祉法などと違い、基本的に刑法に分類される。(訳注1)刑法のほとんどでは、違法行為を犯した被告が有責の精神状態にあったことを証明する必要があり、動物虐待防止法については、被告がただ動物に苦痛を負わせただけでなく、それを悪意から、ないし意図的に、意識的に、故意に、軽率に、あるいは怠慢から行なったことを、合理的な疑いの余地なく州政府が証明しなければなら

訳注1　特定の行為に関する限度や制約を定めた法律。行為そのものを違法とする禁止法に対比される言葉。

ない。[原注56] 問題は、被告が一般的な制度化された動物利用の中で動物に苦痛を負わせた場合、その行為が刑事責任を課すに足る精神状態のもとでなされたと証明するのは――しかも合理的な疑いの余地なく証明するのは――極めて難しい点である。

例えば「レガラード対合衆国」事件では、子犬を殴打した人物のレガラードがコロンビア特別区〔ワシントンDC〕の動物虐待防止法に抵触したとして有罪判決を受けた。レガラードは不服を申し立て、自分が子犬に危害を加えようと意図したことを政府は証明できていないので、有罪判決の証拠は不充分であると論じ、自分はただ子犬をしつけていたのだと主張した。控訴裁は、どのような精神状態が有罪判決の条件となるかは動物虐待防止法に明記されていないと述べた上で、一審判事の説示によれば陪審はレガラードが「故意に」子犬を虐待したと評決する必要がある、つまりレガラードの殴打が悪意ないし「残忍な性向」にもとづいていたと判断しなければならない、と告げた。同裁いわく、動物虐待防止法は「動物の調教や訓練に必要な危害行為に不当な制約を課すものではない」[原注57]。したがって虐待の責任を問うには、ただ動物を殴打したというだけでは不充分で、殴打に「悪意ある」精神状態が伴っていなければならない。つまり被告が虐待好きの異常者であると証明されないかぎり、動物虐待防止法にもとづく有罪判決はありえないことになる。控訴裁はレガラードの有罪を認めたものの、「悪意の証明は状況証拠によることが普通で、訓練と虐待の区別はしばしば困難である」と付け足した[原注58]。

「ノースカロライナ州対ファウラー」事件では、故意に飼い犬のアイクを殴打・拷問したファウラーに有罪判決が下った。ファウラーはアイクを殴って紐に繋ぎ、妻が裏庭の穴に水を満たした後、そこへアイクの頭を押し込み、沈める時間を変えながらこれを十五分から二十分にわたり繰り返した。続いて紐を解いたファウラーはアイクを殴り、蹴り、水を湛えた穴のそばに立つ棒に繋ぎ留めた。上訴審でファウラーは自身と妻がプロのドッグ・トレーナーであると述べ、アイクが裏庭に複数の穴を掘っていたので、初めはやさしい罰を加えてやめさせようとしたもののうまくいかず、ケーラーという著名なトレーナーに相談したところ、いくつかの方法を勧められ、水に沈める手段を選んだ結果、穴掘りをやめさせられたのだと証言した。一審はケーラーの方法に関する証拠を、それが動物福祉団体の全米人道協会に承認された方法だったという点も含め、受け入れなかった。

が、控訴裁はファウラーの有罪判決を覆し、動物虐待防止法違反は「故意」の行為に限られるとした上で、故意とは「意図的というだけでなく、正当な理由・口実・弁明が存しないことをいう」と述べた。ファウラーの行為にただアイクをいたぶる目的しかなかったのだとすれば法律違反になる。しかし犬を罰したのが「調教に向けた善意からの誠実な試み」であったなら罪には問われない。同裁によれば、「矯正や訓練を目的とする悪意のない殴打は、たとえ痛みを伴い度を越したとしても犯罪には当たらない（原注59）」。一審判事はファウラーが提出しようとしたケーラーのドッグ・トレーニング法に関する証拠をしりぞけたが、控訴裁は当の証拠が陪審の判断をファウラーに有利なものとする可能性があるとみて、裁判のやり直しを認めた。レガラードの事件と同様、殴打や水責めだけではファウラーの法律違反を証明するのに不充分であり、政府〔原告〕はファウラーの行為が調教や訓練や懲罰以外の目的に発すること、ファウラーがただアイクをいたぶる意図しか持っていなかったことを証明しなければならない。しかし当然ながら、アイクにとっては危害の目的が訓練か拷問かは関係ない。控訴裁は再審を命じ、ファウラーはドッグ・トレーナーのあいだで犬の頭を水に沈める行為が調教の一環として認められている証拠を提出することができた。

動物虐待防止法違反の条件としてよく言及される残り二つの精神状態は、軽率と犯罪的な怠慢で、これらは一見、積極的な意図や故意よりも証明しやすそうに思えるものの、実際には被告の責任逃れをさらに容易にする。例えば軽率とは、法に触れるおそれが大きい行為を、そうと知りながら意識的に犯し、それが同じ状況に置かれた遵法的な市民の行ないから「甚だしく逸脱」している場合を指す。問題は、農家や猟師、罠猟師、動物実験者、ドッグ・トレーナーなどの動物搾取業者らは、動物に苦痛を負わせることを法によって認められているので、特定の所業が動物利用の一環とされる行為から甚だしく逸脱していると証明するのは困難な点である。軽率と犯罪的怠慢を分ける大きな違いは、後者の場合、被告が触法のおそれを故意に無視せずとも、ただそうしたおそれがあると分かっていればよいことにある。ここでもやはり、被告の行ないが同じ状況に置かれた理性的人間の振る舞いから甚だしく逸脱しているかが問題になる。農家、猟師、動物実験者、ドッグ・トレーナーなどの動物搾取業者が「理性的」かつ一般的に行なうとされることは、とてつもない苦しみを動物に課す。動物に激痛を与える行為は、懲罰その他、様々な目的のもとに正当化されるので、いかにすれば動物虐待防止法に触れる犯罪的怠慢を証明できるのかは定かでない。

先入見——財産所有者は財産を大事にする

法のもとでは、財産所有者は経済的利益を最優先して行動し、何らかの目的に資すると考えるのでないかぎり、あえて動物に苦痛を負わせはしないものと想定されている。動物虐待防止法が一般的・慣習的な行為を規制から免除するのも、裁判所がそうした免除を法解釈によって導き出すのも、これで説明がつく。また、動物虐待防止法違反をめぐる訴訟で、被告が有責の精神状態にあることを裁判所が認めたがらないのも、これで納得がいく。

財産所有者が合理的に振る舞い、自身の動物に不必要な苦しみを負わせないという想定は、動物虐待防止法を解釈した初期の判例に起源を持つ。例えば先の「キャラハン対動物虐待防止協会」事件では、分別のある財産所有者であれば、牛の除角が適切な動物財産の利用法と考えることなしに、それを行なって「無意味な拷問や余計な虐待」を牛に加えはしないだろうとの判断が下った。裁判所は、必要以上の危害を加えたら牛の価値は下がるので、「自己利益」を重んじる所有者はそうしたことをするはずがないという見方を示した――「大きな苦痛は必然的に動物の健康を損ない、すぐに回復が訪れなければ農家は市場で損をすることになる」(原注60)。イングランドの「フォード対ワイリー」事件では歳を取った牛の除角が動物虐待防止法違反の判決を受けたものの、それは当の除角を二十年にわたり行なっていないイングランド、ウェールズ、およびスコットランド各地の「紳士らが、この残忍な処置を行なう者たちと同程度に利にさとく」、その事実だけで、除角が「所有者のいかなる正当な目的に照らしても」必要でないことは「充分に証明」されていたからである。(原注61)もしも除角が当時もなお広く行なわれていたら、本件の判決が違っていたであろうことは疑えない。

動物所有者が自身の動物財産を賢明に扱うという想定はアメリカの判例にも見られる。「州政府対バール」事件の被告は、自身の鶏に穀物の入っていない「試験食」を与え、鶏を病気や死に至らせたとして動物虐待の有罪を言い渡されたものの、もし彼が心からその食事を適切だと信じていたのであれば、軽率にも動物をないがしろにしたことにはならないとの理由で、後にこの判決は覆された。「しかし鶏の死は被告にとっての損失であり、被告は鶏の所有者であったことからして、自身に害となる結果を意図的に、もしくは全くの不注意から招きはしないだろうと考えるのが自然である」と裁判所は指摘した。(原注62)「州政府対ヴォンダーハイド」事件の被告は巡業サーカスや路傍動物園の経営者で、動物虐待調査官いわく、飼育下の動物たちを混雑する環境に置き、餌や敷き藁《わら》も満足に与えず、雨漏りのする小屋に閉じ込めていたことから動物虐待の有罪を言い渡された。が、裁判所は判決を覆し、被告は「この動物たちを利用することで生計を立てようと努めている。動物の入手に巨額を費やした彼が、不適切な給餌や飼育環境によってみずからの投資を無駄にするとは考えにくい」と述べた。同裁は露骨に奴隷所有者の譬えを持ち出し、かれらは「一部の奴隷を残忍に扱ったかもしれない」が、「そのように育てられた奴隷は農園主にとっての生計手段なので、よい食事と居住環境を与えられた」と論じた。(原注63)

動物所有者は経済的利益を基準に行動し、動物を経済資源として有効活用するのに必要な範囲でしか苦痛をおよぼさないと考えられている。それ以上の危害は動物財産の価値を減損させ、それに見合う経済的利益を生まないので不合理である。私有財産制度のもとでは、一般に財産所有者は自身の財産に関し最善の判断を下す者とみられ、自身がよいと思う仕方で財産を使うことを許される。動物所有者が一般にみずからの動物財産を「無駄」にしないと思われているのは、言うなれば、普通の人間が一〇〇ドルの札束を燃やしてタバコに火を点《つ》けたりはしないと思われているのと同じことである。

無力な動物福祉法——罰則と執行の難点(原注64)

近年まで、国はほぼ例外なく、動物虐待防止法違反を軽罪もしくは軽犯罪として扱い、基本的に一〇〇〇ドル以下の罰金ないし一年以下の懲役しか科してこなかった。大抵の場合、それらの法律は全く執行されず、懲役刑は滅多に科されず、一般には公式の上限額より遥かに小さい罰金が科されるに過ぎなかった。執行がなされない理由は三つある。第一に、動物虐待防止法は既に確認した通り、ほとんどの動物利用に適用されない。第二に、私たちは人が自分の財産に対してすることに刑事責任を負わせたがらない。第三に、もし動物が特定個人に所有され価値を認められているのでないとしたら、その動物は財産として無価値とみなされるので、私たちはやはりその無価値の財産を損なった者に刑事責任を負わせようとしない。例えば一九九七年には三人の青年がアイオワ州の動物シェルターに侵入し、野球バットで一六匹の猫を叩き殺し、ほか七匹に重傷を負わせた。猫たちの価値は五〇〇ドル——重罪判決に至る財産被害額——に満たなかったので、青年らは軽罪の判決を受けた。が、青年らは動物シェルターの猫は誰からも欲されないのだから市場価値を持たないと主張し、裁判所はこれを認めた。事件は全国に知れ渡り、猫が無価値とみなされたことには多くの人々が怒りをあらわにしたものの、この判決は動物が財産とされている事実を思えば、完全に筋が通っているばかりか、むしろ避けられないといえる。動物が財産であるかぎり、市場価値がない動物には何の価値もない。

一九九〇年代には多くの州が動物虐待防止法を改正し、少なくともいくつかの違反については重罪として、罰金額と懲役期間を拡大した。しかしこの改正が現実に変化をもたらすかは定かでなく、動物虐待を重罪にしたところで、ほとんどの動物利用が法自体もしくは司法の解釈によって規制を免れることには変わりない——また、違法が成立するにはやはり精神状態の証明が求められ、これは控えめに見ても抜け穴になる。罪を重くすることと法の適用範囲を広げることは別問題である。さらに、検察官は軽罪となる犯罪については、重罪に当たる事件よりも重要度が低いとみて追及を怠ってきた。違反の罰則を引き上げると、実際には検察官の追及が甘くなることもある。

もう一つ重要な点として、連邦動物福祉法のような規制法の多くは、研究施設には適用されても研究者個人には適用されない。動物実験が国の助成のもとに行なわれている場合や、実験に使われる動物が法律の保護対象である場合には、政府が施設に対し何らかの制裁を加えることもありうるとはいえ、研究者たち自身は処罰の対象とならない。この点で動物福祉法は連邦刑法と異なる。

財産という動物の地位が法執行に影響するのは、「原告適格」という法理の関係によるところもある。原告適格は裁判で賠償を求めることができる者、救済を求めることができる訴えの内容を限定する。例えば私は、あなたが私との契約を破った場合、あなたを訴える原告適格を持つ。しかしあなたがサイモンとの約束を破り、それについて私が何の利益も持たない場合、私はあなたを訴える原告適格を持たない。また、私がたまたま、あなたとその妻の相性が悪いと思ったとしても、私はあなたに代わって離婚裁判を起こす原告適格を持たない。離婚解消を求めることが可能なのはあなたかその妻だけである。普通、私は納税者の地位にあっても、政府による税金の使い道に異議を申し立てる原告適格を持たない。原告適格の法理は非常にややこしく、本書の内容を超える。当面は、動物にあてがわれた財産という地位と、それが動物福祉法や動物虐待防止法の執行を求める原告適格の基準にどう影響するかを簡単に確認するだけでよい。

第一に、動物は財産なので、法的要求の対象物にはなっても主体にはなれず、みずからのために法的要求を訴える原告適格を持たないのは当然として、後見人が代わりに動物の権利を守ることも法制度上みとめられない。後見人は子供や精神障害を抱える人などに代わってその法的権利を守るために任命され、かれらの持つ権利を主張することができる。社会は子供や精神障害を抱える人を冷たくあしらうこともできるが、かれらは法によって基本権を認められ、ただ他人の資源としてのみ扱われる事態から守られているので、その処遇には制約がある。しかし動物は財産なので、後見人によって守られる法的権利を持たない。(原注66)

第二に、動物虐待防止法や動物福祉法は、権利を欠く動物に幾分かの保護を与えると謳うが、それを執行する原告適格を人々が得られる可能性は極めて限られている。動物虐待防止法は州の刑法であり、その違反を追及できるのはほぼ例外なく、警察と検察官だけである。(原注67) 警察が捜査を拒み、検察官が事件の追及を怠れば、救済手段はほとんど何もない。警察と検察官は刑事司法制度の運用に関しほぼ完全な自由裁量を認められ、裁判所は概してこの両者に指図をしたがらない。刑法でなくとも事情は同じで、裁判所は連邦動物福祉法をはじめとする規制法の執行を求める者、もしくはそれらの法に異議を唱える者に原告適格を認めず、特に争点となっている動物が研究施設のような組織の財産で、訴えを起こそうとする人物が当の動物に関し法的権利を主張できない場合はその傾向が強い。(原注68)

動物福祉法の保護範疇

動物福祉法によって形を与えられた人道的扱いの原則は、本当に何か重要な点で動物の利益を守れるのだろうか。端的に言えば、守れない。およそ法律が動物利用を制限するとしたら、それは当の利用に「目的」がなければならない、という縛りを課す程度である。広く浸透した制度的搾取、すなわち衣食・狩猟・娯楽・実験を目的とする搾取は、動物を商品に変えて経済的利益を生む活動の中心をなすが、動物利用はその付随要素であることを求められる。動物への危害が何らかの法的問題を呼ぶのは、その危害が公認の動物利用制度の外でおよぼされた時、すなわち、その危害が財産絡みの利益を生まず、行為の目的が「敵意ないし悪意に満ちた感情の満足(原注69)」だけにであった時に限られる。

例えば「州政府対トウィーディー」事件の被告は、電子レンジで猫を殺して動物虐待防止法違反の判決を受けた。(原注70)「ウィリアム・G非行関連」事件では、少年が自分の飼い犬と交尾しなかった雌犬を蹴って火あぶりにしたことで動物虐待の有罪を言い渡された。(原注71)「モーツ対州政府」事件では、ただ犬が吠えていたというだけでその犬を焼いた被告が動物虐待防止法違反の有罪判決を受けた。(原注72)「タック対合衆国」事件では、ペットショップの経営者が換気の悪いショーウィンドウに動物を並べ、兎の体温が温度計の上限である華氏一一〇度〔摂氏約四三度〕に達したにもかかわらず場所移動を拒んだとして動物虐待罪の判決を言い渡された。(原注73)「ニューヨーク州民対フェルカー」事件では、意識あるイグアナ三匹の首を「正当な理由なく」切り落とした被告に動物虐待防止法違反の判決が下った。（原注74）「ラルー対州政府」事件では、大量の野良犬を囲いながら獣医ケアを怠った被告が、犬たちを疥癬《かいせん》・失明・脱水・肺炎・ジステンパー〔感染症の一種〕に苦しませ、やむなく殺処分にした廉《かど》で動物虐待罪を言い渡された。（原注75）が、これらは異例の事件であって、動物を苦しめる人間の行ないの中では氷山の一角に過ぎない。

全く同じ行ないであっても、それが広く認められた動物搾取制度の一環かどうかによって、擁護されるか禁止されるかが変わりうる。猫を電子レンジで殺したり、犬を火あぶりにしたり、兎を熱射病にしたり、意識ある動物の首を切り落としたり、重い病気を放置して動物を苦しませたりすれば、その行為は動物虐待防止法に抵触するだろう。しかし、全く同じことを研究者が大学の実験で行なったとしたら（現にこれらと完全に同じか瓜二つの方法で動物を痛めつけ殺してきた研究者は山ほどいるが）、それは利益を生むための動物利用とみなされ、法によって保護される。それどころか、実験での動物利用が連邦動物福祉法や州の動物虐待防止法に触れるのは（あくまでそれらの法が動物実験者に適用されればの話であるが）、動物への危害行為が実験の助けではなく妨げになった時に限られる。研究者は動物福祉法のもと、動物に最低限の配慮、すなわち最低限の食事や水や飼育空間を与えなければならないとされるが、それは信頼できる科学データを動物から引き出すためであり、必要以上の苦痛をおよぼしてはならないとされるのは、単に動物のストレスがデータの有効性を損ない、ひいては動物資源の浪費となるからでしかない。動物実験が人道的か非人道的かは、何が残忍な扱いかをめぐる思考をもとに決まるのではない。実験における非人道的な動物の扱いとは単に、信頼できる科学データを生まない実験で動物資源を無駄にすることを指す。したがってもしもある研究者が、電子レンジで猫を殺す前、もしくはレンジで猫に重傷を負わせて他の実験で使うまでのあいだに、充分な餌と水を猫に与えなければ、脱水と飢餓によって猫にストレスを与え、実験データの有効性を損なった、ひいては動物を無駄にしたという理由で、法律違反になる可能性はある。

筆者らが「動物と法律」の授業で生徒に見せるビデオには、政府の助成を受けた実験で、研究者たちが麻酔を施さない豚をトーチランプで焼く光景が映し出される。実験の表向きの目的は、重度の火傷が豚の食性におよぼす影響を調べることにあるという。豚は数週間生かされ、痛み止めは一度も与えられなかった。もし若者たちが単に嗜虐的な衝動を満たすためだけにこれをしたら、動物を無駄にしたとして法律に触れるだろう。しかし全く同じ行為をしでかす研究者は、動物を生産的に利用しているとみなされるので法の規制から免除される。どちらの状況でも豚の利害は何ら変わらないが、動物の利益が守られるかどうかは、当の利用が生産的か、それとも動物「資源」の浪費か、という点でのみ決定される。動物の利益保護は、法律には全く関係ない。法律は財産に関する人間の利益保護だけを考える。

同様に、農家は食用とする動物に焼き印・除角・去勢などの身体損傷を加え、その動物たちを恐ろしい監禁状態に置くことを許される。農家、食品会社、屠殺場は——イグアナの首を切り落とした先のフェルカーよろしく——意識ある動物の喉を切ってもよく、それが動物虐待防止法に触れる可能性は微塵もない。これら全ての行為はとてつもない苦痛と苦悩を動物の身に負わせるが、正常な動物管理の一環とみなされているので法によって守られる。ただし、もしも農家が理由なく家畜を苦しめたら——つまり家畜を財産として利用せず、ただ無駄にしたら——、その時には動物虐待防止法が適用されうる。「州政府対ショット」事件では、被告ショットの農場で数十頭の牛や豚が栄養不良と脱水により死に絶えつつあったことが発覚し、ショットに動物虐待の罪が言い渡された。(原注76) ショットは悪天候のせいで家畜の面倒を見られなかったと弁明したものの、陪審は虐待・放置罪を評決し、控訴裁も原判決を維持した。しかし、ショットが放置によって動物に多大な苦しみを味わわせたのは確かであるが、仮に彼が普通の畜産慣行にしたがっていたとしても、やはり動物に多大な苦しみを味わわせたことに変わりはない。ただ一つ違うのは、後者の場合、ショットの危害行為は制度化された搾取の一環と位置づけられ、許容可能かつ生産的とみなされたことである。

まとめると、動物虐待防止法その他の動物福祉法は、動物保護の機能をまるで果たさない。広く浸透した動物搾取慣行の一環とされるかぎり、どれほど下らない動物利用も基本的に許容されるのは、そうした慣行の中で動物が財産という経済的地位にあることが前提されているからである。嗜虐的快楽を求めて飼い犬に余計な殴打を加えれば批判を招くかもしれないが、裏庭に穴を掘る犬に仕置きをしたり、侵入者への攻撃を教えたりしたいのであれば批判は起きない。ただ犬の燃えざまを見たいだけで犬に火を付ければ批判が巻き起ころうが、全く同じことを地元の大学の実験で行なえば批判は起こらない。

人道的扱いの原則が単に、公認の搾取制度から外れた、経済的利益を生まない動物利用を禁じるものでしかないのだとしたら、この原則に歴史的意義はない。ベンサムが述べたことで重要だったのは、動物が道徳的・法的に無視できない利益を持ち、人間はかれらに対し直接の義務を負う、という点だった。人道的扱いの原則は、デカルトやロックの思想に対する道徳的・法的否認、すなわち、動物は守るに値する利益を持たないモノだとする見方からの決別だった。しかしその原則を具体化した法律は、初めから動物を人間の財産と位置づけたので、動物の利益保護はデカルトやロックの視点で可能だった以上に進むはずがなかった。動物の情感や痛みの意識を認めなかったデカルトも、みだりに自分の財産を損なわないのと同じ意味で、みだりに動物を利用することはなかっただろうと考えられる。ロックは動物を神が人間に与えた資源の一つとしかみなかったものの、人間が動物を「粗末もしくは無駄に」するのは不道徳だと述べ、動物の利用や扱いに関しては、土地や水や材木など、神から授かった他の資源と同様、神と他の人々に対する義務にもとづき制限しなければならないと論じた。つまり動物が財産と位置づけられてしまえば、人道的扱いの原則の根幹にあった、動物は無生物の物体とは道徳的に違うという思想そのものが否定されるのである。

動物財産は普通の財産ではない?

動物福祉法の限界は驚くに当たらない。財産である動物が、一体どうしたら有用品以外のものになりうるというのか。正しい用途に沿った効率的な動物搾取に必要な範囲を超え、どうしたら動物の利益が、評価もしくは尊重されうるというのか。全く余計でただ非生産的なだけの動物利用は許されないとしても、どうしてそれ以外の行為に動物虐待防止法や動物福祉法が適用されうるというのか。この点を理解するため、次の例を考えてほしい。一九八五年、合衆国議会は動物福祉法を改正し、その執行を担う農務省に、実験で使われる犬の運動と霊長類の心理的幸福に関する基準の策定を求めた。(原注77)実験の内容自体は同法で規制しないという先述の立場にのっとり、この改正案も、許可される実験の内容には何ら口出しせず、ただ動物管理の基準を改める狙いしか持たなかった。農務省は当初、統一的かつ具体的な基準を考え、例えば犬には一日三〇分の運動時間を、霊長類には社会性動物の欲求に合う飼育環境を与えるよう義務付けようとした。科学界はこの基準に強硬に反対した。研究者たちは、犬にとって運動が利益になるだの、霊長類という単純でない生きものにとって心理的幸福が利益になるだのといった議論はしなかった。代わりにかれらが口にしたのは、農務省の提案する厳しい基準がなくとも動物実験からは有用なデータが得られるとの主張、そしてこの厳しい基準は研究費用を引き上げてしまうとの主張だった。

科学界からの圧力に負けて農務省は緩い基準を設け、犬の運動や霊長類の心理的幸福に関しては、研究に付き添う獣医が、自己裁量により施設に足りるもの足りないものを勘案した上で適切な基準を定めてよいものとした。つまり動物の利益は、尊重すると経済性が落ちるので犠牲にされたことになる。犬の維持費用に一日一ドルしか割かずとも有用なデータを得られるのなら、どうしてわざわざ一日に二ドルを費やさなければいけないのか。リッター一ドルの石油と二ドルの石油のどちらを選ぼうと車が走るのなら、どうしてわざわざ高い方を選ぶのか。まともな財産所有者であれば、高い石油に金を浪費したりはしない。既存の緩い基準にしたがっていても、動物実験データの量と質には不満がなく、しかもその方が基準の遵守にかかる費用は遥かに安くて済むというのに、なぜわざわざ動物実験を金のかかるものにするのか。

実際、農務省は最終的に緩い基準を採択するに当たり、施設の規制遵守費用と、実験用動物の扱いが改まったと人々が認識することで生まれる、いわゆる「擬人的」価値とを天秤にかけたといえる——そして後者の価値は規制遵守にかかる出費増のように数値化できない。つまりここで勝利したのは、動物は財産であるという見方から導かれる立場で、それによれば、動物の利益のうち重要なもの、重要たりうるものは、それを軽んずれば動物実験が無駄に終わってしまう、もしくは科学的に無効なデータを生んでしまうものでしかない。もし犬に一日一〇分の運動時間を与えることが、実験に差し支えるほどのストレスを発生させないために必要なのであれば、ただ一〇分だけが要求される。そこで一日三〇分の運動時間を要求すれば、「不必要、不合理、もしくは不当な経済的負担」とみなされる。

「食用」動物、「実験」動物、「サーカス」動物、「動物園」動物、「ロデオ」動物、「毛皮」動物など、人間の目的に供される動物たちに対し、動物福祉法がその最も費用効果の大きい利用法を保証するための範囲を超え、最低限以上の保護を確約するとは考えにくい。動物福祉法は無数に存在するにもかかわらず、動物搾取は今日、規模も内容もかつてないほどの次元に達している。動物を財産とみる私たちは、人間の利益になると思えばいつでも動物の利益をないがしろにする。特にその傾向が著しいのはアメリカのような、財産所有を自然権と考える国々である――その権利は宗教教義から生じ、社会形成の絶対不可欠な礎石と目されている。

もっとも、そこまで私有財産概念を担がない国でも、動物はほとんど物資と変わらない扱いを受ける。例えばイギリスは近代的な私有財産概念の生地《せいち》でありながら、その概念は法律上、アメリカほど重視されておらず、それはイギリス法がアメリカ法よりも世俗的であることや、イギリスの政治制度が進歩的なおかげで財産権への規制を強めやすいことなどに起因する。しかし、イギリスがアメリカに比べ厳しく動物利用を制限しているのは確かだとしても、動物の扱いにみられる両国の違いは、実質的というより形式的な次元に留まる。例えばあるイギリスの論者は、「人道的」屠殺を求める同国の法律が、「畜産用動物に訪れる最期の瞬間の苦しみを最小に抑えなければならない」と定めながらも、動物の苦痛を緩和することにほとんど役立っていないと論じる。電気失神装置を使うには相応の技量と精度が要されるが、大量の屠殺をこなす中ではそれも難しい。「可能なかぎり素速く動物を捌《さば》いていかなければならない結果、装置の扱いは不正確もしくは（電気トングであれば）押し当てる時間が不充分となり、動物を一頭ずつ確実に失神させることができなくなる」。しかも「動物はのど切りの前後・最中に意識を取り戻すこともある」。屠殺場の職員は「経験の浅い者も多く、動物福祉にほとんど配慮しないことも珍しくない」。つまり「動物福祉はしばしばコスト削減のため後回しにされる」(原注78)。ここから連想されるのはアメリカの人道的屠殺法で、これは鶏をはじめとする鳥類、すなわち国内で屠殺される年間八三億の動物中、およそ八〇億を占める動物には適用すらされず、総じて「効率的な労働力の利用」や「コスト削減」に繋がる改善、あるいは「畜産業界、食肉業界、ならびに消費者への［規制］執行を担う政府に大きな経済的負担を課さない」改善を求めるに過ぎない(原注79)。アメリカ、イギリス、その他を問わず、動物を経済物資とみなす国では、「動物福祉の行動計画は大半が壁に行き当たる。

動物利用者の利益を大きく損なってでも動物福祉の改善を果たした法律はまずもって思い当たらない(原注80)」。

より重要と思われる人間の利益を守るためであれば、財産の利用が規制され、ひいては財産権が制限されることもありうる。歴史的建造物の破壊や改築がしばしば禁止されるのは、そうした建造物が未来世代の人間にとって重要と思われているからである。しかし財産そのものの便益を念頭に財産の使用を制限するという考え方は、一般に適切とはされない。なるほど理論上は、動物の利用目的に即した最低限の配慮を確保する以上に、法律が動物の扱いを制約することも考えられるものの、実際にそうなる例は滅多になく、強固な経済的動機からもそれは妨げられる。(原注81)例えば畜産慣行に厳しい制約を課した国は、その制約を課さない国とはもはや競争できず、その制約をみずから取り入れた地方農家は、そうしない農家に対し競争上不利な立場に立たされる。「家族農場」でも動物が甚だしい苦しみを負うことに変わりないとはいえ、普通、そこでは少なくとも動き回れる空間が相対的に広かった。家族農場は集約畜産に道を譲ったが、それは後者の方がより安く、かつ遥かに大きな規模で畜産物を生産できるからである。技術が絶えず進化するなか動物の苦しみは増すばかりで、地域市場・世界市場の誕生は、動物を経済物資以上の存在として扱おうとするあらゆる努力の行く手を阻む。

あなたの犬猫の市場価値

これを読みながら、読者は暖炉の前でぐっすり眠る飼い犬や、ソファに気持ちよく寝そべる飼い猫を見て、こう思うかもしれない――確かに食用や実験用とされる動物財産は経済物資としか見られないのだろう、しかし一部の動物、私たちの「ペット」は、それ以上の存在なのではないか。多くの文化圏で、人間は伝統的に特定の動物を伴侶として自分の元に置き、無生物の財産とは全く異なる関係を築いてきた。

多くの人々が伴侶動物を飼い、家族の一員として愛するが、その動物たちの出自について知る人はほとんどいない。「ペット」産業は実のところ「食用動物」産業や「実験動物」産業と何一つ変わらない。ペットショップで売られる年間およそ五〇万匹の犬は、大部分がいわゆる「子犬工場」の生まれで、この繁殖工場は不衛生で過密な環境に動物たちを置く。犬は普通、木製や金属製の小さな檻に入っている。雌の犬は絶えず繁殖を強いられ、満足に子犬を産めなくなった時点で殺される。子犬は生後四週から八週で母から引き離され、トラック、トレーラー、もしくは飛行機でペットショップやペット卸売業者の元へ送られる。子犬工場で繁殖された犬のおよそ半数は不衛生な工場環境や移送が原因で命を落とす。農務省は連邦動物福祉法を守らせる一環で繁殖業者を取り締まることになっているが、査察は実際のところ皆無に等しく、州の規制も極めて乏しい。猫や鳥の繁殖も、規模は犬より小さいものの、似たような環境で行なわれる。異国産動物の鳥やとかげや猿、虎、熊などは、密輸入されてペットショップや個人商人に売られる。大部分を占めるのは鳥類の取引で、密輸された鳥の八割ほどは移送中に息絶える。

自分の伴侶動物を大事にする人々がいるからといって、その動物たちが財産でないことにはならない。むしろ、ペットは財産であるからこそ、経済物資以上に大事にされうるのだといえる。言うまでもなく、財産所有者は自分の財産を良くも悪くも扱える。私は自分の車を定期的に洗浄してワックスがけを行なってもよく、仕上げを省いて塗装が剝がれ車体が腐食されるままにしておいてもよい。同様に、多くの人は自分の飼う犬や猫を単なる経済物資として扱わず、市場価値に相当する以上の世話を惜しまないとはいえ、「ファウラー」事件でみたように、飼い主は動物を単なる財産として扱うこともできる。多くの飼い主は狭い一角に犬を置き、最低限の食事と運動時間しか与えず、家族としての交流は皆無でないまでもほとんど持たない。

番を任される犬は短い鎖に繋がれて生涯の大部分を送り、人間と接する場面は餌や水を与えられる時しかなく、攻撃性を高める目的からしばしば殴打される。猫はねずみ駆除のために外食店や農家が利用する。ハンターとしての活躍を期待する者は、餌を全く与えず猫を飢えさせる。犬猫の多くはほとんど獣医療を受けられず、飼い主はいつでもかれらを「人道的に」殺すか、それを獣医師に依頼することができる。普通、動物虐待防止法はそうした行為を規制できず、裁判所はむしろあからさまに、飼い主は同法の課す最低限の世話を怠って罪に問われることを避けるため、自身の犬を殺す権利があると認める。「ミラー対州政府」事件の判決によれば、犬の飼い主は無価値とみた犬を「迅速かつ比較的痛みの小さい方法で殺害する」権限を持ち、そうである以上、「飼い主は別の者による殺害を許可することもできる」(原注82)。動物虐待防止法は動物の世話に投資することを求めるので、自分の所有する動物を殺せない飼い主は不本意な経済的負担を強いられる、というのが裁判所の見解だった。いずれにせよ、動物が財産の地位にあるなら、その動物をどう扱うかはおおかた飼い主に委ねられ、法は基本的にその判断を尊重する――財産所有者は自身の利益を最優先し、財産の価値について最善の判断を下すと思われているからである。

一方、伴侶動物が飼い主以外の怠慢行為によって傷つけられた場合、裁判所は大抵、その動物の市場価値に見合う賠償しか科さない。例えば「リチャードソン対フェアバンクス・ノーススター郡」事件では、リチャードソン夫妻の飼っていた雑種犬ウィザードが行方不明になった。地域の動物シェルターに電話した夫妻は、ウィザードが発見されたので、シェルターが閉まる午後五時以前であれば返還できると聞かされる。夫妻は四時五〇分にシェルターを訪れ、その日の営業は終わったと告げられたものの、ウィザードが施設の奥に繋がれているのを確認した。翌日に夫妻が再度訪ねると、ウィザードは殺処分されており、シェルターは記録管理が不充分だったので三日間の取り置き期間を待たずして犬を殺してしまったと認めた。

夫妻はシェルターを訴え、ウィザードは家族の一員で感情的な絆があったと主張した。裁判所は訴えを却下して述べた。「犬は私有財産の品目という法的地位にあるので、不当に殺害された際の損害賠償額は原則として殺された時点の市場価値に等しい」[原注83]。感情的・精神的苦痛を訴える主張には法的根拠がなかったので、リチャードソン夫妻は賠償で三〇〇ドルを受け取った代わりに、シェルターに対し、弁護士費用その他で三七六三ドルを支払うよう命じられる。ウィザードは夫妻が所有する財産の一つに過ぎなかった。動物が絡む訴訟では市場価値を超える懲罰的損害賠償が命じられることもあるが、概してそれは被告が故意に、または悪意から他人の財産を損傷・破壊した時か、行動に甚だしい怠慢が伴っていた時に限られる。懲罰的損害賠償の裁定額は行為の悪質さや異常さに照らして決められ、損なわれる財産の種類が動物か無生物の物体かは問われないので、これは財産という動物の地位を変えるものでもなければ、人間と犬猫との関係が車やステレオとの関係と違うことを認めるものでもない。

昨今では一部の裁判所が、時に動物を失った飼い主の精神的苦痛を鑑《かんが》み、市場価値以上の賠償を認めようとした例もある。が、それらの判断は財産という動物の地位を変える上では何の貢献も果たさない。むしろその判断は財産という地位を強固にするものであって、なんとなれば当の賠償はただ、飼い主がひときわ動物を大事にしていたという理由だけにもとづき、これはいわば家宝が傷つけられた時に、市場価値に相当する賠償では所有者の思い入れを償えないとの理由から、裁判所がそれ以上の賠償を認める例と変わらないからである[原注84]。

動物が財産の地位にあるかぎり、動物にモノの地位をあてがうことは認めない、という私たちの主張は意味をなさない。私たちは動物を、道徳的に重要な利益や権利を持たない無生物の物体と同じように扱う。私たちは毎年何百億という動物を、ただ殺すためだけに誕生させる。動物には市場価格が付けられる。犬や猫はCD同然にペットショップで売られる。金融市場は豚のバラ肉だの畜牛だのの先物取引に興じる。動物の利益は、財産所有者の金銭的利益を高める目的で売買される経済物資でしかない。財産の地位にあるとはそういうことである。

食肉業界誌に載った以下の文を読めば、私たちが今日もなおデカルト同様、動物を単なるカラクリ、すなわち動く機械としか見ていないことが分かるだろう。

現代の採卵鶏はつまるところ、飼料という名の原材料を卵という完成品に変える高効率の変換機に他ならず、もちろん、維持の手間はかかりません。(原注85)

豚が動物ということは忘れましょう。工場の機械と同じように扱いましょう。油さしと同じ要領で世話のスケジュールを立てましょう。繁殖シーズンは組み立てラインの先頭に当たります。家畜取引は完成品の納入に当たります。(原注86)

ブロイラーは一・四倍の速さで出荷サイズに成長し、小型雌鶏は二倍の速さで卵を量産し、コンピュータの「レシピ本」が特製家畜のつくり方を指示する――二十一世紀の畜産業はこんな姿になるかもしれません。(原注87)

動物を財産の地位に置いたまま、人間と動物の利益を天秤にかけられるわけがない――そして現に天秤はない。動物の利益には全て「値札」が付けられ、財産所有者はそれを「売り払う」ことができる。ならば人間が動物に対してやってよいことに制限はないに等しい。

次章では、真に動物の利益を慮《おもんぱか》るとすれば、私たちは何をすべきなのかを考える。

第四章　道徳的滅裂の治療薬——平等な配慮の原則

私たちの二択

動物の道徳的地位に関しては二つの選択肢がある——そして選択肢はこの二つしかない。

私たちは今まで通り、自分たちの得になるなら事実上どんな理由からでも、それこそ全く不必要な目的からでも、動物に苦しみを負わせ続けることができる。この選択肢をとるなら、少なくとも動物が道徳的に重要な利益を持つという主張は偽りで、本当のところ、私たちがかれらに認めるのは、モノとしての、目的に資する手段としての価値のみだったことになる。

一方、私たちは、動物にとって不必要な苦しみを課されないことは利益であり、これは道徳的に大きな意味を持つ、とも主張できる。この選択肢は、動物の道徳的地位について私たちに再考を迫り、私たちが口で認めるところの人道的扱いの原則に、一種の内容を伴わせる。分かっておかなければならないのは、この第二の選択肢が、人間と動物を同じ仕方で扱うことや、人間と動物を「同じ」とみることを要求するものではない点である。また、これは真の非常時や衝突時——つまり必要に迫られた時——に、人間を動物に優先してはならないと命じるものでもない。私たちはただ、苦しみからの自由という動物の利益が道徳的に重要な意味を持つ以上、かれらを苦しめる者は、その必要性を証明しなければならない、と、それを認めるだけでよい。

本章では、動物への不必要な危害を禁じる道徳的・法的義務に内容を伴わせるため、私たちが何をすべきなのかを考える。動物の利益を真に考慮したければ、手段は一つしかない——苦しみを課されないという動物の利益に、《平等な配慮の原則》を適用することである。この原則に真新しさや特に分かりにくい点はない。それどころか、平等な配慮の原則は全ての道徳理論に含まれ、人道的扱いの原則と同様、既に大半の人々が受け入れている考え方だといってよい。それは簡単にいえば、等しい事柄を等しく扱う、ということに尽きる。人間と動物には様々な違いがあるものの、少なくとも一つ、私たちが既に認知している重要な共通点がある――人間と動物は、ともに苦しみを感じる能力を持つ。動物に不必要な苦しみを課してはならないという題目がもし何らかの意味を持つのだとすれば、「必要」という概念は、人間に不必要な苦しみを課してはならないという時と同様の形で解釈されなければならない。

以下ではまず平等な配慮の原則の一般論を述べ、その後、同原則を人間と人間以外の動物に適用することを論じたい。

平等な配慮の原則――一般論的な説明

平等な配慮の原則は、二人の人物サイモンとジェーンがほぼ同じような利益を持つ際に、妥当な理由がないかぎり両者を別扱いしないことを求める。例えばジェーンにとって大学へ行くことが利益であり、サイモンにとってもそれが利益だったとする。その時、もしサイモンが大学入学を認められるのなら、平等な配慮の原則により、ジェーンも入学を認められるべきで、そうしないのは妥当な理由がある場合に限られる。妥当な理由としては、大学に入れるのが一人だけで、サイモンの方がジェーンよりもずっと優秀である、といった例が挙げられよう。不当な理由は、サイモンが男性でジェーンが女性である、といった例で、それが不当になるのは、性の違いが大学で勉強する資格と関係ないからである。健全な道徳判断は「特別」集団やエリートたちの自己利益に発するのでなく、普遍性を具えなければならない、という考えが平等な配慮の原則の根底にある。サイモンは得をしてしかるべきだ、という道徳判断が下るのなら、同様の状況にあるジェーン――あるいはその他、誰であろうと――にも同様の判断が下らなければならない(原注1)。

平等な配慮の原則については、念頭に置くべき三つの要点がある。

第一に、この原則は形式的なもので、それが要求するのはただ、同様の事柄を同様に扱うことだけである。平等な配慮の原則は道徳的思考の形式を指示するだけで、内容は指示しない。具体的にどのような得を誰にもたらすか、そもそも何かしらの得をもたらすべきなのかは、本原則によって指示されない(平等な配慮をせよ、という点以外には)。例えば、サイモンとジェーンが私の子供で、二人が同じ悪事を働いた場合、私は二人に同様の対応をとらなければならない。もしサイモンのお仕置きが一週間、小遣いを与えないことなのだとすれば、ジェーンにも一週間は小遣いを与えてはならない。妥当な理由なしに私がそうしない場合、サイモンはジェーンの扱いが自分と違うと言って私を咎める資格がある。同じく、ジェーンから二週間の小遣いを取り上げ、サイモンからは一週間の小遣いしか取り上げない場合、不公平はずるい、とジェーンが私を咎めるのは当たっている。ジェーンとサイモンはお仕置きされること自体に不満を漏らすかもしれないが、もしそのお仕置きに差異があったら、扱いの不公平によって追加の不満が生じる。

第二に、平等な配慮の原則は必ずしも、あらゆる場面で全ての者を「同等」ないし「均一」に扱うことを求めはしない。例えば、サイモンには並み程度の音楽の才能があり、ジェーンには全く音楽の才能がないかもしれない。ジェーンは数学が得意で、サイモンは苦手かもしれない。サイモンとジェーンは特定の側面で共通性を持つかぎりにおいてのみ平等なのであり、その共通性が関わる場面では、別扱いされる妥当な理由がないかぎり、等しく扱われなければならない。ジェーンの卓越した数学力はコンピュータ会社で重宝され、会社はコンピュータ言語を使う彼女に給料を惜しまないだろう。サイモンが音楽家になると決めた場合、並みの才能では給料が少ないかもしれない。

第三に、平等な配慮の原則はあらゆる道徳理論の必須要素であり、この原則を含まない理論は道徳理論たりえない。例えばサイモンは極刑を道徳的に正当と信じ、計画殺人を犯した者は肌の色や性別に関係なく、みな国家により処刑されるべきだと考えていたとする。ジェーンはこれに賛同せず、極刑はいかなる場合でも不当だと信じていたとする。両者の道徳的立場は、同様の事柄を同様に扱う点で、平等な配慮の原則にもとづく。サイモンは極刑を支持し、人種、性別、その他の基準による例外を設けない。ジェーンはどんな事件があっても極刑に反対する。極刑を支持するサイモンは道徳的に間違っている、とジェーンが考えるのには理由があるかもしれない。サイモンが犯罪抑止効果を信じて極刑を支持するのだしたら、ジェーン（および大半の犯罪学者）は極刑と抑止の因果関係を否定するだろう。しかし、サイモンが平等な配慮の原則に反している、という批判は当たらない。

もしもサイモンが、極刑の執行は黒人が白人を殺した時や、女性が男性を殺した時には許されるが、白人が黒人を殺した時や、男性が女性を殺した時には許されない、と考えるのであれば、極刑の善し悪しはさておき、彼の主張は道徳的たりえない。いやしくも極刑が道徳的に擁護されるのだとしたら、それは平等に執行される必要がある。

私たちが人種差別や性差別に反対するのは、それらがただ人種や性別だけを根拠に、同様の事柄を別様に扱うよう求めるからである。「黒人と白人が同じ利益を持つかなど関係ない。私は白人の利益に重きを置くものであり、それは白人の方が道徳的に優越している、あるいは総じて価値があるからだ」と人種差別主義者は言う。「男性と女性が同じ利益を持つかなど関係ない。私は男性の利益に重きを置くものであり、それは男性の方が道徳的に優越している、あるいは総じて価値があるからだ」と性差別主義者は言う。人種差別や性差別は不適当な基準を一貫して用い、有色人種や女性を軽視・蔑視することで平等を阻む。

利益が同じか異なるか、別様の扱いをする理由が道徳的に正当か不当かは議論になりうる。が、道徳性を確保したければ、どのような立場をとろうと、それが平等な配慮の原則に照らして正当とされなければならないことは異論の余地がない。積極的差別是正措置〔従来の被差別集団を優遇する措置〕の賛成派と反対派は、人種や性別が特定集団を優遇する理由として道徳的に正当であるかをめぐり意見を異にするものの、同様の事柄は道徳的に正当な理由がないかぎり別扱いしてはならない、という点は等しく認める。積極的差別是正措置の支持者らは、有色人種や女性が歴史的に差別を受けてきた結果、現在の政治や社会経済における権力分布に不均衡が生じているのだから、人種や性別をもとにした優遇措置は、それらの要素が真の意味で無関係とみなされる「公平な競争の場」をつくるのに欠かせない、と論じる。反対者らは、歴史的に有色人種や女性が差別されてきたからといって、人種や性別をもとに待遇を変えるのは、当の差別に関与しなかった白人男性を不利な立場に置くので容認できない、と論じる。(原注2) しかし過激論者でもなければ、人種にもとづく優遇措置に反対する理由として、有色人種は劣った集団であり白人は優れた集団である、という論理は用いない。また、性別にもとづく優遇措置に反対する理由として、女性は劣った本質を具え男性は優れた本質を具える、という論理を持ち出す者もいない。誠実な人間であれば平等な配慮の原則を受け入れるはずで、それにしたがうなら、人種差別や性差別の偏見をまともな道徳理論の要素として認めるわけにはいかない。

平等な配慮の原則と人道的扱いの原則

人道的扱いの原則は、動物と人間の利益を天秤にかけるよう求める道徳理論である。あらゆる道徳理論の例に漏れず、これもまた平等な配慮の原則を含有していなければならない。すでに確認したように、二人以上の人間が同様の利益を持つ時は、その利益を同様に扱うのが正しい。個々の人間の利益は同程度に保護される必要があり、例外は、他の面に何らかの違いがあって、同様の利益を別様に扱うことが正当化される場合に限られる。

人道的扱いの原則においても考え方は全く変わらない。この原則は、動物利用による人間の利益を、危害からの自由による動物の利益と比較衡量するよう求めるはずのものである。人間の利益が勝る時は動物への危害が認められ、動物の利益が勝る時はそれが認められない。両者の利益が等しい時——天秤が釣り合う時——は、人間と動物を分かつ他の何らかの違いによって別様の扱いが正当化されないかぎり、当の等しい利益を等しく扱わなければならない。人道的扱いの原則が求める比較衡量は、論理的にいって、平等な配慮の原則を人間と動物の利益に当てはめることだと考えてよい。

そもそも人道的扱いの原則は、歴史的発達をさかのぼっても、平等な配慮の原則を明白な形で内に含んでいた。ベンサムは、デカルトやロックやカントに代表されるような、動物は道徳的に重要な利益を持たないモノであって、人間はかれらに対し何ら直接の道徳的・法的義務を負わないという見方をしりぞけた。動物の利益を道徳的に尊重する唯一の方法は、平等な配慮の原則を動物に適用することだとベンサムは考え、「自身の倫理体系に道徳的平等の大前提を基本原則の形で織り込んだ。すなわち、『何者の価値も一とし、一以上とはしない』」(原注3)。ベンサムはこの基本原則を公然と動物に適用し、動物が仮に理性的思考力や言語能力を欠くと想定しても、それがかれらを平等な配慮の原則にもとづく保護の枠から除外する正当な理由にはならないと論じた。「問題はかれらが思考できるか、会話できるかではなく、かれらが苦しみを感じるかどうかである」。ベンサムは人間と他の動物が大きく異なると認めながらも、両者はともに苦しみを覚え、動物の苦しみはかれらがただ動物であるというだけで軽視ないし無視されてはならないと考えた。さもなければ動物は「モノという分類に貶められる」が、ベンサムは動物がモノであるという見方をはっきり否定した。

つまり、大半の人々が受け入れる人道的扱いの原則は、論理的にも歴史的にも、既に平等な配慮の原則を体現している。その想定によれば、動物と人間はあらゆる面で「同一」ないし「同等」ではないにせよ（それは人間同士の場合にもいえる）、両者は少なくとも一点において重なる――鉱物、植物、その他あらゆる地球存在と違い、動物と人間はともに情感を具え、したがって苦しまずにいることを共通の利益とする。動物の利益と人間の利益は天秤にかけられるべきだ、という言葉は聞かれるが、現実には両者が本当の意味で天秤にかけられることは一切ない。人間の天秤にかけられた動物の利益は、人間の利益に勝ることはおろか、釣り合うと考えられることすらも決してない。苦しみからの自由による動物の大きな利益と、単なる娯楽による人間の利益が比べられた時にさえ、動物は敗北せざるをえないのであって、なんとなれば動物の利益をないがしろにしたとしても、動物は財産の地位にあるという事実が常にそれを正当化するからである。繰り返すように、財産の利益が財産所有者の利益と同等にみなされることは基本的にありえない。したがって人道的扱いの原則が求める人間と動物の利益比較において、平等な配慮の原則は実のところ全く機能していない。

平等な配慮の原則――財産とされた人間

同じく平等な配慮の原則が用いられなかったのは人間奴隷制で、そこでは一部の人間が他の人間を財産として扱うことが認められた（原注4）。人間奴隷制は構造上、動物所有制度と重なる。人間奴隷は財産とみられたので、奴隷所有者は経済的利得になるのなら奴隷の利益を一切無視してもよく、法は奴隷財産の価値に関し、原則として奴隷所有者の判断にしたがった。家財たる奴隷は売却・遺贈でき、保険をかけ、抵当に入れ、借金のカタとして所有者から没収することもできた。(原注5) 奴隷所有者はおよそあらゆる口実のもとに奴隷を激しく罰することができた。故意もしくは不注意に他人の奴隷を傷つけた者は所有者に対し財産損壊の責任を負った。一般に奴隷自身は、契約を結ぶことも財産を所有することも、訴訟の原告や被告になることも、基本的な権利と義務を持つ自由な人間として生きることもできなかった。(原注6) 法は表向き、奴隷の「人道的」扱いを求めた。奴隷は「理性的存在ではない。そうではないが、しかしかれらは神の被造物であり、情感ある存在であり、快苦を知り、その能力の程度に応じた喜びを味わう資格を有する。自然の声に耳を傾けるならば、必要も目的もなくかれらに痛みを与える者は不正の罪を負う、と誰もが悟るのではないか」(原注7)。法は奴隷財産の利用を取り締まり、原則上は奴隷が持つ一定の利益を所有者が保護すべきであると認め、奴隷財産の利用と扱いに制限を設けた。が、奴隷は法のもとで何の道徳的地位も与えられず、奴隷財産の利用と扱いに意味のある制限は加えられなかった——そしてそれはまさに、人道的扱いの原則が動物財産の利用に意味のある制限を設けられないのと同じ理由による。奴隷にあてがわれた財産という地位は、法がかれらに保証したはずの利益を常に、ことごとく葬ってしまう。平等な配慮の原則が機能しなかったのは、奴隷の利益と奴隷所有者の利益が同等とみなされることなど事実上ありえなかったからである。

例えば一七九八年にノースカロライナ州で定められた法は、悪意ある奴隷殺害に自由市民の殺害と同等の罪を科した。しかし同法は「無法者の奴隷や『法律上の所有者に反抗した』奴隷、『穏当な懲罰で死亡した』奴隷に関しては例外とした」(原注8)。テネシー州の法もこれに似て、奴隷の殺害を禁じながらも、三つの基本的な——しかも容易に条件を満たせる——例外を設け、奴隷が自由市民に不利な証言をすることを原則として禁止したので、当然ながら奴隷殺害の有効な抑止効果は持たなかった。さらに、ノースカロライナ州の法律は建て前上、奴隷所有者が自身の奴隷を殺せば罪を負うと認めていたにもかかわらず、裁判所は奴隷をひどく害した所有者に責任を負わせようとしなかった。「州政府対マン」事件の裁判では、奴隷は法のもと主人から守られはしないので、奴隷を暴行した主人は責任を負わないとの判決が下った。被告マンはリディアという名の奴隷を一年契約で賃借していたが、ある日、リディアはマンに殴打されている最中に脱走した。マンは止まれと言い、止まらなかったので発砲してリディアに怪我を負わせた。一審でマンは有罪判決を受けるが、控訴裁は判決を覆し、「残忍で過度な殴打」を自身の奴隷に加えても起訴の対象にはならないとした。判決によれば、裁判所は「奴隷主人の権利を法廷で議論することを認めない。奴隷を奴隷でいさせるためには、主人からの保護を裁判所に要請できないと奴隷に分からせる必要がある」(原注9)。

自身の奴隷を暴行した奴隷所有者に法が刑事責任を科そうとしなかったのには多くの理由がある。右の言葉が伝えるように、司法は、奴隷が主人の支配行使に対し訴えを起こせると考えることを懸念した。もう一つの理由は、第三章でみた動物虐待防止法違反の裁判で明確に述べられていたように、奴隷主人は自身の財産に関して利益を持つので、不必要な懲罰を控えるだろうとの前提があったことによる。「殴打の犯人が奴隷主人自身である時にはいかなる補償も下りない。理由は出エジプト記の第二一章二一節にある通り、『奴隷は主人の資産だから』である。奴隷主人の私的利益が徹底して守られていることは、そうした悪事の是正に役立つ」(原注10)。実際、バージニア州の法律は、奴隷主人が調教中に奴隷を殺してもそれは悪意ある行為とみなされず、殺人罪にはならないと定めたが、それもやはり、故意に財産を損なう所有者はいないという前提があったからだといえる(原注11)。奴隷制と奴隷法を研究する著名な専門家のアラン・ワトソン教授は記す。「普通、それなりに経済観念のある所有者は奴隷の資産価値を気にするので、その扱いには一定の配慮が及んだ」。こうした事情の背景にあった思想を、ローマの法学者ユスティニアヌスは言葉にしている——「国家にとって望ましいのは、自分の財産を無下《むげ》にする者がいない状態である」(原注12)(訳注1)。

他人の所有下にある奴隷を殴打した者は、自由市民であっても刑法のもとに罰せられた（また、民事訴訟でも財産損壊の責任を負わされた）とはいえ、それは明らかに、財産に関する所有者の利益を守る措置だった。「州政府対ヘイル」事件の判決によれば、奴隷は余所《よそ》者の残忍な虐待から守られるが、それは「奴隷の保護が［主人の］財産権を保証する有効な手立てであり……奴隷が法によって守られず、共同体内のあらゆる荒くれ者による気まぐれな暴力にさらされるとしたら、主人への奉仕に支障が生じることは疑えないから」だった(原注13)。南部州の多くでは十九世紀の中頃までに奴隷の「福祉」を守る法が敷かれ、残忍な扱いには相応の罪が科されたものの、「陪審は有罪判決を下したがらず、奴隷は往々にしてそうした犯罪の唯一の目撃者でありながら、白人に対する不利な発言を禁じられていたので、それらの法律によって罰を受けた南部人はほとんどいなかった」(原注14)。

どの程度の人間利用であれば適切といえるのか、どのような権利を人間が持つのかは、人によって意見が異なるとしても、人間奴隷制や人身売買を擁護する者はいない。合衆国憲法を起草した男性たちの多くは奴隷所有者であったが、憲法は後に改正され、奴隷制を禁じた。なお、一部の人間を奴隷とすることが残りの人間に大きな便益をもたらすかは関係ない。保守派の経済理論家であるリチャード・ポスナーなどでさえも人間奴隷制に反対する。「個人の自主性を否定する侮辱的な侵害行為は、差し引きで社会の富を増すという判断だけで許されるものではない。そして、この信念は哲学的根拠が何であれ、現代社会にしっかり根を下ろしているので、富を最大化する努力も全くのやりたい放題にはならない」(原注15)。事実、人権の射程や差別の

訳注1　したがって法律は「自分の財産を無下にする」行為、つまり非生産的な虐待だけを取り締まる。そのかぎりにおいて奴隷の扱いには「一定の配慮が及んだ」。

構成要素については国家間でも国内地域間でも対立的な見解が生じるにせよ、人間奴隷制が認められないという点はほとんど異論がない。ほぼ全ての国の法律が奴隷所有を禁じ、国際社会は奴隷制を基本的人権の侵害と非難する。これは奴隷制がもはや世界のどこにも存在しない、という意味ではない——世界の道徳と法律が殺人を禁じても、殺人はなくならないのと同じである。[原注16] 児童労働や売春強要といった悪事は今も存在する。ただ重要な点は、国内法と国際法に反映された基本の道徳規則において、奴隷制や殺人は明白な悪と認められていることである。奴隷制は暴かれたら非難される。苦しまずにいられるという人間の利益が道徳的な重要性を持つのであれば、人間は少なくとも一つの基本権、奴隷とされない権利を有さなければならない。

また、私たちは「非人道的」な奴隷制を禁じながら「人道的」な奴隷制を認めはしない。残忍さの勝る奴隷制が劣る奴隷制よりも悪いのは確かだとしても、奴隷制は全て禁止されるのであって、それは人間が、他者の財産として利用される苦しみの一切から免れることを利益とするからである。なるほど奴隷にされた人間は、合理的な思考力があれば、残酷さが大きい扱いよりも小さい扱いを好むに違いない。自分を週に五回たたく主人と一〇回たたく主人のどちらかを選べと言われたら、奴隷は前者を選ぶだろう。が、そうだからといって、より「人道的」な主人のもとにいることが、そもそも奴隷にならないことと同じ意味で人間の利益になるとはいえない。

目的に資する手段としてのみ他人を扱うということ

私たちは公式な制度としての奴隷所有に反対するだけでなく、人間を目的達成のための手段としてのみ扱うことを許す思想自体に反対する。例えば中間層や富裕層の人間を幸福にするという目的で、ホームレスの人間をむりやり臓器提供者とすることは道徳的に認められない（原注17）。人間を本人の同意なしに実験材料とすることは、人種、性別、知性、容貌、才能、その他に関係なく、もはや真っ当な行ないとはみなされない。ただし、一面において人間が他人を目的に資する手段として扱うことは許される。蛇口を直してもらうために配管工を呼んだ人は、蛇口修理という目的に資する手段として当の配管工を扱う。配管工の側も、生計を立てるという目的に資する手段として依頼主を利用する。また私たちは、一定の場面では人間に経済的価値を付与する。ジェーンという配管工がいた場合、彼女の配管工としての価値は、他の人々が彼女の仕事ぶりをどう評価・賞讃するかによって決まる部分もある。依頼主の目的に資する手段として彼女が高く評価されれば、ジェーンはより多くの給料を得られる。

しかし、目的に資する手段として人間を利用し評価できるのはそこまでである。人間の扱い・利用・評価には、越えてはならない「赤信号」がある。蛇口修理という目的に資する手段として配管工を評価するのは問題なく、腕の良い配管工に腕の悪い配管工以上の見返りを与えるのは構わない。が、配管工の人間を配管工として評価せず、別の面ではむしろ嫌っていたり悪評価を下していたりしたとしても、私たちはその人を強制労働キャンプで奴隷として扱ってはならず、その人を食べたり、実験にかけたり、靴に変えたりしてもならない。

工場所有者は労働者を道具的に扱ってもよい。つまり「損得勘定」を最優先に考え、労働者を経済物資とみなしてよい。工場所有者は収益を上げるため、午前中にコーヒーブレイクをとる労働者の利益、さらには健康管理による労働者の利益を無視しても許されるだろう。ただし、それは工場所有者があらゆる労働者の利益を無視してよいことを意味するのではない。製薬会社は同意をとらずに職員を新薬の試験に使ってはならず、食品加工会社は労働者をホットドッグやランチョンミートに変えてはならない。

次の例を考えてみよう。研究者のサイモンは、癌の治療法発見に欠かせないデータをほぼ確実に生むと期待される実験を考えた。しかしこれを行なうには人間の被験者が要る。現実的な代替法はなく、動物やコンピュータ・モデルは役に立たない。実験に使われる人間はひどい痛みに苦しんだあげく命を落とす。ボランティアを申し出る者はいない。そこで、実験を嫌がる一人の人物が選ばれた。かれは重度の精神遅滞を抱えたホームレスの成人で、家族も友人もいない。この人物を、癌の治療法発見に繋がりうる痛ましい実験にかけることは道徳的に許されるだろうか。

答を出す前に考えてほしいが、毎年世界では何百万もの人々が癌で命を落としている。かれらの苦痛に思いを馳せよう。かれらに近しい人々の苦痛にも思いを馳せよう。明らかに、癌の治療法がもたらす便益は計り知れないほど大きい。その便益は、一人の人間、しかも重度の精神遅滞を抱えたホームレスの人間が被る損害を、補って余りあるのではないか。

また、人間の疾患に当てはまるデータを欲するのであれば、生物医学実験では動物よりも人間を用いた方がはるかに有意義であることも考えよう。とどのつまり、動物から得たデータは、仮に役立つとしても、人間に対しては外挿するしかなく、外挿は常に正確さを欠く。

しかしほとんどの人は、この実験が許されないと答える。当の人体実験で得られる便益がどれほど大きかろうと関係ない。被験者が精神遅滞を抱えているか優秀な頭脳を持っているか、富裕であるか貧乏であるか、言葉を使えるか、チンパンジーよりもテストの成績が良いか、などは関係ない。私たちは単に、こうした形で情感ある人間を使うことが間違っていると考える。(原注18)人体実験をしなくて済む現実的な代替法があるかどうかも問題にならない。このような形で人間を使えば、被験者をモノとして、単なる目的に資する手段として扱うことになる。法はそうした取引を認めず、大半の人はこの絶対的な禁止事項に賛同する。実際、私（筆者）は世界中の医学校で講義を行ないながら、この仮定的な質問を投げかけ、重度の精神遅滞を抱えるホームレスの人物を癌の治療法発見のために利用してもよいと思う受講者は手を挙げよ、と尋ねてきた。誰一人として挙手した者はいない。

　私たちは単純に、インフォームド・コンセント〔説明を受けた上での同意〕なしに生物医学実験で人間を使うことを許さず、そうした行ないが発覚した際には必ず非難を向ける。ナチスの人体実験は、被験者の同意なき研究を禁じるニュルンベルク綱領の採択を国際社会に促した。一九六四年に世界医師会が採択したヘルシンキ宣言もこれにならい、被験者の同意を得ない、または被験者に充分な情報を伝えないで行なう人体実験を禁じた。

　一九三二年から一九七二年にかけてはアラバマ州タスキーギの貧しい有色人男性らが政府の実施する梅毒実験にかけられたが、一九九七年五月、クリントン大統領はその生存者らに謝罪した。被験者とされた男性たちは梅毒の症状が進行するままに放置され、治療薬のペニシリンが使えたにもかかわらず、梅毒に罹っていることを告げられもしなかった[原注19]。同じく、一九四四年から一九七四年にかけては、軍人、病院患者、子供、妊婦、囚人を対象に、充分な説明のない放射能実験が行なわれ、後に政府が罪を認めた[原注20]。

　便益や人の種類に関係なく、他人の資源として扱われない人間の利益を守らなければならないのは単純な理由による。もしこの利益が一律に守られないとしたら、一部の人間は、他の人々らの利益になると判断された時にはいつでもモノとして扱われるからである。人間にとっての苦しまない利益が道徳的な意味を持つのであれば、人間を単なる資源として扱うことはできない。一部の人間が他の人々の資源とされてしまえば、前者の苦しまない利益に平等な配慮の原則を適用することはできない。どのような理由であれ単なる資源とみなされた人間は、そうみなされない人間と利益の比較において互角な地位には立てない。

平等な配慮の原則──基本権と平等な内在的価値

平等な配慮の原則が人間に対して適用されうるためには、最低でも、他者の資源とされる苦しみの一切から免れることは情感ある人間すべてにとっての利益である、という点だけは認めなければならない。この考えは互いに関連する二つの形で言い表わすことができる。全ての人間は、他人の目的に資する単なる手段として扱われない《基本権》を持つ、というのが一つの表現。それと同じ意味で、全ての人間は単なる資源として評価されない《平等な内在的価値》を宿す、というのがもう一つの表現である。しかしどのような言い方であれ、意味するところは変わらない──平等な配慮の原則は、人間を財産やただの資源として扱わないことを要求する。人間にとっての苦しまない利益が僅かでも道徳的な重要性を持つのであれば、人間は何かしら最低限の保護を受ける必要がある。

以下、モノ扱いされないための基本権と、平等な内在的価値の概念について少しく掘り下げることとしよう。どちらの概念も、何ら超常的な原理を押し付けるものではない。求められるのは論理である。人間にとっての苦しまない利益が道徳的な重要性を持つとしたら、人間を資源とする発想そのものが不可能となる。人間が他の者の資源にされてしまうと、その人物の苦しまない利益は、当の他者が評価するものとなるが、この評価では評価する者にとっての便益だけが基準となり、評価される者の便益は全く顧みられない。資源にされた人間の利益と、その人間を単なる手段として奉仕させる者の目的ないし利益は、平等な配慮の原則を適用しようにも決して等価にはならない。

モノ扱いされない基本権

序論で述べたように、権利は利益を守る方便である。(原注21)私の利益は権利によって守られている、というのは、その利益が他者の得だけを念頭に剝奪される事態から守られていることを意味する。人間が有する具体的な権利の種類については様々な意見があるにせよ、今日あきらかに認められているのは、人間誰もが他者の目的に資するただの手段として扱われない権利を持つ、という点である。これは基本権であって、他の全ての権利とは違い、諸々の権利を成り立たせる不可欠の前提条件になるという意味で、法に先立つ権利といえる。この権利を認めなければ、自由権や投票権、財産所有権、自由言論の権利のような他の諸権利はどれも全く意味をなさなくなる。この点で、資源扱いされない基本権は一般に「自然」権といわれるものから区別されるが、両者は時に同義で使われ、そのせいで混乱が生じている。多くの場合、自然権とは個々の法制度による承認とは独立に存在すると考えられる権利を指し、その根源は往々にして宗教教義に求められる。例えば既にみたように、ロック（および西洋法）の考える財産権は自然権であり、その由来は神が人間に与えた地球と動物への統治権にある。しかし、財産を所有する権利が極めて重視されているのは確かだとしても、財産権がない、もしくはそれほど重視されない社会を想像することはできる。社会主義国家は財産権よりも無償教育や医療を受ける権利などを重視するだろう。が、資本主義、共産主義、その他を問わず、どのような社会であっても、人間がそこで道徳的・法的「人格」と認められるには、最低限の条件として、資源扱いされない基本権を持たなければならない。この基本権を持たない者は人格ではなくモノ（物件）となる。それは他でもない、他人の資源としての価値しか持たない人間がいたら、その人物の利益には平等な配慮の原則が適用できなくなるからである。(原注22)

こうした基本権の概念は歴代の哲学者たちによって語られてきた。その一人、カントは、法や政治に先立つ「生得的」権利の存在を主張した――すなわち「生得的平等」の権利、言い換えれば「自分が他者を拘束する以上に他者から拘束されることを免れる独立性で、これによって人間は自分自身の主となる」[原注23]。この「生得的」権利ないし基本権は「[他の]諸権利を有する権利の土台となる」[原注24]。「生得的」権利ないし基本権の現代理論は、政治理論家ヘンリー・シューの著書『基本権』にも語られている[原注25]。シューの見解では、基本権は「他の権利に比べて価値がある、もしくは本質的に魅力が勝る」権利を指すのではない[原注26]。基本権が基本たるゆえんは、「基本権を犠牲に他の権利を得ようとする企ては文字通り自滅的となり、得ようとする権利自体の根底を切り崩す」ところにある。「二次的権利（基本でない権利）は基本権を確保するために必要とあらば犠牲にしてよい。しかし二次的権利に浴するために基本権の保護を犠牲にすることはできない」。というのも、「[基本権の]放棄は成功しないからである。もしもその権利が本当に基本であるとすれば、それを犠牲に得ようとする権利は、基本権なしには実のところ成立しえない。基本権の放棄は自滅的だったと判明するだろう」[原注27]。

シューは基本権が二次的権利を獲得・行使する前提条件である点を強調し、基本権なしに二次的権利を有してもそれは「単なる形式主義その他の抽象的な次元」における権利所有に留まり、「権利の中身は無用の長物になる」と説く。シューが挙げる基本権は複数あるが、最も重要なのは「身体の安全に対する基本権、すなわち殺人・拷問・傷害・強姦・攻撃を受けないための基本となる権利」である[原注28]。現実の社会では少なくとも一民族集団の一部の成員が他の人々に比べ身体保護の点で冷遇されている例が少なくないにせよ、「原則として身体の安全に対する基本権を万人が持たないという主張を擁護したがる者は、いたとしても多くないだろう」とシューは論じる[原注29]。人がわが身の安全に対する基本権を持たず、他者の思いのままに殺害されうるとしたら、その人が他にどのような「権利」を持つのかは考える意味もなくなる。つまり、もし私が身体の安全に対する権利を持たず、他者がいつでも私を殺せる権利を持っていた場合、私が保有する投票権や自動車運転権は無意味となる。

モノ扱いされないという人間の利益を認め守ろうとするのであれば、権利を用いてそうする以外にない。他者の得になるとの理由でその利益が犠牲にされうるなら、当然、人はその人自身で目的として扱われる利益を尊重されず、単なる物資として扱われかねない。モノ扱いされない基本権は道徳的配慮に浴する最低条件といってよい。これは誰もが認める、絶対に譲れない権利である。保護をより充実させることはできる。しかし人間が道徳共同体の成員となるには――おのが利益を守られないモノとならないためには――この権利が与える保護だけは享受できなければならない。私がモノであるなら権利は一切なく、価値は別の人物によってのみ決定される――その人物とは私の所有者である。私が奴隷であったらもはや私は道徳共同体の成員ではなく、私が持つ何らの利益も意味ある形で守られはしない。所有者は私を優遇しようと決めるかもしれない――そうすれば人々はその選択を尊重する。所有者は私を冷遇しようと決めるかもしれない――そうすれば人々はその選択も尊重する。それどころか人々は、所有者が私に苦痛を負わせようと決めても、それが所有者の得となるかぎりはその判断を尊重する。

分かっておくべきなのは、モノ扱いされない基本権は非常に限定的な権利で、他者の目的に資する手段として利用される全ての事態、また全ての差別や不公平から人間を守るものではないという点である。しかし基本権は、無しでは済まない保護を約束する。つまりそれは、人間を売買したり、同意なしに生物医学実験に使ったり、靴に変えたり、スポーツで狩り殺したりする行ないを禁じる。モノ扱いされない基本権を持つとは、道徳共同体の成員になることを意味するのみで、人間が持ちうる他の権利を特定するものではない。(原注30)

平等な内在的価値

他人の資源とされずにいられる人間の利益を守りたい時、その理念を別の形で言い表わすとしたら、全ての人間は——個々人の違いに関係なく——他人の資源としての価値を超えた別の価値を持つ、という表現ができる。内在的、ないし本質的な価値という概念は、モノ扱いされない基本権と同様、人間の利益を道徳的に尊重する上で、なくてはならない前提となる。モノは価値を具えていたとしても、それは付帯的・暫定的な価値で、人間から大事にされるあいだだけの価値でしかない。モノには人間が付与した価値を表わす金額がつけられ、金こそがモノの価値を測る究極の尺度となる。人間が内在的・本質的な価値を持たなければ、単なるモノということになり、価値は金銭的な次元でのみ測られ、人々は道徳共同体の外に置かれる。(原注31) 価値を認められない人々に「人道的」扱いを施すことは、私たちの慈善であって、かれらの権利ではない。

内在的価値という概念は宗教教義と結び付けられることが多いものの、これ自体は必ずしも神秘的ないし超自然的な要素を含まない。内在的価値は道徳の体系に組み込まれたごく常識的かつ論理的な概念である。これは道徳共同体の成員と認められるための最低条件を言い表わした一つの表現に過ぎない。内在的価値を持たない人がいたとすれば、その人の利益は全て——痛みを免れるという原初的な利益や、生き続けるという利益も含め——他者の評価だけで「売り払って」しまえる。内在的価値の概念によって人間をモノ扱いされる事態から守ろうと思えば、全ての人間は平等な内在的価値を宿す、と考えなければならない。ただし、これは全ての人間をあらゆる面で平等に評価せよ、という意味ではない。富の分配において脳外科医は煉瓦《れんが》職人よりも厚遇されるかもしれないが、それは前者の技能が後者の技能よりも高く評価されるからである。しかし、脳外科医と煉瓦職人を並べて、臓器提供を強いる、あるいは強制収容所に送るのはどちらがよいかを決める段になると、両者の価値は完全に同じとなる――すなわち、どちらの人間も、他者の目的に資する手段としてのみ評価されてはならない。平等な内在的価値の概念が映し出すのは、全ての人間が、たとえ誰からも価値を認められずとも、自分自身にとって価値があるという事実である。また、こうした形ではっきり自分の利益について思考できることは、利益を有する上での必要条件ではない。幼児、心神喪失者、重度の精神遅滞を抱える人なども みな苦しまないことを利益とし、他人がその利益を評価しなかろうとそれは関係ない。(原注32)

モノ扱いされない基本権についてと同様、内在的価値の認識によってもたらされる保護についても、その守備範囲をしっかり理解する必要がある。人間を道具的に評価することは許される。脳外科医に用務員以上の給料をはずむことも許される。しかし内在的価値を認めるのであれば、個人を奴隷として市場に出したり、生物医学の実験に使ったりすることは許されない。内在的価値が「平等」でなければならないのは、一部の人々が物資としてのみ評価される事態を防ぐために他ならない。他の人々よりも内在的価値が「劣る」人間は、全く内在的価値を持たない人間と同様に扱われる。つまり、そうした人間の利益は理の当然として道徳的な意味を失う。平等な配慮の原則はかれらには適用されず、私たちはかれらに対し何ら直接の道徳的義務を負わず、かれらは単なる経済物資として扱われかねない。

というわけで、モノ扱いされない基本権と平等な内在的価値は、道徳共同体の成員となる最低条件を規定する。道徳共同体は大きな劇場に譬《たと》えてもよい。劇場に入ることを許された人は、芝居を観る場を確保できるが、それは必ずしも最高の席や特等席ではなく、下手をすると席はないかもしれない。立ち見ということもありうる。しかし劇場に入れるのであれば、ともかくも観劇できる場があるはずで、そうでなければ入場許可に意味はない。論理的に考えて、芝居を観るために劇場へ入ることを許されたのであれば、そこで芝居を鑑賞できなければならない——たとえ与えられた場が最前列の席に比べどれほど観劇に不向きだったとしても、である。

モノ扱いされない基本権と平等な内在的価値の内容は以上に尽きる。道徳共同体の成員であろうとするなら、人間は他者にとっての得だけを基準とした評価に収まらない、ある種の価値を具える必要がある。人間が人間を奴隷として所有すること、人間が他人の利益の全てを評価する特権を主張することは許されない。人間をインフォームド・コンセントなしに生物医学実験に使うことも許されない。人間を動物園やサーカスの見世物にすることも許されない（かってはあったが）[原注33]。全ての情感ある人間がモノ扱いされない基本権ないし平等な内在的価値を認められるのでないとしたら、その承認から漏れた人々は道徳共同体から完全に締め出されかねない。苦しまずにいる人間の利益が道徳的に重要であるなら、平等な配慮の原則にしたがい、資源としての人間利用を拒絶する必要がある。「折衷型」の制度を考え出して奴隷所有者の利益と奴隷のそれを天秤にかけ、後者に道徳的な重要性を持たせるのは不可能である。

平等な配慮の原則を動物に適用する

人道的扱いの原則は、動物が単なるモノだという見方を覆し、苦しみからの自由という動物の利益に道徳的な重要性を認めるための概念だった。が、動物は財産の地位に置かれているので、かれらの利益は、人間が動物搾取によって得をするための範囲でしか認識されない。動物たちはまさに奴隷と同じ扱いを受ける。動物所有者が動物財産を「浪費」するのは望ましくないが、それは奴隷所有者が奴隷財産を「浪費」するのが望ましくなかったのと同じことで、つまり何の目的もなく動物や奴隷を苦しませるのはよくない、という意味しか持たない。目的さえあれば、それがいかに下らないものであっても動物への危害を正当化しうるのは、奴隷の場合と変わらない。

　奴隷の保護を謳う法律があったのと同様、動物の保護を謳う法律は存在するが、それらは権利保有者、具体的には財産権保有者の利益を、財産の利益と比較するよう求めるものである。このような「折衷型」の制度は、奴隷のために機能しなかったように、動物のためにも機能しない。動物の保護を銘打つ法律の場合、動物所有者は動物財産に伴う経済的利益を守るように振る舞うので、それが動物にとって充分な保護になる、との前提がある。こうした前提は奴隷に対する保護の充実も妨げたが、第三章でみたように、動物に対する保護の充実も妨げる。動物福祉法は元来、少なくとも一面では、人間がわずかであれ動物に対し直接の義務を負うと認めた法律であったにもかかわらず、この趣旨はすぐに忘れ去られ、諸々の動物虐待防止法の主要目的は「社会感情の蹂躙《じゅうりん》を防止すること」と定められた(原注34)。全く同じことが奴隷の保護を謳う法律についても起こり、法の主要目的は社会感情の保護に置かれた。バージニア州の裁判、「州政府対ターナー」事件の被告は、所有する奴隷を「竿《さお》、鞭《むち》、棒」で打ったが、裁判所は司法がこの奴隷所有者を裁く権限を持たないと述べ、当の殴打が「故意に、悪意から、乱暴に、残忍に、極端に、過度に」振るわれたのだとしても、奴隷が死ななければ司法は事件を扱えないと結論した(原注35)。裁判所は私的な殴打と公開の折檻《せっかん》を区別し、後者については奴隷主人に責任がかかることもあるとしたが、「それは奴隷が打たれるからでも行為が不当ないし残忍だからでもなく、公開折檻はそれ自体が社会の調和を崩し、風俗を乱し、直接に安寧を破るおそれが大きいからである。同じことは馬が打たれてもいえる(原注36)」。

　私たちが人道的扱いの原則の根本にある前提を受け入れ、動物はモノでしかないという思想、人間はかれらに対し何ら直接の道徳的・法的義務を負わないという思想を拒むのであれば、振り出しに戻る必要がある。支持すべき考えはこうである――動物と人間が同様の利益を持つ時は、道徳的に妥当な反対理由がないかぎり、両者を同様に扱わなければならない。また、いかなる種の違い、個の違いにも関係なく、情感ある存在は全て様々な利益を持ち、その一つに苦しまない利益がある。動物は人間と同じく、経験的福祉を感じ取るので、苦しまない利益が尊重されるかどうか、情感ある存在としてかれらが持つその他の利益が高められるか妨げられるかによって、その生は良くも悪くもなる。（原注37）（訳注2）

私たちは人間を全ての苦しみから守りはせず、場合によってはそもそも守ることができない。人間は病気に苦しみ、自然災害に苦しみ、事故に苦しみ、世界各地で大なり小なり、衣服や医療や風雨をしのぐ場といった資源の不足に苦しむ。さらにいえば、人間が持つ諸々の苦しまない利益のうち、どれを守るべきかについても統一見解はない。しかし、人間が他にどのような権利を持っていようと、また人々が時に別様の扱いを受けようと、まずもって異論がないのは、全ての人間が――幼児も、年配者も、精神遅滞者も、貧困者も、優秀者も、有色人種も、白人も――少なくとも一つの権利、他者の目的に資する単なる手段として評価されない権利を持つ、という点である。

動物の話に立ち返ると、もし私たちがかれらの利益を真剣に受け止め、誰もが表向き認める不必要な危害の禁止という規則に内実を伴わせたいのであれば、平等な配慮の原則にもとづき、適切な反対理由がないかぎり、かれらの持つ苦しまない利益に同様の保護を拡張しなければならない。人間を全ての苦しみから守ることができないのと同じく、動物たちを全ての苦しみから守ることもできない。自然界の動物は怪我を負い、病にかかり、他の動物に襲われる。しかし平等な配慮の原則にのっとるなら、私たちは道徳的に正当な反対理由がないかぎり、動物たちを、人間の財産とされることによる苦しみの一切から守らなければならない。つまり人間と同様、動物にもモノ扱いされない基本権を認めることである。

「第三」の選択肢はない——動物は道徳的に重要な利益を持ち、平等な配慮の原則を適用されるべき対象であるか、それとも動物は単なるモノで、道徳的地位を持たないか、どちらかである。無論、動物の扱いを今よりも良くすることは可能であるが、第三章で確認したように、財産という動物の地位が原因で、扱いの改善に対しては強い経済的圧力による反発が加わる。しかしそもそも、単に「より良い」扱いを実現することは、必ずしも動物の利益を道徳的に尊重することとは関係しない。奴隷を週に五回たたくのと三回たたくのでは、後者の方が「より良い」に違いないとしても、この「より良い」扱いは奴隷をモノの分類から外すわけではない。奴隷所有者と奴隷が同様の利益を持つ時も、前者は資源として利用されることによる苦しみの一切から免れる権利を有するのに対し、後者はそれを有さなかったので、両者の利益は同様の扱いを受けなかった。

動物は「人格」？

動物に平等な配慮の原則を拡張するとしたら、動物は「人格」になるのだろうか。そう、その通りである。ただしこの言葉の意味は注意を要する。「人格」と「人間」は同義で使われやすい言葉であるが、この用法は正しくない。特に今日その誤りがよく表われているのは中絶をめぐる論争で、そこではしばしば、胎

訳注2　経験的福祉（experiential welfare）とは、情感ある存在が利益の充足・不足を経験することで至る幸福ないし不幸の状態を指す。動物は選好・願望・欲求を持ち、それらが満たされた時には経験的福祉の充実を覚える（原注37も参照）。植物や鉱物、および人間の初期胎児など、情感を具えない存在は、経験に必要な精神を持たないのでこの福祉を感じ取らない。

児（受胎時も含め、あらゆる段階を想定する）が「人間」であるか、が争点になる。これは問いが間違っている。宗教や道徳の観点から中絶をどう捉えようと、胎児が人間なのは当たり前であって、人間の胎児は中絶や流産なしに成長しても栗鼠《りす》やキリンにはならない。道徳的に問題なのは、妊娠期間のどの段階においても胎児は「人格」なのか、胎児に平等な配慮の原則を適用できるのか、である。

いずれにせよ、動物を人格とみたところで、動物は人間と同じである、もしくは人間と同じ権利を持つ、と考えてはならない。人格であるとは、その者が道徳的に重要な利益を持ち、平等な配慮の原則を適用しうる存在であり、モノではない、という意味を指すに留まる。一面では、動物は既に人格と認められている。人道的扱いの原則は、人間が動物に対し直接の義務を負うことがあると認める歴史的な認識の変化だった。しかし、財産という地位が動物の人格を確立する妨げとなってきた。

人間奴隷制も同じ歴史を持つ。奴隷は家財だった。奴隷の「人道的」扱いを促した法律は奴隷を人格にしなかった。原因は既にみた通り、平等な配慮の原則が奴隷に適用できなかったからである。しばらくのあいだは三段階の分類が試みられた――モノ、すなわち無生物の財産と、人格という自由な人間と、それに表現は様々であるが、「準人格」や「モノ以上」と位置づけられた奴隷である。しかしこれも先にみた通り意味をなさなかった。最終的に至ったのは、奴隷の利益に道徳的な重要性を持たせたければ、奴隷が奴隷であってはいけない、という認識だった。実のところ、道徳の世界には二種類の存在しかなかった――人格とモノである。「準人格」や「モノ以上」は、平等な配慮の原則が適用されないのだから、モノ扱いされる危険を免れない。

してみると、動物にも「準人格」や「モノ以上」の地位をあてがうわけにはいかない。動物は人格――平等な配慮の原則を適用され、私たちが直接の道徳的義務を負うべき対象――であるか、またはモノ――平等な配慮の原則を適用されず、私たちが直接の道徳的義務を負わない対象――であるか、どちらかに絞られる。第七章で詳しくみるように、動物を人格とみなしても、真の非常時や衝突時に人間を動物に優先することができなくなるわけではないが、ただし、動物を財産として扱い、そのような衝突の原因をつくることは禁じられる。平等な配慮の原則を動物に適用し、かれらの持つ苦しまない利益を道徳的に尊重するには、人間の資源として扱われない基本権を動物に拡張する必要がある。これは動物を人間と同じ形で扱え、ということではない。投票する権利、車を運転する権利、財産を所有する権利、大学に入学する権利など、相応の条件を満たした人間が得られる諸々の権利を動物にまで拡張しようと論じる者はいない。また、動物は一切の苦しみを負わずに済むと保証されるわけでも、自然界で他の動物に襲われる事態から守られるわけでもなく、事故で人間に傷つけられることを免れるわけでもない。しかし、人間が他人の奴隷や財産とされて苦しめられることがあってはならないのと同様、動物は人間の資源とされ苦しめられることがあってはならない。もっとも、このたった一つの権利を動物に拡張するだけで、人間による動物の利用や扱いは根底から覆される。もはや動物の制度的搾取にもとづく食料生産、衣服生産、生物医学実験、娯楽を擁護することはできない。これらの利用は全て、動物が資源であり道徳的地位を持たないことを前提とする。

次章では、人間が動物を財産として扱い、ひいては動物の持つ資源扱いされない基本権を否定することが、道徳的に正当な理由――それ自体では平等な配慮の原則に背かない理由――によって擁護されうるかを検証する。すなわち、人間であれば年齢や知性その他に関係なく、誰にでもこの基本権を認めるというのに、人間でなければ、人間と同じく情感を持つ生きものであっても、例外なくこの基本権を認めないのは、何か正当な理由があってのことなのかを確かめる。

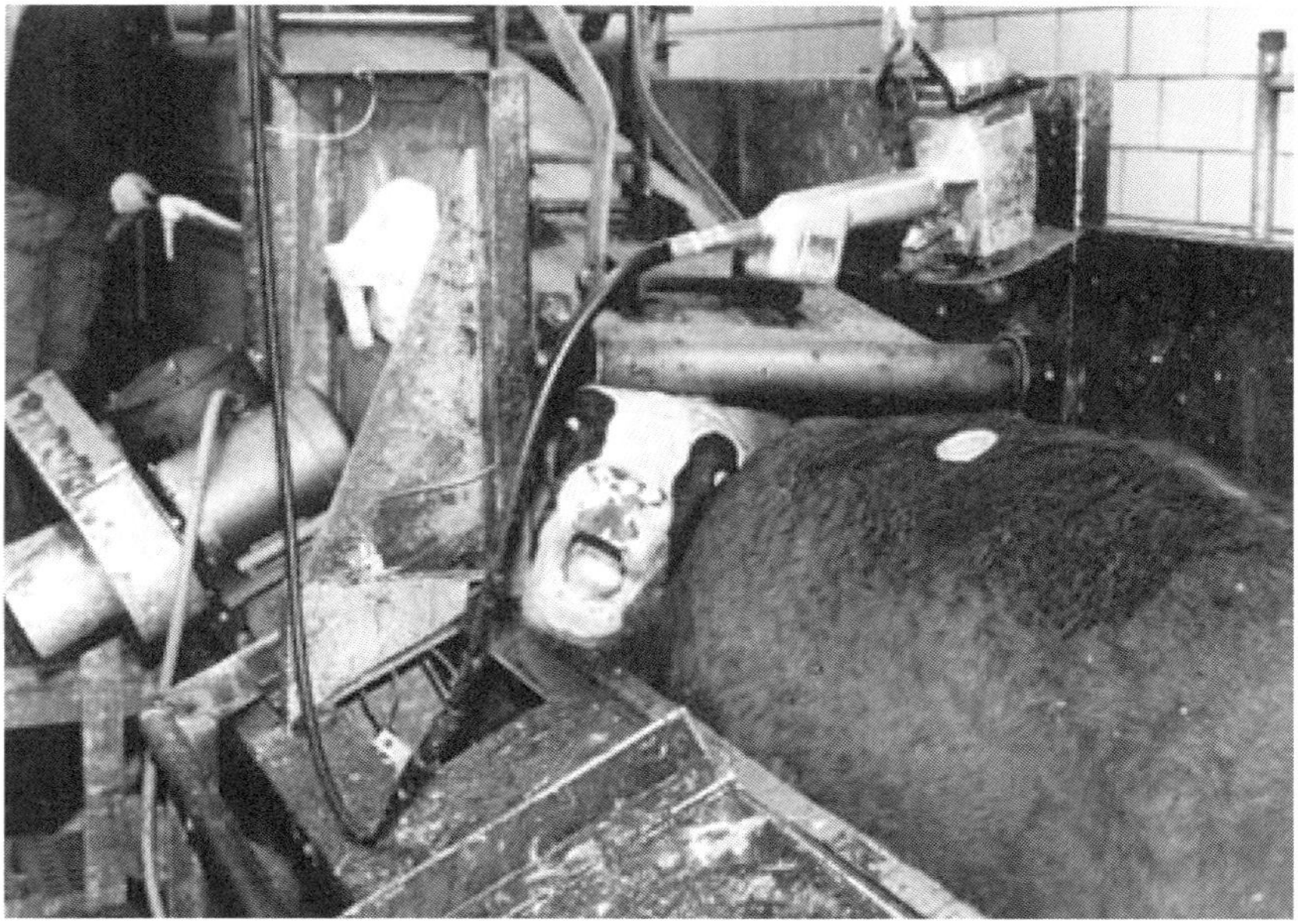

現代の機械化された屠殺業は明らかに動物を恐怖させるものであり、例えばこの牛は拘束器具のもとまで押し上げられ、失神させられた後に足かせを嵌められ、宙吊りにされ、屠殺される。この工程は人道的屠殺法の求めに則っている。Credit: Photo courtesy of Gail A. Eisnitz/Humane Farming Association（HFA）.

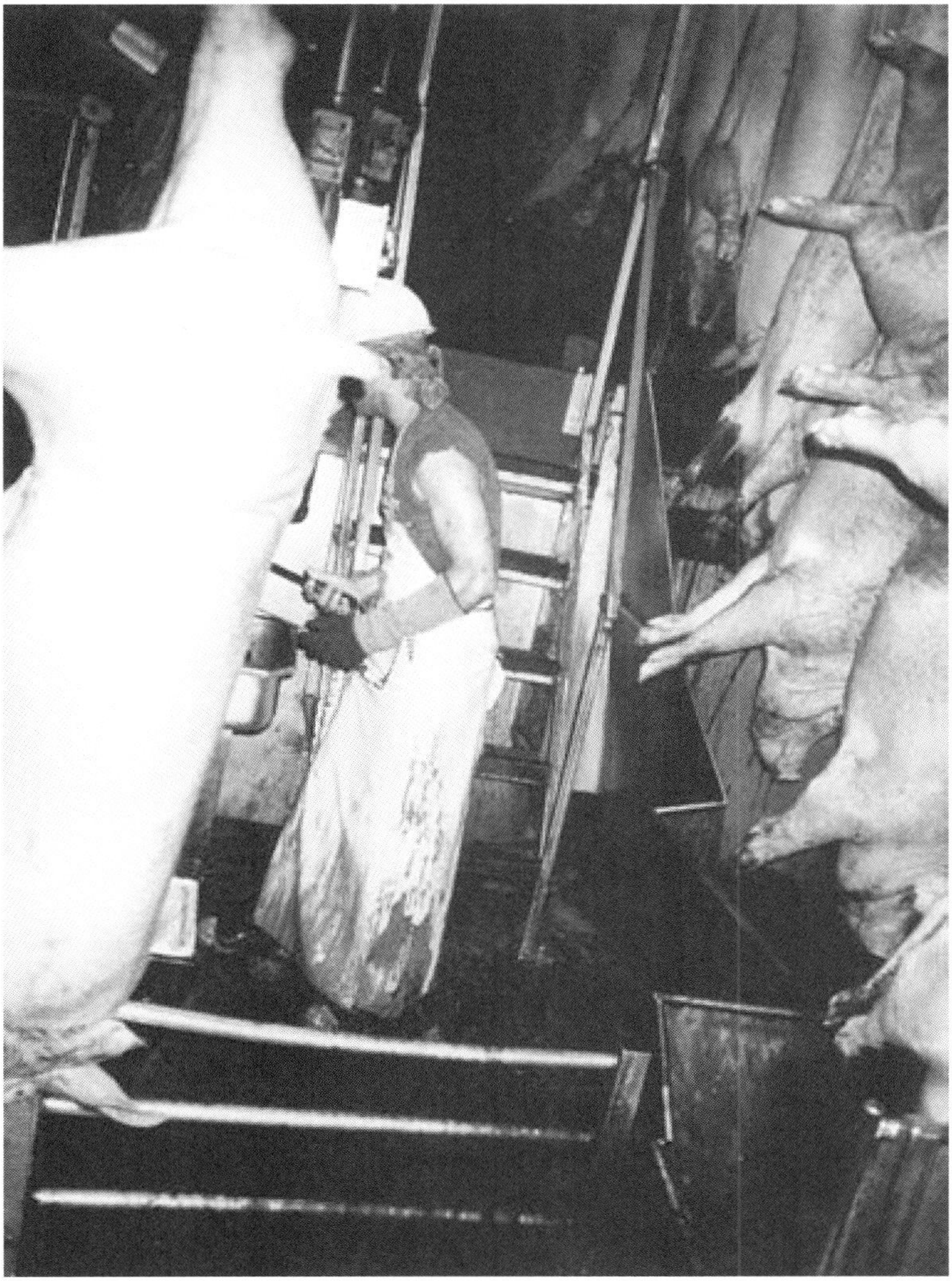

刺殺係が豚の喉を切る。Credit: Photo courtesy of Humane Farming Association（HFA）.

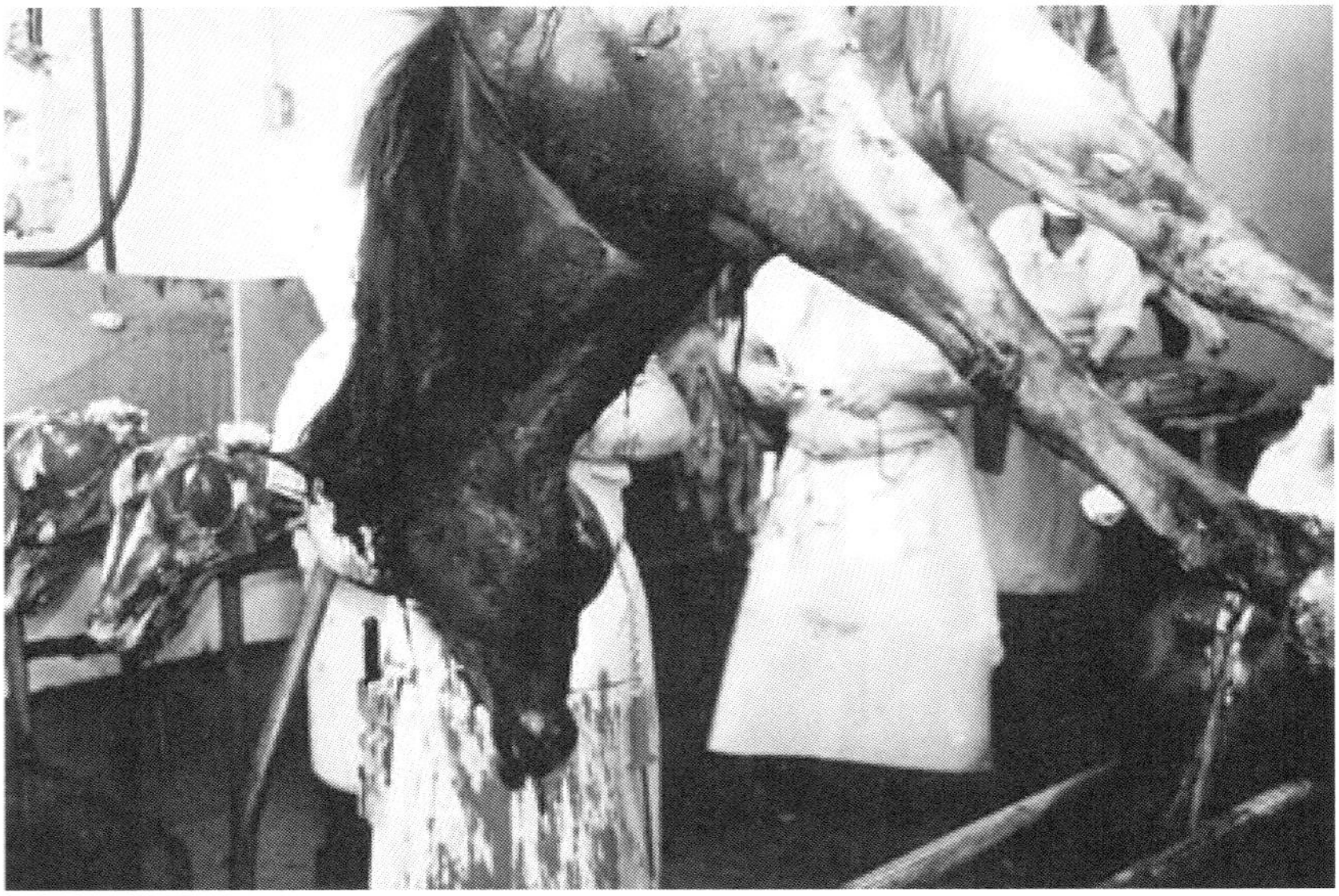

多くの人々は馬の最期が屠殺であることを知らない。Credit: Photo courtesy of Gail A. Eisnitz/Humane Farming Association（HFA）.

「産地直送」のブロイラーは広大な機械化された工場式畜産場で生産される。Credit: Photo courtesy of Animal Emancipation, Inc.

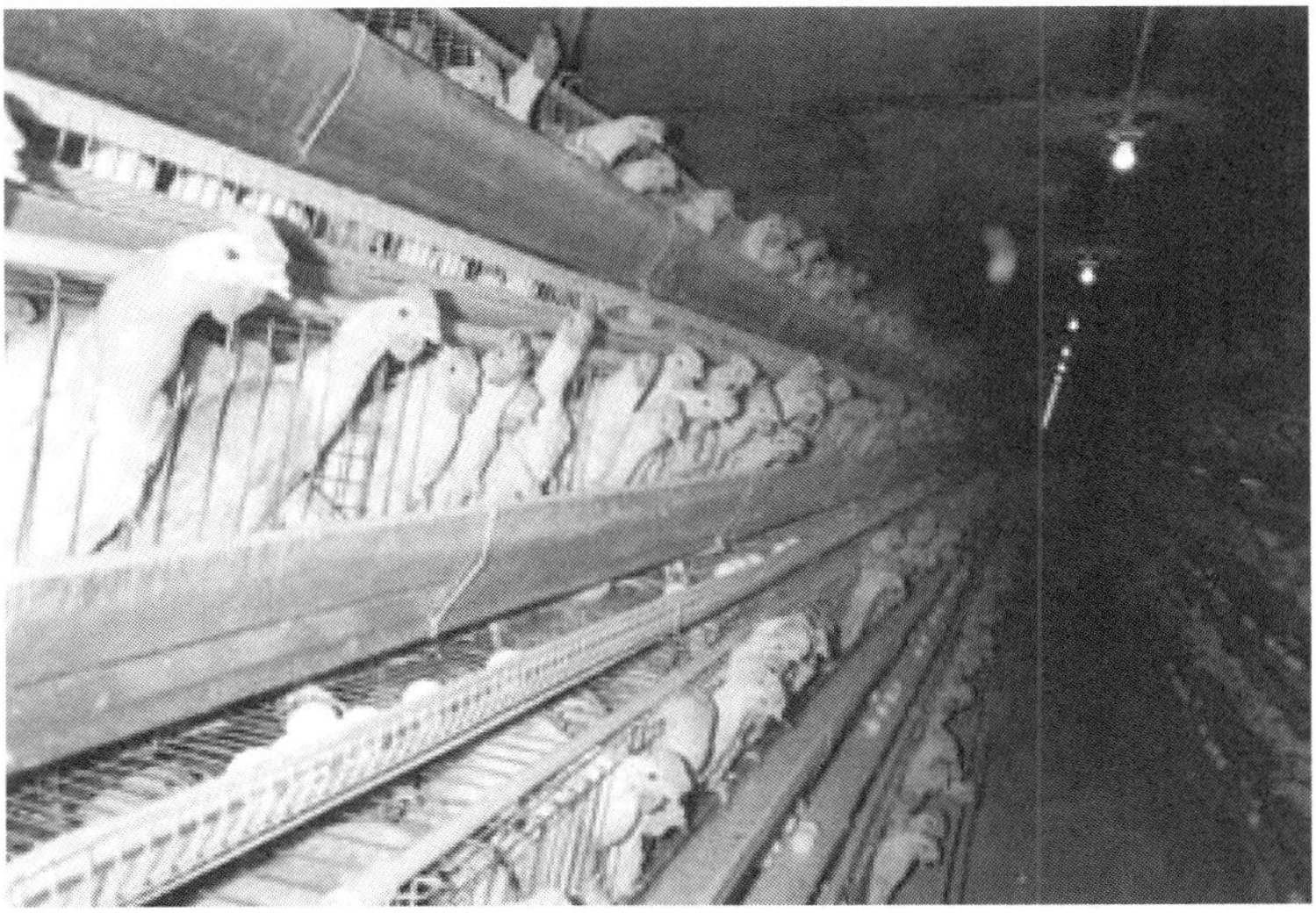

「現代の採卵鶏はつまるところ、飼料という名の原材料を卵という完成品に変える高効率の変換機に他ならず、もちろん、維持の手間はかかりません」。*Farmer and Stockbreeder*, January 30, 1962. Credit: Photo courtesy of Gail A. Eisnitz/Humane Farming Association（HFA）.

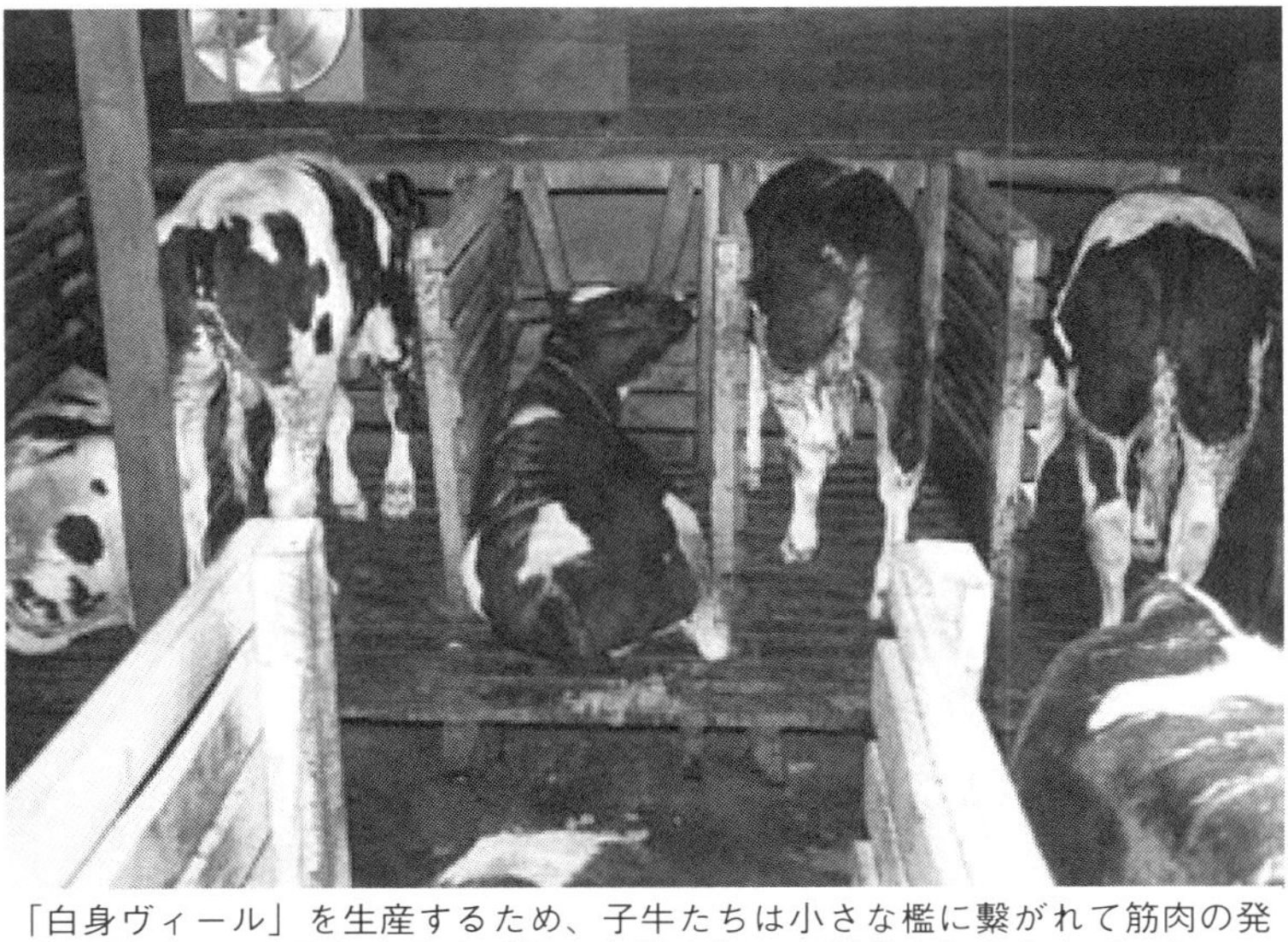

「白身ヴィール」を生産するため、子牛たちは小さな檻に繋がれて筋肉の発達を妨げられ、反芻を許さず貧血を引き起こす飼料を与えられる。Credit: Photo courtesy of Humane Farming Association（HFA）.

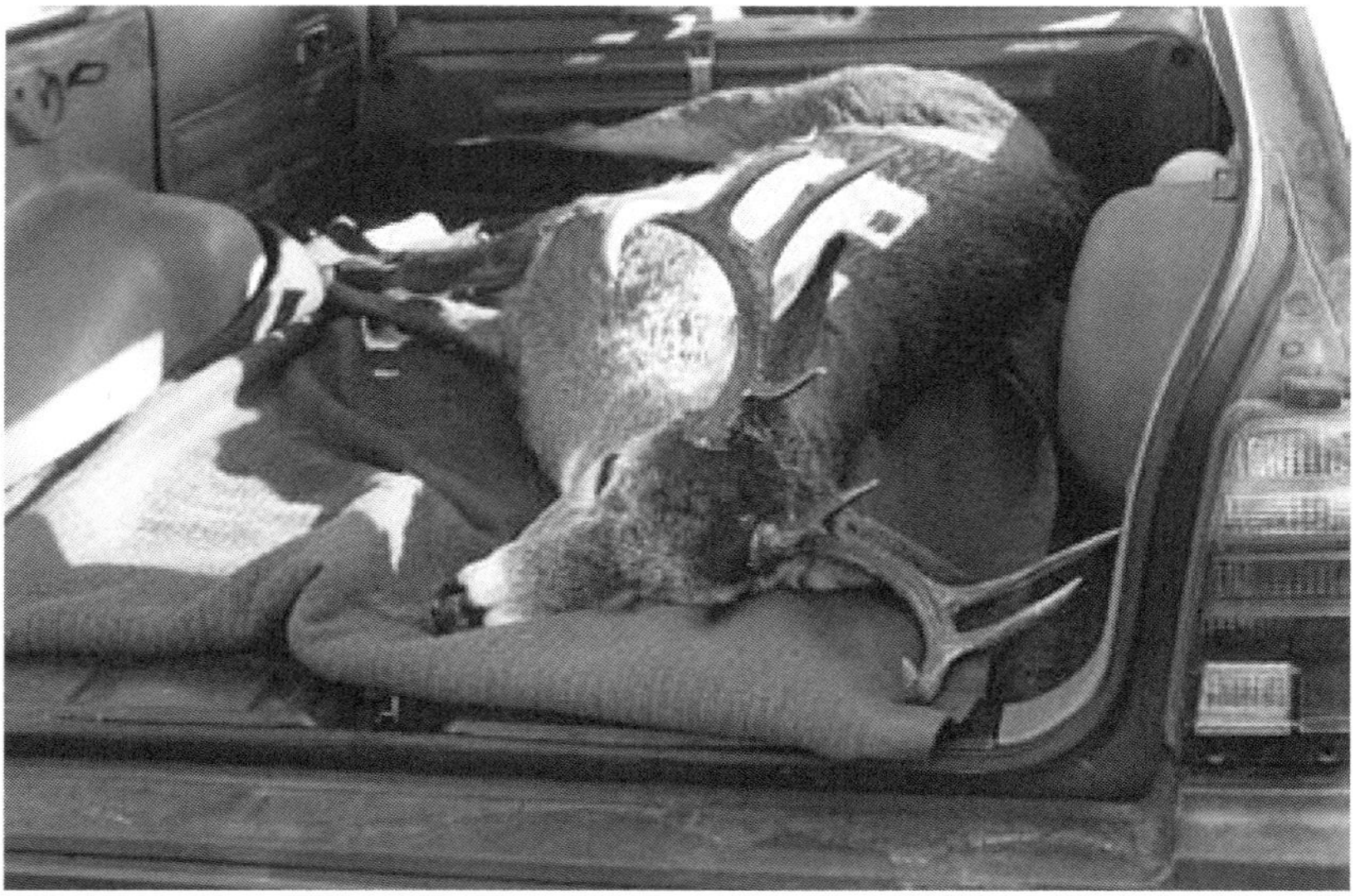

朝の獲物。Credit: Photo courtesy of Joy Bush. Copyright 1987 Joy Bush.

トラバサミを禁じる国は増えつつあるものの、無数の動物がこうした罠に捕らえられる状況は変わらない。Credit: Photo courtesy of The Fur-Bearers Association.

若牛レスリングは、アメリカで人気の娯楽、ロデオで行なわれる虐待の一つ。
Credit: Photo courtesy of Animal Emancipation, Inc.

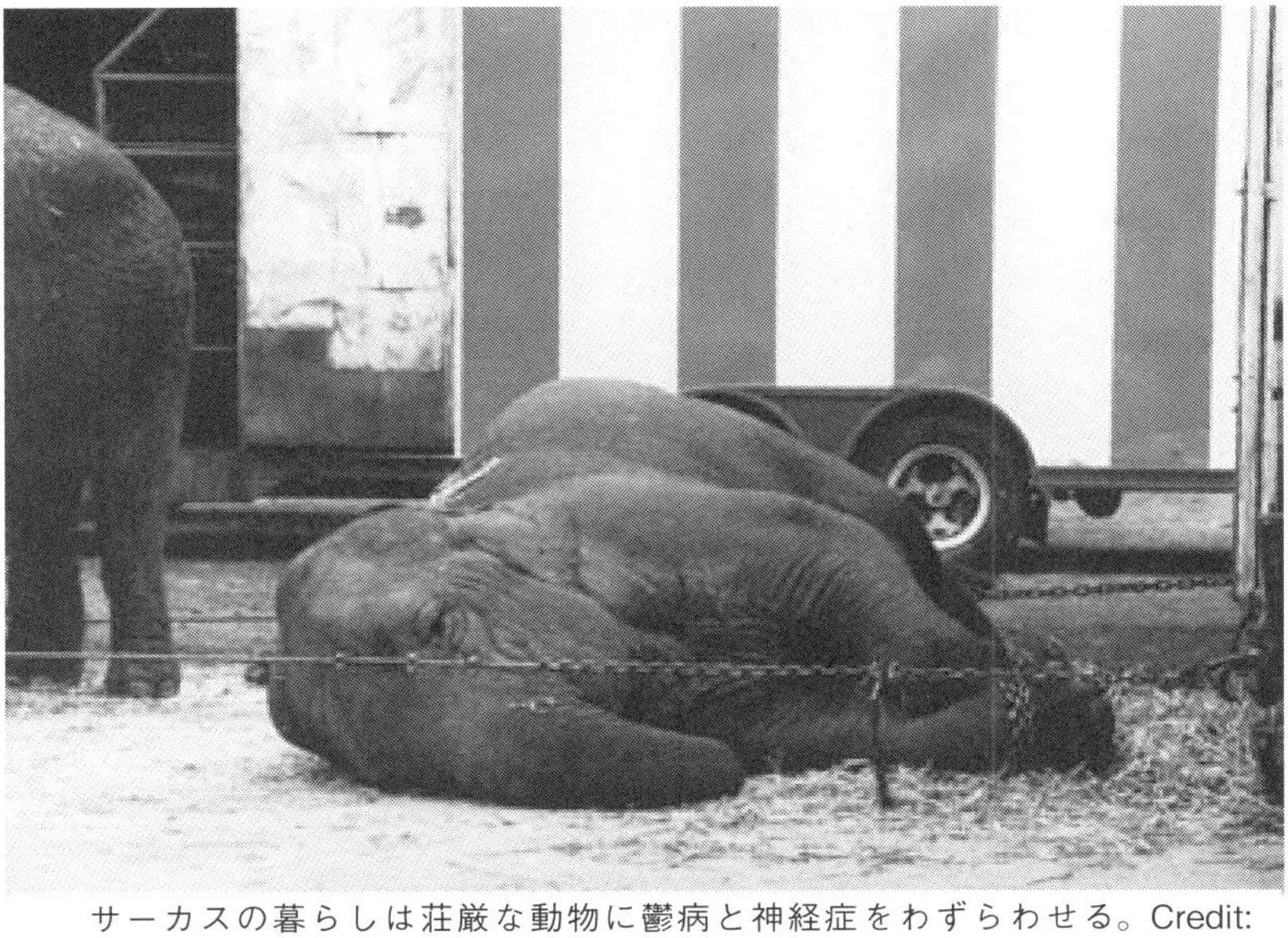

サーカスの暮らしは荘厳な動物に鬱病と神経症をわずらわせる。Credit: Photo courtesy of Animal Emancipation, Inc.

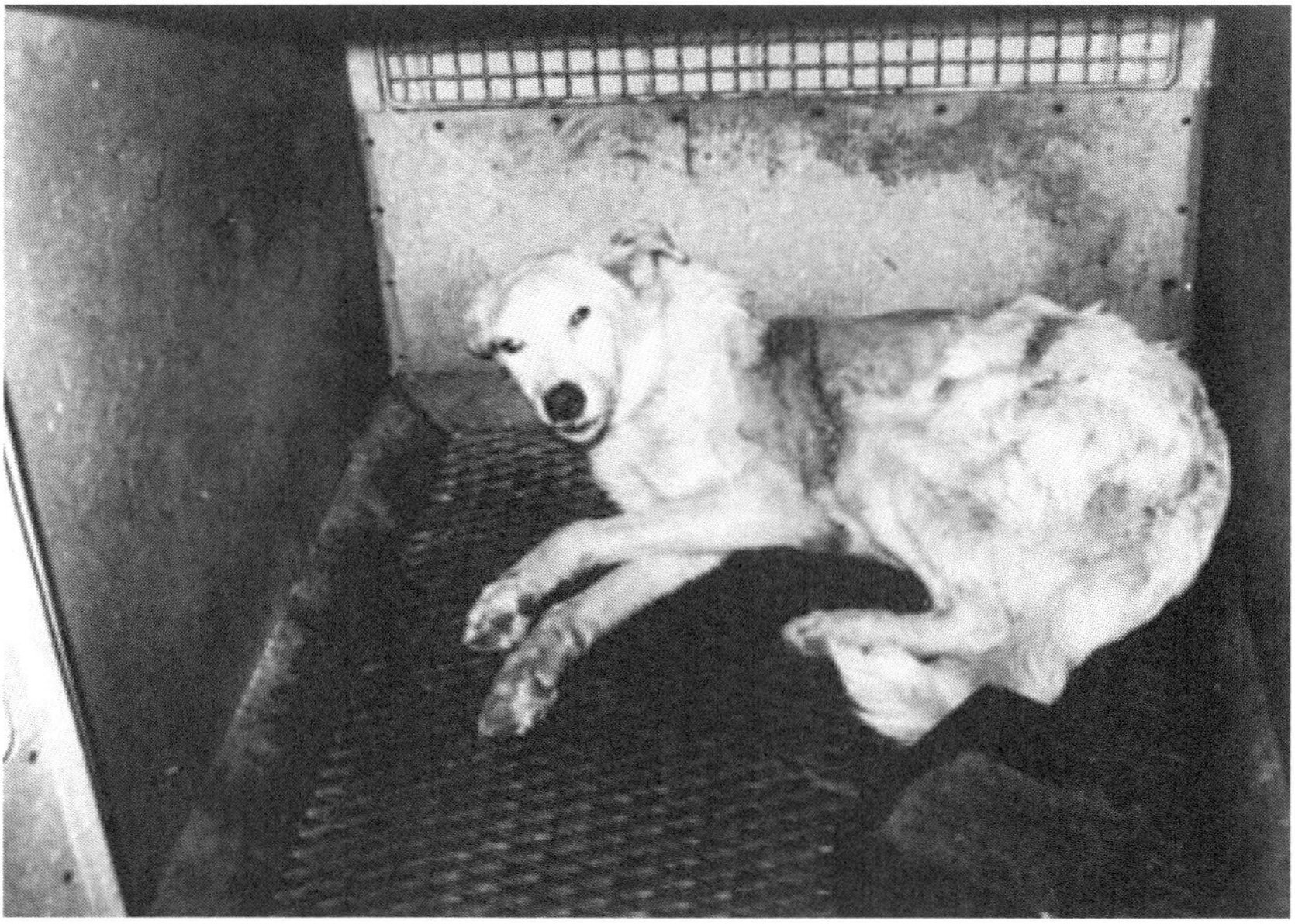

一部の犬は人間の家族に、一部の犬は研究材料に。Credit: Photo courtesy of Friends of Animals.

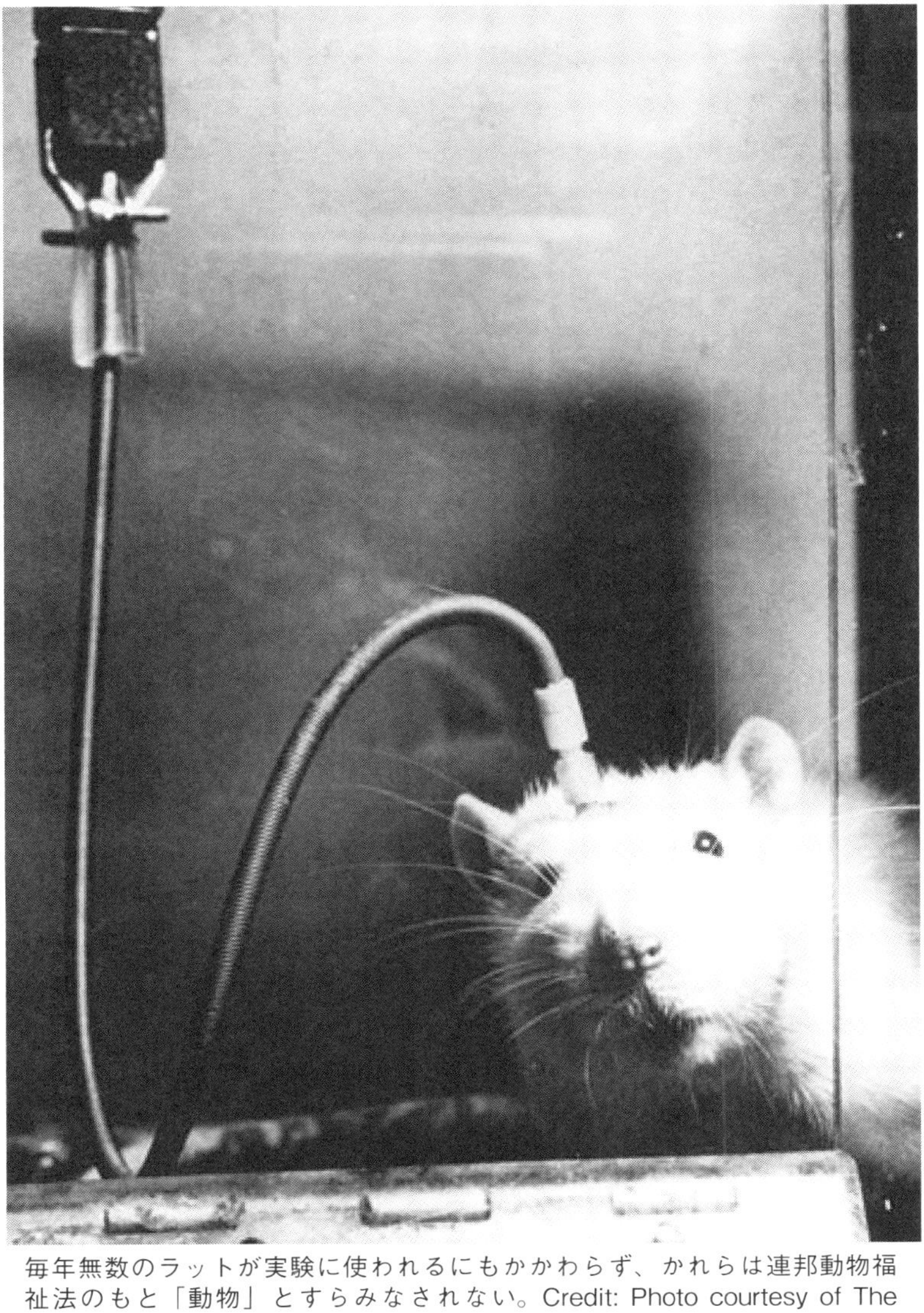

毎年無数のラットが実験に使われるにもかかわらず、かれらは連邦動物福祉法のもと「動物」とすらみなされない。Credit: Photo courtesy of The American Anti-Vivisection Society.

第五章　ロボット、宗教、理性

第一章および第二章では、人道的扱いの原則が動物への不必要な危害を禁じると謳う一方で、人間が動物におよぼす危害の圧倒的大半は必要とは形容できず、単なる快楽・娯楽・利便を求める利用でしかない実態をみてきた。第三章では、人道的扱いの原則が動物の利益に道徳的な重要性を持たせられないのは、動物が財産の地位に置かれているせいであることを確かめた。動物は道徳的価値や道徳的に重要な利益を有する、人間はかれらに対し直接の義務を負っている、という主張が唱えられたところで、動物が財産の地位に置かれているかぎり、かれらはモノとしかみなされない。

第四章では、平等な配慮の原則にしたがえば同様の事柄は同様に扱わねばならないことを確認した。人道的扱いの原則は、人間と他の動物がどれほど違おうと、両者は情感を具え、苦しまない利益を持つ点で同様だと認める。その利益を真に考慮するのであれば、平等な配慮の原則により、別扱いを容認する何らかの理由がないかぎり、モノ扱いされない基本権を動物に拡張しなければならない。この基本権を万人に認める一方で、人間以外の存在に対しては、たとえかれらが人間と同じく情感を具えていても、例外なく同じ権利を認めないというのであれば、恣意的ではなく平等な配慮の原則にも反さない理由を示すことが求められる。

本章では、モノ扱いされない動物の基本権を否定する上で示されてきた四つの理由を取り上げる。第一の理由は時に宗教的な信仰とも結び付くもので、動物は全く利益を有さず、したがって苦しまない利益を守るため動物に基本権を認めるという考えは論理的に意味をなさない、と論じる。第二の理由は、動物は「霊的劣等者」であるから、苦しまない利益を持つとしても、人間がそれを無視することは神によって許されている、と論じる。第三の理由は、必ずではないにしても往々にして第二の理由と結び付き、動物はある種の先天的な特徴、例えば合理的に思考する能力や抽象概念を駆使する能力、あるいは自己意識を欠くので、モノ扱いされない基本権を持たないと考えてよい、と論じる。第四の理由は、動物が内在的価値を持つと認めながらも、それは人間の内在的価値に劣るので、モノ扱いされない基本権をかれらに認めるには値しない、と論じる。

動物の正体はロボットである

第一章でフランスの哲学者ルネ・デカルトを紹介した。デカルトの主張では、動物は神のつくったカラクリ、つまりロボットにすぎない。デカルトによれば、動物は魂を宿さないので意識を持つ条件を欠き、したがって全く精神を具えず、快苦その他の感覚や感情を経験できないという。デカルトは動物が言葉や記号からなる言語を用いないことから、動物に意識はないと推論した。もし彼の説が正しければ、動物が利益を持つと考えるのは、時計が利益を持つと考えるのと同じくらいバカバカしいことになる。動物が情感を具えず何も経験できないとするなら、当然かれらは何の利益も持たないはずなので、人間がかれらに対し道徳的・法的義務を負うと考えるのはおかしい（原注1）。

人道的扱いの原則は、動物が情感を具えないとするデカルトの思想をはっきり否定する。そもそもこの原則は他でもなく、動物が苦しみを覚えるからこそ、人間はかれらに対し不必要な危害を差し控える直接の道徳的義務を負う、と想定する。しかしながら、現在でも地球平面協会があり、錬金術への信仰が再燃しているように、デカルトの時代からおよそ四百年が過ぎてもなお、十七世紀のデカルト流機械論を唱え、動物が利益を持ちうる事実を否定する者たちがいる。

そうした否定説の際立った典型は、哲学者R・G・フライ（訳注1）の著作に見られる。フライいわく、動物は自動車のエンジンにとって油をさされることが「利益」である、という程度の意味では利益を持ちうるにしても、願望は持たず、「欲求の満足や不満足」も経験しえない（原注2）。したがって私が犬を叩いても、犬は叩かないではしいと願望することはできない。動物が願望を抱けないのは、願望が命題の真偽に関する認識を必要とするからだという。例えば私が、あるゴッホの絵画作品を得たいと願望する際には、「私はこの作品を持っている」という命題が偽であることを私が認識していなければならない。そして命題の真偽を認識するには、言語と世界の現実（この場合は私の絵画作品の所持状況）との関係を私が把握している必要がある。しかし動物は言語を欠くので、そうした把握ができず、したがって願望もなく利益も持ちえない。

フライの議論は明らかに、神の概念を取り除いたデカルト思想の焼き直しに他ならない――動物は言葉や記号からなる言語を持たないと思われるので、意識や痛覚のない機械でしかない、という考え方である。しかし実際のところ、痛みを避ける願望を持つために命題の真偽を認識する必要がある、と考える根拠は何もなく、むしろそのような認識がなくとも願望や選好は持ちうる、と考える方がよほど理に適う。私は熟睡中に火を当てられたら、とっさに痛みで目を覚ますだろう。犯人が火を遠ざけることを願望するに違いない。犯人が火を遠ざけることは私にとって明らかに利益となる。それどころか私の意識は、痛みが消えてほしいという願望だけで一杯になるかもしれない。けれどもその時の私が、「私は痛くない」という命題は偽である、「私は痛い」という命題は真である、などと意識的な実感や認識を抱くとは、どうあっても考えにくい。また、多くの人間――非常に幼い子供、非常に歳を取った老人、認知症を抱えた人、重度の精神遅滞を抱えた人、様々な神経疾患を抱えた人など――は、命題の真偽について、それこそ何の認識もできないが、それでも私たちは、この人々が多くの利益を持った道徳共同体の成員であると考える。

デカルトをはじめ、十七世紀の機械論者たちが、動物は機械にすぎないと考えたのは、当時の科学知識が未熟だったせいもあり、また、動物が道徳的に重要な点で人間と共通するなどと言おうものならカトリック教会から不敬と目され破門ないし処刑されるおそれもあったので、仕方なかったともいえる。しかし今日においてもなお、動物は命題の真偽を認識できないのだから（エンジンが油を欲するという以上の意味で）願望や利益を持ちえない、と論じる者がいるのは驚くほかない。

哲学者ピーター・カラザース（訳注2）も、動物が意識を持たない可能性はあると主張する。彼によれば、動物の行動は全て無意識的なものと考えられ、痛みは「意識ある主体に感じられることなく行動を制御しうる」という。総合的にみれば動物が意識を持たないと考えるのは「あまりに危うい」かもしれない、とカラザースは認めるが、そう言いながら彼が一方で、痛みは行動を制御するものの動物は痛みを意識しない、と述べているのは、お世辞にも筋が通っているとは言いがたい（原注3）。カラザースの見解に対しては色々な反駁《はんばく》が考えられるが、常識があれば事足りる。もし彼が正しいとすれば、麻酔によって意識を落とされた動物は、麻酔が切れても意識を取り戻さないことになる。カラザースは、無意識だった動物が無意識を取り戻す、と述べざるを得ない。やさしく言っても到底ありそうにない話である。

フライとカラザースは、十七世紀のデカルトよろしく、動物を精神や痛みの意識のない存在とみなしたがる。が、この偏見は何百年も前に克服されたもので、人間は単純な事実の観察から、情感ある動物たちが

訳注1　ボーリング・グリーン州立大学（オハイオ州）の哲学教授（一九四一～二〇一二）。功利主義の立場を取りながらも、動物に利益はないと唱えることでピーター・シンガーらと対立するが、後にその考えを修正する。トム・ブーシャム（Tom Beauchamp）との共同編著に『オクスフォード動物倫理ハンドブック（*The Oxford Handbook of Animal Ethics*）』（Oxford University Press, 2011）がある。

訳注2　メリーランド大学カレッジパーク校の哲学教授（一九五二～）。ヴィトゲンシュタインの研究を経て、現在は心の哲学、心理学の哲学、認知科学を専攻。人間の意識や言語を中心テーマとする一方、動物の精神性に関する研究も行ない、著書や論文では動物の道徳的権利を否定する。日本語で読めるカラザースの関連論文として、浅野幸治「カーラザースの契約主義的、動物権否定論」（『豊田工業大学ディスカッションペーパー第10号』、二〇一六年、一～一七ページ）がある。

情感ある人間と同様、痛みを意識し、よって痛みの回避を利益とすることを認めたのである。もし動物が痛みを意識すると認められていないのであれば、なぜ人道的扱いの原則が存在するのか。そしてなぜ人道的扱いの原則は鉱物や植物には適用されないのか。

動物は霊的劣等者である

モノ扱いされない動物の基本権を否定する第二の理由は、動物は情感を具え苦しまない利益を持つものの、神は人間がその利益を無視することを許している、と論じる。[原注4] 啓蒙時代以後に生まれた私たちは、西洋文化が世俗的で政教分離を支持するものだと考えがちであるが、西洋文化の根源にはユダヤ‐キリスト教の伝統があり、この伝統は人々の動物観や財産とされた動物たちの法的地位に計り知れない影響をおよぼしてきた。第三章でみたように、財産の概念は起源が古く形態も一様でなく、また動物は昔から財産とみなされてきたものの、今日の私有財産概念、ならびに私有財産としての動物概念を築いた代表的人物は、ジョン・ロックだった。そして財産権一般の起源は、動物を利用・殺害する神賦の絶対的権利にある、とロックが考えたことも既に確認した。英米法に多大な影響を与えたロックの私有財産理論と動物財産論は、聖書の創世記を直接の典拠としており、それによれば神は自分の似姿に人を創り、人に地球と地球を分かち合う全ての動物に対する「統治権」(dominion)を与えた。人が神の似姿に創られたのであれば、「人同士が主従関係を築き、劣等位の被造物に似て、あたかも互いが互いのために創られたかのごとく、滅ぼし合うことが許される」はずはない。[原注5] そこでロックは、人間を財産として扱うこと、ひいては奴隷制に反対した。ロックの解釈では、神が認めた統治権は「劣った被造物」を支配すること(domination)への承認であり、人間はかれらをみずからの「便益と純粋な得」のために利用し、「さらには殺戮してもよい」(原注6)。動物に対する神賦の統治権とは、動物に対する支配行使の許可だった。

ロックほか、同じ神学の伝統にのっとる論者らによれば、動物が一切の道徳的重要性を持たないことは聖書に示されており、人間はかれらに対し道徳的・法的義務を負わない。先にみた通り、ロックは動物に余計な危害を加えることを道徳的な問題とみたが、それは単に、そうした行為が人間に対する冷たいあしらいへと繋がりうるからでしかなかった。ロックの思想は、ベンサムの人道的扱いの原則はおろか、動物に道徳的重要性を認める全ての規範と相容れない。動物は神が人間の資源として創造した劣等者であると言いながら、一方で動物が道徳的重要性を具えると言うことはできない。動物は人間の目的に資する単なる手段として神に創られた霊的劣等者である、ゆえに動物と人間は同様の利益を持ちえない、と信じるのであれば、平等な配慮の原則は決して動物の利益に適用できない。現にこれこそが動物福祉法に付きまとう問題だった。私たちは人道的扱いの原則によって動物に幾分かの道徳的地位を与えようと口にしながら、一方では動物を財産とみるので、同原則が求める利益の比較衡量は全く動物福祉法に反映されないのである。

動物をモノとして支配する人間の行ないは神の承認を得ている、というロックの思想は、動物が財産であるとする、世俗的と思われがちな見方の中核にある上、西洋文化の支配的な動物観にも影を落としている。動物は神から与えられた物資である、との見方は、労働価値論を下敷きとする私有財産論〔第三章を参照〕の中に現われるが、ロックは他方、統治と支配を同一視する長い宗教的伝統を受け継いでいた。キリスト教神学の伝統では、動物は人間と違って不滅の魂を宿さないので、情感があろうと、利益を持つ存在としての道徳的地位があろうと、道徳共同体から締め出してしまってよいとされる。新約聖書は概して動物の利益に何の配慮も示さない。それどころかある逸話では、イエスが一人の男に憑《つ》いた悪霊を払って豚の群れに乗り移らせ、豚たちを海まで走らせ溺死させる。(原注7) 神学者の聖アウグスティヌス（三五四〜四三〇）や聖トマス・アクィナス（一二二五頃〜一二七四）は、動物が苦痛を知ると認めながらも、旧約の神が動物支配を許したことと、イエスが動物に無関心らしいことを安易に結び付け、動物は人間の便益のためだけに存在し、一切の道徳的重要性を持たないと結論した。アウグスティヌスは動物の魂を否定して、「創造主の正しき采配により、動物の生死は人間の必要に従うこととなった」と唱えた。(原注8) アクィナスも同じ調子で、動物に不滅の魂はない、したがって「人間がかれらを殺害その他のあらゆる方法によって利用することは不正ではない」と結論した。アクィナスはロックやカントと同じく、動物虐待を禁じるのは「人の心が他人に酷となるのを防ぐためである。動物に酷な態度が人間に酷な態度を育ててはならない」と論じた。(原注9) カイサリアの聖バシレイオスやアッシジの聖フランチェスコなど、キリスト教思想家にも動物への道徳的配慮を表明した者がいたとはいえ、組織宗教としてのキリスト教の諸派は、大体において動物が道徳的重要性を持つという考えを認めてこなかった。十九世紀の中頃にローマ法王は、動物虐待防止協会の設立をローマで禁じ、動物は魂を宿さないのだから人間はかれらに対し何の道徳的義務も持ちえないと語った。

動物は人間が利用することを念頭に神が創った霊的劣等者で、動物自身に道徳的重要性はない、という見方をめぐっては、以下の議論が考えられる。

第一に、ロックのような立場をとるとすれば、神の存在を事実として受け入れ、神は（人間や他生命に進化する物質を創ったのでなく）人間を完成品として創った、神は人間だけに魂を吹き込んだ、魂を宿すことは道徳的重要性を具える前提条件として欠かせない、神は動物を目的に資する単なる手段として創った、といった説を文字通りの意味で信じなければならない。創造神話をありのままに事実と信じるのでなければ、動物を財産の地位に置くロックの説は何の基盤も持たない。全くもって皮肉なのは、動物の権利論がしばしば「宗教的」立場とみられることである。なるほど東洋宗教の中にはあらゆる生命の聖性を訴えるものもあり、また、どのような宗教にも動物の利益に道徳的な重要性を認める信者が少なくとも一定数はいるとはいえ、宗教教義が陰に陽に育てたのは、動物の命の聖性ではなく、財産としての動物概念だった。

　第二に、聖書の創造神話を仮に信じるとしても、創世記で言及される「統治」の意味をめぐっては大きな論争がある。ロックや大半の人々は、統治を単純に支配の意味と受け取ってきた[原注10]。しかし少なくとも一部の神学者たちは、創世記の「統治」を「世話役の仕事」と解し、動物を単なるモノとして扱うことに反する概念、むしろ動物が道徳的価値を宿すと認め、その利益を道徳的に重視する立場となじむ概念であると唱える[原注11]。創世記は、人間の上に立つ神、神の似姿として万物の上に立つ人間、という霊的階層をはっきり示しはするものの、神の与えた統治権が、好き放題の動物利用や、まして食用目的の動物殺害を人間に認めるものであったかは定かではない。創世記の中で神は人に動物統治権を与えるが、その場面の直後にある二節を読むと、少なくとも創造の当初、神は人や動物に他の動物を食べさせる意図がなかったのではないかと思われてくる。エデンでは誰もが菜食だった。「そして神は［アダムとイブに］言った。『見よ、われはそなたらに、全地を覆う一切の種むすぶ草々、種むすぶ実のなる一切の木々を与えた。これ、そなたらの食物である。また、一切の地なる獣、一切の空なる鳥、一切の地を這うもの、いのち宿すかれらに、われは一切の緑葉を食物として与えた』。かくしてその通りとなった[原注12]」。

　植物を食べよ、というこの教えは、イブが蛇と共謀し、善悪の知識の木の実を食べるなという神の言いつけをアダムに破らせ、二人がエデンを追放された時にも再び強調される。神はアダムの背反を咎めて地を呪い、アダムに、今後は食べものを得るのに苦労せよと命じる。しかしここでも、神は食物に動物を含めない。「地はそなたのために呪われた。そなたは生涯にわたり、労してその産物を食せ。地は山査子《さんざし》と薊《あざみ》をそなたに与え、そなたは耕地の草を食すだろう。地に帰る時まで、額に汗してそなたはパンを食せ」（原注13）。人間による動物殺しは創世記の後に初めて言及される（原注14）。したがって、仮に神が人間を動物に勝る霊的優越者として創ったのだとしても、そこから直ちに、神は動物にモノ扱いされない基本権を持つほどの内在的価値すら与えなかった、と結論することはできない（原注15）。それどころか旧約聖書には、動物の扱いに関する配慮を言い表わした節が散見される。申命記では、脱穀する牛に口輪をはめる行ないが戒められる（原注16）。箴言《しんげん》は「正しい者はおのが動物の命を気づかう」と説く（原注17）。預言者イザヤは動物供犠《きょうぎ》を批判し、救世主の到来とともに「狼は子羊とともにあり、豹《ひょう》は若山羊とともに伏せ」、「幼き人の子はかれらを率い」、「わが聖なる山のいずくにおいても互いを傷つけず殺さない」風景を幻視した（原注18）。

第三に、旧約聖書に頼って動物のモノ扱いを弁護するのであれば、聖書に明確な形で描かれた他の差別を拒む理由を説明しなければならない。旧約聖書は多くの節で人間奴隷制を正当な制度と位置づけており（原注19）、ノアが息子ハムの子であるカナンに「下僕の中の下僕」であれという呪詛を浴びせたことと（原注20）、アブラハムが奴隷を所有していたことは、南北戦争以前のアメリカ南部で、奴隷擁護者が好んで引き合いに出した話である（原注21）。奴隷所有者やその応援者らは、「優れた能力や知識を持つ者、すなわち優れた力を持つ者が、劣った者を統制・処分するのは自然の理《ことわり》であり神の理である。人間が互いを奴隷化することは、他の動物どもが互いを捕食するのと同じく自然の理である」と主張した（原注22）。同様に父権制社会は女性差別の正当化に聖書を使った。アダムを堕落させたイブへの罰として、神は男が女を「従わせる」よう命じる（原注23）。聖書全体、特に旧約聖書の中で、女性は夫の財産とみられ、娼婦、離婚女性、非処女は概して結婚に向かない者（したがって社会の除《の》け者）とされている。新約聖書もまた、イエスが一二人の使徒に男を選んでいることから、多くの宗派が女性に重要な地位を与えず、女性を聖職に就かせない根拠として引き合いに出されてきた。

人間奴隷制は今日ではもはや道徳的と認められず、聖書（特に旧約）に散見される女性差別も、大半の人々からは認められない。動物のモノ扱いが宗教的権威のもとに容認・要求されていると信じ続けたいのであれば、私たちは人間奴隷制に関して聖書の教えを拒む一方で、動物を物資扱いする点では聖書に従う理由を示す必要がある。一般に、聖書をもって任意の道徳的立場を正当化するに足れりとする議論は、ほぼ例外なく恣意的となる。例えば死刑肯定論者はしばしば聖書の権威を引き合いに出し、出エジプト記の節が殺人の罰として「命には命を」と述べていることを指摘する。(原注24) 確かに旧約聖書は多くの箇所で、死刑が殺人に対する妥当な罰だと述べているものの、死刑は親への殴打どころか罵倒、人を攫《さら》って奴隷として売る行為、聖地の侵犯、近親相姦、同性愛、魔術、売春への罰ともされる。しかし今日では死刑肯定論者でさえ、これら全ての行為に対し死刑を執行すべきだとは考えない。ここでもやはり、聖書に頼る者は、その権威を一部の例で認めながら他の例で認めない理由を示す必要がある。

これと同じで、イエスと豚の寓話をもとに動物の道徳的地位を否定する者は、遥かに多くの場面で遥かにはっきり描かれているところの、貧者に対するイエスの配慮、富者は所有物を手放すべきだと唱える彼の説教、暴力全体に対する批判と平和の奨励を、あえて無視する理由を説明しなければならない。まことに、死刑や戦争、資本主義の経済体制とそれが招いた不公平な資源分配を正当化するのにキリスト教が利用されてきたとは、これ以上ないほどの皮肉である。

動物は先天的な劣等者である

人間と動物の利益を別様に扱う第三の大きな理由は、人間（必ずしも万人ではない）が具える一方で動物は例外なく具えないとされる先天的な特徴に目を向ける。この見方によれば、人間と動物（動物は全ての種が一括りにされる）には質的な差異――単なる程度の違いではなく種類の違い――があり、それが動物を人間の目的に資する手段としてのみ扱う正当な理由になるという。(原注25) この主張を支持する者は大抵、デカルトと違って、動物が情感を具えること、したがって大なり小なり苦しめられない利益を持つことを認める。が、動物はある種の非凡な特徴を具えないので、人間はその利益を無視し、あたかも無生物の物体であるように動物を扱ってよい、と論じる。

非凡な特徴はほぼどれも人間と動物の精神性の違いに関わるもので、そこから、人間は動物が具えないある精神的特徴を具える、あるいは、人間は優れた認知機能を具えるので動物にできないある行為をなすことができる、といった議論が生じる。人間と動物の違いとしては以下のような点が挙げられる。

- 動物は論理的思考力を持たない。動物は自分のすることについて考えない。
- 動物は一般概念や一般観念を持たない。
- 動物は痛みなどの感覚を意識できたとしても自己意識を持たない。
- 動物には信念がない。
- 動物は言語を持たないので意思疎通ができない。
- 動物には感情がない。
- 動物は人間のように環境を変え、物をつくることができない。
- 動物は善悪の「為《な》し手」ではなく、道徳的要求を訴えることも聞き届けることもできず、正義の感覚を持つこともない。

・動物には合意や契約を交わす能力がない。したがって、道徳が社会契約に関わるものである以上、動物は道徳共同体の成員にはなれない。

動物は人間の持つある種の精神的特徴を欠くので生まれつき人間に劣る、という考え方は、人間は「神の似姿」なので動物は霊的劣等者である、というユダヤ・キリスト教の世界観ともなじむので、先天的劣等性と霊的劣等性は関連付けられてきた。例えばトマス・アクィナスは、動物が不滅の魂を持たないのは理性を欠くからであると唱えた。動物は神が人間の利用を念頭に創った「劣った被造物」だと考えたロックは、動物が複雑な心理と基本的な思考力を具えながらも、言語を持たず、「個物から得た観念を同類のもの全ての一般表象へと変える抽象化」を行なえない、その点で「獣類は人間から区別され、この固有の差異が両者を完全に分け隔て、ついには越えがたい溝へと広がるのである」と論じた。(原注26)

人間に固有とされるこうした特徴を、西洋の動物観を支配する宗教教義と結び付けない論者らもいる。ギリシャの哲学者アリストテレスは、動物が情感を具えると認める一方、理性や信念を具えるとは認めず、「動物は人間のために存在する」(原注27)と語った。アリストテレスは人間についても、一部の者は理性を欠き、理性ある者に仕える「生まれつきの奴隷」であると考え、また男性は女性に優越すると信じた。アリストテレスの動物観に深く影響された人物には、理性を不滅の魂の有無と結び付けたアクィナスもいるものの、アリストテレス自身は、宗教よりも生物学の観点から動物の理性を否定した。カントは動物が人間の目的に資する手段でしかないと論じ、人間が動物に対して負う直接の義務を否定した。カントは信心深い人物であったが、その動物観は宗教に根差すものでなく、動物は理性も自覚も持たない、そして道徳律の理解・応用もできないので道徳的価値を有さない、という独自の見解によるものだった。人間と動物の差異に関する、より近年の哲学理論、例えば後述するジョン・ロールズのそれは、動物が正義を解さないので社会契約を交わせないと論じるが（そこでは社会契約を交わすことが道徳共同体に加わる資格とされる）、これも宗教教義と明確な形で結び付く主張ではない。

しかし宗教との繋がりがあろうとなかろうと、この精神機能の違いに関する諸説が意味するところは、動物を霊的劣等者とみる思想と同じで、神は人間の目的に資する単なる手段として動物を創った、と論じるのと変わらない――要するに、人間と動物はもとより同様の利益を持たない、という見方である。そして両者が同様の利益を持たないのであれば、平等な配慮の原則が適用される余地はなく、動物の利益は道徳的な重要性を一切持ちえない。動物は霊的劣等者だという主張と同様、生まれつきの劣等者だという主張にしたがった時も、動物の利用や扱いが制約されるのは、酷な扱いが対人関係や慈悲心に悪影響をおよぼしそうな場合のみに限られる。

モノ扱いされない動物の基本権を否定する論拠として、こうした人間と動物の差異と思われる要素を持ち出すのは、二つの理由から不適切と判断される。

ダーウィンは何と言ったか

人間に固有とされる精神的特徴の多くを動物が具えることは、事実として否定しがたい。それどころか、人間が動物には全く見られない精神的特徴を具えるという主張は進化論に反する（狂信的な宗教信者が異を唱えることはあっても、進化論は世界中の教養人のあいだで広く受け入れられている）。チャールズ・ダーウィンは人間だけが持つ特徴などないことを明言する意図から、「人間と偉大な高等動物の精神的差異は、明らかに、種類ではなく程度の違いである」と記した。ダーウィンは犬や猫や畜産用動物が思考力を具え、人間と同じ感情的反応の数々を示すと信じて疑わなかった。「感覚と直感、種々の感情と心的能力、例えば愛情、記憶、注意、興味、模倣、思考、等々は、人間が自慢するものであるが、下等動物にも原始的な形、どころか、時にはよく発達した形で観察される」。雌動物は母性愛を表わし、「つがいになった動物は互いに愛情を抱き」、「多くの動物は……明らかに互いの苦悩や危難に同情を示す」(原注28)。ダーウィンのみるところ、人間と動物の差異はいずれも程度、すなわち量的な次元の違いであって、種類、すなわち質的な次元の違いではない。つまり種の違いだけを根拠に別様の扱いを正当化しうるような、人間固有の特徴などというものはない。

ダーウィンの見解は常識にも科学にもしたがっている。例えば、動物を道徳共同体に含めない理由として、昔から人間と動物の決定的な違いとされてきたのは、動物が自己意識を持たない、という点だった。しかしながらこの議論は明らかに無理がある。ハーバード大学の生物学者ドナルド・グリフィン(訳注3)が著書『動物の心』で述べるように、動物が何かを意識する時は、「身体と行為を知覚意識が統べていなければならない」。にもかかわらず動物の自己意識を人々が否定するのは、動物たちが「『いま走っている、あるいは木を昇っている、あるいは蛾を追っているのは、この自分だ』という考えを抱けない」からだとされる。これに対するグリフィンの指摘は的確である。「仲間が走ったり木を昇ったり蛾を追ったりする様子を意識的に知覚する動物は、誰がそれをしているのか分かっている。そして動物が自分の身体を知覚において意識できるのであれば、自分自身が走ったり昇ったり追ったりするのを同様の形で認識できないとは考えにくい」。グリフィン

訳注3　動物の意識と思考の研究に取り組み、認知行動学を確立したアメリカの代表的な動物行動学者（一九一五～二〇〇三）。大学院生時代に、コウモリの反響定位を世界で初めて確認した。邦訳作品に『動物の心』（河出書房新社、一九九五年）のほか、桑原万寿太郎訳『動物に心があるか』（岩波書店、一九七九年）、能本乙彦訳『コウモリと超音波』（河出書房新社、一九七八年）、木下是雄訳『鳥の渡り』（河出書房新社、一九六九年）、渡辺政隆訳『動物は何を考えているか』（どうぶつ社、一九八九年）がある。

は結論する。「動物が知覚意識を持つと認めるなら、一定の自己意識を認めないのは恣意的で不当な限定と考えざるをえないだろう」（原注29）。グリフィンの見解は反駁の余地もなく、第六章でみるように、この議論からすると、全ての情感ある存在はそれだけで自己意識を持つといえるはずで、なんとなれば情感があるということは、利益に反して苦しみを味わっているのが他でもなく自分自身であると認識することを指すからである。痛みを意識するには自己意識がなくてはならない。

　自己意識に関するグリフィンの主張を支えるものに、神経学者アントニオ・ダマシオの著作『起こっていることの感覚――意識を形成する身体と感情』（邦題は『無意識の脳　自己意識の脳』）がある。ダマシオは脳卒中その他による脳損傷を抱える人間を観察した結果、そうした人々が彼のいう「中核意識」を持つと論じた。中核意識は記憶や言語や思考を介さず、「『いま』という瞬間、『ここ』という場所に関わる自己感覚を生む」（原注30）。例えば一過性全健忘（一時的に短期記憶が全て失われる病気）に襲われた人は過去・未来の感覚を失うが、現在の物事に関わる自己感覚は保ち続ける。多くの動物種もこの中核意識を持つ、とダマシオは述べる。中核意識は「拡張意識」から区別され、後者は思考と記憶を要するものの言語は要さず、自伝的経験といわゆる表象的意識感覚によって自己感覚を充実させる。拡張意識には「多くの次元と段階」があり、過去の記憶、未来の予感、現在の認識が含まれる（原注31）。その最高次元のものは言語と卓越した思考力を持つ人間にみられるとされるが、ダマシオは一方で、チンパンジーやボノボ、狒狒《ひひ》、さらには犬にも、自伝的な自己感覚があると推測する（原注32）。いずれにせよ、人間が日々搾取する動物たちのほとんどが中核意識を持つことは疑えず、そうだとすればかれらは自己を意識する。そして犬が拡張意識や自伝的意識感覚を持つのであれば、他の哺乳類や鳥類にも一定の拡張意識があることは否定しがたい。

　加えて、過去二十年間に認知行動学者（動物の思考過程や意識を研究する科学者）のグリフィンやマーク・ベコフ、キャロリン・リスタウらが発表した数々の文献によれば、動物たちは哺乳類や鳥類はおろか、魚類であっても、相当の知性を具え、優れて複雑な方法により情報を処理することができる。(原注33) 例えば、動物が同種の仲間とも人間とも意思疎通を行なえることは複数の研究によって示されている。それどころか、チンパンジーやオランウータンが人間の言語を学習・使用できることは争えない事実と認められた。ボノボとオランウータンは、記号の書かれたキーボードに対応して合成音声を発し、スクリーンに単語を表示するコンピュータを使って会話する方法を教えられた。かれらは文を構成し、飼育員とも会話できた。ボノボのパンバニーシャは三〇〇〇の語彙を習得し、コンピュータのスクリーンで学んだと思われる単語をチョークで床に記し始めた。彼女は人間の言語を一歳の息子に教え、息子は同年齢の人の子に匹敵する語彙を学んだ。研究プロジェクトの代表者は、パンバニーシャとオランウータンのチャンテクが人の四歳児に並ぶ認知能力・言語能力を備えたと語った。(原注34) チンパンジー、イルカ、象は芸術の才能もあることが証明されている。作家ジェフリー・マッソンは説得力に富む議論の中で、動物たちは豊かな感情的生活を送り、種によっては配偶者と生涯の絆を築き、配偶者と死別した時には悲嘆に暮れる、と語っている。(原注35)

人間と動物の類似性は認知や感情の面だけに限られない。動物たちは明らかに道徳的とみられる行動も示す。動物行動学者のフランス・ドゥ・ヴァールは述べる。「誠意、罪悪感、倫理的選択は脳の特定箇所がつかさどる。したがって動物にも人間と類似する精神性がみられるのは驚くに当たらない。人間の脳は進化の産物である。容量が大きく複雑さが勝《まさ》っていようと、その本質は他の哺乳類が持つ中枢神経系と変わらない」。(原注36) 動物が同じ種に属する無関係な成員、さらには人間を含む他種の者に対し、利他的に振る舞った例も数多く知られている。一九九六年にはシカゴの動物園で、来場客の子供が一八フィート〔約五・五メートル〕の高さから、ゴリラの展示場を囲む濠《ほり》に落ちた。雌のゴリラのビンティは、その子供を他のゴリラから守り、拾い上げて園の飼育員に手渡した。(原注37) 犬が人間を救うため、身の危険を顧みず火事の家や深い川に入った例も多くの記録がある。むしろ動物の方が往々にして人間よりも利他的な行動をとる。マカク猿を使ったある研究では、猿がチェーンを引くと餌が与えられる代わりに、隣り合うケージに収容された無関係な猿が電気ショックで苦しめられる仕掛けが設けられたが、八七パーセントの猿たちはチェーンを引かず、飢える方を選んだ。対して人間は、実験の中で他の人間に苦痛を負わせる傾向が遥かに強かった。(原注38) 正義の感覚も人間に独特なものではない。ドゥ・ヴァールが記すには、食料を他と分け合うチンパンジーは必要な時に仲間から食料をもらえることが多いのに対し、けちなチンパンジーは冷淡にあしらわれたという。(原注39)

ただし、情感以外の点で人間と動物の類似性に注目し、それを動物が道徳的に重要である根拠とすることには四つの問題がある。第一に、膨大な証拠によって、いくらかの動物が人間に近いと分かり、その行動から彼らが人間の持つ特徴の事実上すべてを具えることが裏付けられたとしても、人々は単純にその証拠を無視する傾向がある。例えば類人猿と人間が類似していることは否定のしようがない。チンパンジーと人のDNAは九八・五パーセントが共通する。チンパンジーは明らかに人間と酷似した文化生活を送り、精神的特徴を具える。数字の足し引きもできれば人間の言語も学習・使用でき、鏡に映った自分を認識することもできる。複雑な社会関係を築き、遺伝で伝わる本能的行動とは別の、社会学習で伝わる文化というべき行動も示す。研究者らは三九の行動パターンが、一部のチンパンジー集団では世代を超えて伝えられ、他の集団には見られないことを発見した。(原注40) その行動には道具の使用、求愛、身づくろいが含まれる。にもかかわらず人間はなおチンパンジーを動物園に収監し、痛ましい生物医学の実験にかける。チンパンジーでさえ、人間を特別ならしめる特徴の全てを具えると認められず、道徳共同体の成員とみなされないのであれば、犬や猫、鶏、豚、牛、ラットが、認知機能において人間と似通い、道徳共同体の成員にふさわしいと認められるはずがない。

第二に、動物が道徳に関わる点で「私たちに近い」とみなされるために、一体どれだけの特徴を具えなくてはならないのかがまるで判然としない。例えば、「普通の人間であれば五歳を迎えるまで理解できない複雑な知的概念を、チンパンジーやイルカだけでなく、オウムも理解できることを示唆する証拠は増えている」(原注41)。では、古くから人間と動物を分かつ質的差異とされてきた一般概念や一般観念を持つと認められるために、オウムはどれだけの知性を具えなければならないのか。八歳並みの概念駆使能力か。二十一歳並みか。動物と大半の人間の差異は質的なものでなく量的なものらしいと認められるまでに、パンバニーシャとチャンテクはどれだけの語彙を覚え、どれだけ複雑な会話をこなさなければならないのか。ビンティは利他精神を持つと認められるまでに、どれだけ同種の仲間を遠ざけ、人間の子供を守り救わなければならないのか。結局のところ、人々が何世紀にもわたり動物には無いと考えてきたある特徴を動物が具えていたとしても、私たちはそれで充分とは考えない――動物たちがその特徴を、量的にいってどれだけ具えていればよいのかは不明なままなので、私たちは動物がある特徴を具えていたと判明するたびに、求められる基準を吊り上げることができる。オウムやチンパンジーが一桁の数字を理解し駆使できると分かったら、私たちは、一桁以上の数字を駆使できることが「私たちに近い」と認められる条件だと定める。非凡な特徴をめぐるこのゲームで、動物は絶対に勝つことができない。しかし皮肉なのは、言うまでもなく、一部の動物が一部の人間以上に非凡な特徴を具えていることである。一部の動物は、幼児や重度の精神遅滞を抱える成人といった一部の人間よりも、知性や理性的思考力が優れている。五歳児並みの概念駆使能力を持つオウムは、当然ながらこの能力では四歳児を上回り、おそらくは脳損傷を抱える一部の成人にも勝る。一部の動物は一部の人間よりも幅広い利他行動をとる。むしろ犬が火事の家に駆け込んで人間を救う例の方が、逆の例よりも多いと考えられる。にもかかわらず私たちはなお、何らかの質的差異が人間と動物を分かつと信じ、動物を資源扱いする。

動物の行動から、かれらが疑いようもなく「健常」で「平均的」な人間と共通する認知機能や感情機能を具えると証明されても、それだけでは足りない。私たちは、人間と全く同じ特徴が見つからないかぎり、動物が当の非凡な特徴を持つとは認めたがらない。しかし、人間と全く同じ振る舞いを見せないとしても、動物は人間と質的に異なり「私たちに近くない」存在である、という結論には至らないはずである。そう結論するのは、全く同じ特徴を具えなければ道徳に関わる共通性を認められない、と初めから決めてかかっているせいでしかない。進化論を受け入れるなら、むしろ、種や個による違いはあっても生物は共通性を持つという前提に立つのが自然であり、人間に固有と思われるある非凡な精神的特徴はどんな動物にも見られない、といった形で質的差異を前提する方がおかしい。

第三に、人間と同じく痛みや喜びを経験する、という範囲を超えて、動物が「私たちに近い」かどうかを議論する試みは、そもそもが循環論法に陥りやすく、突き詰めれば論点先取（訳注4）とならざるをえない。私たちは人間と動物を分かつ特徴を恣意的に選び出し、動物はそれを持たないのだから資源扱いしてもよいと主張する。例えば人間言語の使用能力は古来、人間と動物を分かち、前者を「優れた」者とする固有の特徴と目されてきた。では誰がそう決めたのか。まずそもそも、既に確認したように人間以外の動物も人間言語を学べることは動かしがたい証拠によって示されている。のみならず、膨大な経験的証拠から、動物たちが大抵は非常に優れた方法で同種の仲間と意思疎通できることも分かっている。しかし、より趣旨にのっとった問いは、人間の言葉や記号で意思疎通を図れる種の、一体何が本質的に優れているのか、である。鳥は空を飛べるが人間は飛べない。言葉や記号を操る能力が空を飛ぶ能力よりも優れているとする根拠は何か。答はもちろん、私たちがそう決めたからである。

第四に、動物たち（の一部）が人間に固有と考えられてきた特徴を具えるかどうか調べる試みは、科学的観点からみれば面白いかもしれない。が、それは、情感を持ちながらもある特徴を具えない動物を人間がどう扱うかという道徳問題とは何の関係もない。認知行動学者たちの業績が大変貴重であることは否定しないが、それは人間との類似性をもとに新たな序列をつくり、大型類人猿など一部の動物を「ひいき」の集団に収め、残りの動物を引き続き財産や資源として扱う態度へと繋がるおそれがある(原注42)。おかしいのは、人間でさえあれば、情感以外にある種の特徴を具えていなくとも、資源扱いされない基本権を認められるという点である。次はこの問題を論じたい。

少なくとも一部の人間は非凡な特徴を持たない

仮に人間を除く全ての動物が、事実、ある特徴を欠いていたとしても、それが動物の資源扱いに関し、どのような道徳的意味を持つというのか。動物がある特徴を欠くことと、人間がかれらを資源扱いすることには、論理的に説明のつく関係が何一つない、というのが答である。哲学者で古典学者のリチャード・ソラブジによれば、ギリシャ人らは理性と統語能力（文や句を構成できる言語能力）を持つのが人間だけかを論じる中で、「動物が人間からかけ離れていることを示そうとするあまり、破綻した議論を展開した」。同じ論争は現在も続いているものの、ソラブジが的確に指摘するように、動物の言語能力は「無論、科学的には非常に興味深い探求課題であっても、道徳には何ら関係しない」(原注43)。一九七四年に哲学者のトマス・ネーゲルは『コウモリであるとはどのようなことか』と題したエッセイを書き著わし、反響定位で世界を知覚するコウモリの意識を、人間は決して理解できないと語った（これはイルカにもいえる）(原注44)。道徳の観点からすると、ネーゲ

訳注4　証明すべき事柄を証明済みの前提として用いる欠陥論理。循環論法の一種。

ルのエッセイが投げかけた問いに対する簡単な答は、「コウモリであるとはどのようなことかなど、どうでもよい」である。コウモリが情感を具えるのであれば、資源扱いの是非をめぐる道徳判断において他の特徴の有無は関係ない。

人間と他の動物の違いは、別の方面、例えば動物に車の運転資格や大学への入学資格、投票する権利を与えるかを考える上では関係があるとしても、動物に財産、すなわち無生物の物体と道徳的に区別されないモノの地位をあてがうべきかを考える上では意味を持たない。このことは、人間が関わる場面では必ず認めざるをえなくなる。どういった特徴を人間だけのものと考えようと、それは万人が具える特徴ではない。一部の人々は、動物にないとされる特徴を同じように欠き、車の運転資格や大学への入学資格を得られないことはあるが、しかし、そうした人々を奴隷にしたり、本人の同意なしに生物医学研究に使ったりなど、他の人々の目的に資する手段としてのみ扱うとしたら、大抵の者が恐怖を覚えるだろう(原注45)。

動物が言語や抽象思考を駆使できなかったところで、同じことは重度の神経疾患を抱える人間にも当てはまる――にもかかわらず、そうした人々が生物医学実験の材料や臓器提供者になれと強いられることはない。そして、それはあってはならない。意思疎通する能力は、トークショーの司会や大学教師になれるかという点には関係するかもしれないが、ある人物を殺してよいか、他者のための臓器提供者にしてよいか、当の能力を欠かない者の労働力とするために奴隷としてよいか、という点には無関係である。

感情を考えてみよう。人間以外の動物が感情を持つことは、やはり膨大な証拠によって裏付けられている。だがそれが何だというのか。重度の自閉症や感情障害を患う人々などは、他の人間と同じような感情を抱き示すことができないかもしれない。その違いはある方面では意味を持つだろう――重度の感情障害を患う人に教師や心理学者の資格を与えることは適切でないとされる可能性もある。しかしそうした人を奴隷にしたり、感情障害を持たない者の便益のために「犠牲」にしたりすることは考えられない。

また、人間にしかないとされる自己意識についても考えてみよう。知覚意識を持つ存在はおそらく自己意識を持つ、というグリフィンの説をしりぞけ、自己意識を持つには知覚意識以上のものが必要だと信じるなら、一部の人間も自己意識を欠くと考えなければならない。ピーター・カラザースは、動物が全く意識を持たない可能性もあると唱えながら、他方では、仮に意識を持つとしても動物が自己を意識するとはいえず、「意識的経験」を生きるには「その存在と内容を意識的に思考できること（つまり、それらを思考の中で捉え、その思考をさらに思考できること）」が求められると述べる。(原注46) しかしやはり、多くの人々は意識的経験を「思考の中で捉え、その思考をさらに思考できること」はなくとも、奴隷にされたり、一般に他の人間の目的に資する手段としてのみ扱われたりはしない。神経学者としての経験をもとにしたダマシオの著作が語るには、脳卒中の患者は現在に生きる者としての自己を知る点で中核意識を持つものの、拡張意識は失っているため、カラザースの説くような自伝的な形で自己を捉えることはできない。しかしそうした患者が自己意識を持つことは明白で、その意識はただカラザースの恣意的な記述に合わないにすぎない。もっとも、カラザースの言うような自己意識も、ある方面では意味をなすだろう。例えば、情感はありながらも重度の精神遅滞を抱える人や脳卒中の患者に運転免許証を与えることはためらわれるかもしれない。しかし、だからといってかれらを痛ましい生物医学実験に使おうという話にはならない。カラザースや精神遅滞者や脳卒中患者の利益を道徳的に尊重したいのであれば、かれらを単なる資源として利用することは許されない。

動物は人間のように環境を変え、物をつくることができない、という議論を唱えた思想家は多く、その一人にカール・マルクス（一八一八〜一八八三）がいる。マルクスは人間と動物を分かつ決定的な特徴(原注47)——忌むべき質的差異——は、人間が彼のいう「類的存在」であり、動物はそうでないことにあると考えた。類的存在という言葉でマルクスが言わんとしたのは、人間が鳥の巣づくりやビーバーのダムづくりのような単なる当面の必要に駆られた行ないを超え、種全体の便益を考えて意識的に環境を改変する、ということだった。つまり蜂が巣をつくるのは当面の必要を満たす行ないなのに対し、人間が工場や都市を設け、商品や芸術を生み、それによって環境を変えるのは、当面の必要を満たす以上の行ないである。

マルクスの主張に対しては二つの指摘が考えられる。第一に、当面の必要を満たすための資源活用は、当面は差し支えなくむしろどうでもよい必要を満たすための資源浪費と違い、悪というよりむしろ善であると考えられる。しかしさらに重要なのは、マルクスが類的存在にふさわしいと考えるような仕方で環境を変え物をつくることができない人間もいるという点である。脳卒中その他の脳損傷を抱える人々は、現在の活動以外のことを考えられない場合が少なくない。まさかマルクスは、そうした人々を財産や資源となし、労働を思惟《しい》の対象とすることができる者の手に委ねようとは論じなかっただろう。

最後に、動物は正義の感覚を持たず、人間だけが道徳上の義務や権利の要求を重んじられるのだから、人間は動物に対し道徳的な義務を負わず、かれらを道徳共同体から締め出してよい、という根強い議論がある。これは一種の「相互性」の理論と解釈でき、動物は人間に対し道徳的な行動をとらないので、人間も動物に対し直接の道徳的義務を負わない、と考える。相互性の理論は二つに分かれ、どちらも古代に起源を持つ。(原注48)一つはギリシャ・ローマの大きな哲学流派、ストア派の主張で、理性的存在(人間)は他の理性的存在にのみ正義を拡張しうる、なぜなら理性的存在のみが正義の要求を理解し、同じ理性的存在のつくった共同体に加われるからだと説く。カントはこの見方を引き継ぎ、人間は理性的存在以外に対し道徳的義務を持ちえないと唱えた。より近年では、二十世紀後期の最も影響力ある倫理・道徳哲学の書に数えられる『正義論』を著わした哲学者ジョン・ロールズが、道徳共同体に含めなければならないのは、「少なくとも最低限の正義感覚、すなわち正義の原則を用い行動規範にしようとする、概して強い願望を持ちうる（また獲得すると考えられる）」者だけであると論じた。(原注49) 似た調子で哲学者のカール・コーエンも、動物は「道徳的要求を訴える能力も聞く能力も」持たないので道徳共同体から除外されると述べている。(原注50)

相互性理論のもう一つは、道徳的な権利・義務が社会契約から生まれると説く。つまり、道徳原理の源泉は、自分たちの行動を統《す》べる掟に同意できる者たちが結んだとされる、空想上の、仮定的な契約にある、という説である。動物たちは道徳的要求を訴えることも聞くこともできないのだから、もとより社会契約の形成に関与できるはずがなく、したがって人間はかれらを傷つけない道徳的義務を負わない。この、空想上の契約づくりに関与できる者だけが道徳共同体に入れるという思想も、やはりギリシャ哲学に起源を求められる。エピクロス派の主張では、正義がおよぶのは契約を結んで他者への危害を防ぎうる者たちだけであり、この契約能力は人間にしかない。イギリスの哲学者トマス・ホッブス（一五八八～一六七九）はエピクロス派の理論にのっとり、社会的な契約や盟約がないところに不正義は存在しえないとした上で、動物は言語を持たないのだから人間と契約を結べない、したがって動物に対する不正義などというものはありえない、と語った。(原注51) ロールズもまた正義の契約説を支持し、社会契約は自分が社会の成員になると知った理性的人間が、社会で自分の占める地位を知るよりも先に同意するであろう内容にもとづく、と述べ、動物はそうした契約に参与できないのだから「かれらを含むよう自然な形で契約理論を拡張するのは不可能に思える」と論じた。(原注52)

しかしやはり、道徳的要求を訴えたり聞いたりできない人間は多く、また、道徳的な権利と義務は社会契約によって生じると考えるのが妥当だと想定してみても――そのような世界共通の契約というもの自体があからさまなフィクションなので、まことに大胆な想定であるが――、そうした契約の取り決めに関与する能力がない人間は沢山いる。道徳的要求を訴えたり聞いたりする能力は、特定の方面、例えばある人が法的拘束力のある契約を結ぶのが妥当か、ある人の利益を守るために保護者を任命するのが適切か、などを考える際には有用な判断材料となるだろう。が、ある人をモノ扱いする是非には全く関係しない。資源、他人の財産、道徳的に重要な利益を持たない存在として扱われることを免れる上で、契約を結べる人間と、道徳的・法的義務の意味を解さない心神喪失者とのあいだには何の違いもない(原注53)。

ピーター・カラザースも道徳的な権利・義務に関する契約説を擁護する一人で、動物は社会契約の形成に関与する理性的主体性を欠くと述べ、ロールズと同じく、ゆえにかれらは道徳的地位を持たない、と結論する。ただしカラザースは、人間が社会契約の形成に関与する理性的主体性を欠く場合はどうするのかをめぐり、詳細な議論を行なっている。カラザースは二つの理由から、そうした人々の道徳的地位を認め、なおかつ動物の道徳的地位は認めないことが可能であると説く。第一の理由は「滑り坂」論法である。「一部の人間が理性的主体でないとの理由で道徳的権利を奪われたら、私たちは滑り坂を転がり落ち〔ドミノ効果が生じ〕、やがて理性的主体である人間までもがあらゆる蛮行にさらされかねない(原注54)」。カラザースがここで、全ての人間(心神喪失者、精神遅滞者など)は道徳的権利を持つに値すると述べるのでなく、人々のあいだに区別を設ければ「健常」な人間の権利が否定されかねない、と考えている点は注目されてよい。カラザースによれば、この議論が成り立つのは、さほど聡明でない成人と重度の精神遅滞者、あるいは健常な高齢者と重度の認知症患者とのあいだには「明瞭な境界」がないのに対し、人間と動物のあいだには「明瞭な境界」があるからだという(原注55)。

しかしカラザースの滑り坂論法には少なくとも二つの難点がある。第一に、健常な高齢者と重度の認知症患者との境界は、重度の精神遅滞を抱えた成人と健常なチンパンジーとの境界ほど明瞭ではない、という見方であるが、これは観察事実に照らすと疑わしい。第二に、精神遅滞者や認知症患者を守るのは、間違った使われ方をするおそれがない人間の区別は不可能であるからだとカラザースは述べる。しかし、理性的な人間と明らかに理性的でない人間を区別できたとしたらどうなるのか――もしＩＱが二〇未満の人間を非理性的と定め、その基準を公平に用いるとすればどうなのだろう。それならば先の人々の道徳的地位を否定することは許される、とカラザースは答えざるをえない。

非理性的な人々も含めた万人に道徳的地位を認めるカラザースの第二の理由は、一部の人間の道徳的地位を否定すれば社会の安定が崩れるという議論で、そうした措置を「受け入れて生きることは多くの者にとって心理的に不可能だと感じられる」からだという。(原注56) この主張にも二つの反論が考えられる。第一に、その考え方でいくと、もし一部の人間を道徳共同体から排除しても社会の安定が脅かされないのであれば、かれらを資源として扱い、道徳的地位を完全否定したところで何の問題にもならない。例えばナチスは精神遅滞者を望ましくない存在とみなし道徳共同体から排除したが、そのせいでドイツ社会の安定が大きく崩れることはなかった。第二に、もし動物の道徳的地位を否定することで社会の安定が脅かされるとしたら、カラザースの理論は動物にも適用されなくてはならない。というわけで、彼の議論はただ道徳的地位の現状を肯定したにすぎない。契約論者らは社会契約を理解・承諾できない人々を道徳共同体に含めつつ、人間以外のあらゆる動物を、契約に参加できないとの理由で道徳共同体から締め出そうとするが、その難問をカラザースはついに満足な形で解決できなかった。

ある論者らは、種の「健常」な成員が非凡な特徴を具えるのであれば、その種に属する全ての成員が、実際の特徴の有無に関係なく、それを具える者として扱われるに充分な理由となる、と考える。カール・コーエンが論じるには、「何らかの障害によって、人間が本来持つはずの道徳機能を完全には発揮できない者も、それを理由に道徳共同体から排除されないことは言うまでもない。鍵となるのは種である」(原注57)。しかしこの議論も論点先取を犯している。そもそもの問題は、一部の動物が具えると考えられる一方で、明らかに万人が具えてはいない特徴をもとに、どうしたら人間を他の動物から区別できるのか、という点にあった。それを事実に反し、動物が具えず万人が具えるように偽ったところで問題の解決にはならない。

まとめると、人間だけが持つ非凡な特徴はない。どのような特徴を挙げようと、一部の動物はそれを具え、一部の人間はそれを欠く。無論、微積分を解いたり交響曲を書いたりといった人間特有の能力を挙げることは可能であるが、そうした能力はごくわずかな人間しか持たない。微積分を解けなかったり交響曲を書けなかったりすることを理由に、そのわずかな人間以外を道徳共同体から排除すべきだろうか。人間以外の動物を人間とは別様に扱う理由として、どのような特徴の欠如を挙げたところで、同じ特徴を欠く人間が一定数はいる。そして人間はモノ扱いされないために何ら非凡な特徴を具えている必要はない。とすると、その特徴は苦しみからの保護や資源扱いされない権利とは関係ないということになる。

人間の基本権に対し留保が検討されるとしたら、回復不能な昏睡に陥って認知機能を完全に失ったことが明白な人物や、情感を具えないことが明白な初期胎児などを前にした時に限られる。しかもその時でさえ、回復不能な昏睡に陥った者が本当に情感を失うのか、胎児が痛みを感じないのか、といった点がはっきりしないため、多くの人々が、宗教的な反対とは別に、安楽殺や中絶を疑問視する。しかし情感を具える人間が相手なら、私たちは普通、特定の利用や扱いを一も二もなく否定する。そうした利用や扱いを禁じるのは慈善の問題ではなく、全ての人間に保護を拡張するという権利の問題である。資源扱いされない基本権を子供に認めるのは、子供が理性や自己意識を育て契約を結べるようになるという将来を見越してのことではない。子供が道徳共同体に含まれるのは、他の能力を発達させる可能性に関係なく、かれらがすでに情感を具え、苦しまないことを利益とするからである。成長にしたがって子供は他の利益も持つであろうが、かれらを資源扱いしてはならないという人々の義務は、資源扱いによる苦しみの一切から免れることが、既に子供たちの利益である事実から生じる。

　動物を別扱いする理由は一つしか残されていない——私たちは人間であり、かれらはそうではない、そして種の違いさえあれば別様の扱いが許される、という論理である。しかしこれは全く恣意的な基準であって、白人だけの非凡な特徴はなく、黒人が抱え白人が抱えない欠陥はなくとも、人種の違いさえあれば黒人を白人に劣る者として扱ってよい、と述べるのと変わらない。男性だけが持つ非凡な特徴はなく、女性だけが抱える欠陥はなくとも、性別の違いさえあれば女性を男性に劣る者として扱ってよい、というのと同じことである。

　第四章でみたように、人種差別や性差別があるまじきこととされるのは、平等な配慮の原則に背いて人間への配慮に差を設けるからにほかならない。どちらの差別も、歴史的には宗教にもとづく正当化、もしくは白人と黒人や男性と女性を分かつ想像上の質的差異に支えられた。人種を基準とするアメリカの奴隷制は、神が有色人種を精神機能の劣る「劣等者」として創造したとの説や、頭部の形などの身体的差異が有色人種と白人を分かつとの説によって擁護された。奴隷制支持者の医学的・科学的知見によれば、「黒肌《ニグロ》、すなわちカナン語族は白人よりも酸素の消費量が少なく、肺血管のガス交換が満足に行なわれない結果、心身の遅鈍を来すことを免れないので、権威ある者が上に立ち、かれらの扶養と世話に当たるのは慈悲であり恩恵である」とされた(原注58)。

　同じように、父権制社会は女性差別を正当化するに当たり、女性を「生まれつきの劣等者」とする男女の生理的差異を引き合いに出した。十九世紀（および二十世紀の長い期間）を通し、女性は「科学的」根拠をもとに教育機会を否定されてきた。医学博士エドワード・H・クラークの唱えた定説では、女性は脳と子宮に同時にエネルギーを運ぶことができないので、もし男性と同じ高等教育を受けられるようになれば、子宮が委縮して病気になるだろうと言われた(原注59)。あやしげな生物学的差異は市民生活のあらゆる場面から女性を排除する理由にもなった。「ブラッドウェル対イリノイ州」事件では、女性が弁護士になれないという結論を最高裁判所が支持した。「女性に具わる生まれつきの相応な臆病さと繊細さが、市民生活の多くの職業に適さないことは言うまでもない。……女性にとって最高の定めと務めは、気高く恵み深い妻と母という職を全うすることにある。これは創造主の法といってよい(原注60)」。

人種をもとにした奴隷制と、男性の女性支配、どちらを考えても、平等な配慮の原則にしたがうなら、人種や性別そのものには何ら道徳的に重要な要素がなく、それらをもとに奴隷制ないし夫や父による女性の財産化を擁護することはできない、と認めなくてはならなくなる。社会にはいまだ肌の色や性別による障壁が残っているとはいえ、少なくとも大半の人々は、人種や性が政治生活や市民生活への参加を拒む理由になってはならない、と考える。これに似て、種差別――すなわち、動物を道徳共同体から締め出し人間の資源として扱う仕打ち――を擁護することに繋がる道徳的に重要な要素は、種にはない。これは動物が黒人や女性と「同じ」であるという意味ではない。それどころか、これまで強調してきたように、資源扱いされない基本権を動物に認めるというのは、人間が享受するのと同じ権利を動物にも与えなくてはならない、ということを意味しない。黒人や女性を平等に配慮すれば投票権を認めなくてはならないが、この権利は動物にとって無意味である（重度の精神遅滞者や心神喪失者など一部の人間にとってもそうであるように）。動物を平等に配慮するならば財産扱いは許されず、第七章で掘り下げるように、人間は動物を資源として扱うことをやめなければならない。種差別の拒絶とは、道徳共同体の成員を決める上で種は人種や性別と同じく無関係である、と言明することに等しい。道徳共同体の成員と認められることは、動物にとって人間とは違う意味を持つだろうが、その成員になれば、他者の資源としてのみ扱われる事態からは誰もが等しく守られる。

内在的価値の違い？

動物の内在的価値を幾分かは認める必要があると納得しつつ、しかし動物の内在的価値は程度が低いので人間の資源として扱ってもよい、と主張する立場もある。(原注61) これは、女性の内在的価値が男性より低い、有色人種の内在的価値が白人より低い、という主張と変わらない。これらの立場は、平等な配慮の原則を動物（もしくは女性や有色人種）に適用することは不可能であると、論証するのではなしにただ自明視する。なるほど人間はみな違い、評価もまちまちであるが、単なる資源として評価されないことは万人にとっての利益と認められ、その利益を守る権利は他者の得になるというだけで侵されはしない。第四章で確認したように、この平等な内在的価値という概念は論理と事実の双方に支えられている。

まず論理を考えると、平等な内在的価値は道徳的重要性を認められるための必要条件である。平等な内在的価値という概念がなければ、一部の人間は道徳共同体から完全に締め出され、苦しまない利益を無視されかねない。内在的価値は基本権の概念と同様、比較衡量における歯止めとなり、便益があれば嫌われ者の人間を奴隷にしてもよいか、本人の同意なく生物医学実験の材料にしてもよいか、といった検討がなされる事態を防ぐ。内在的価値は道徳共同体の成員にとっての最低条件を定める。ある人物は道徳的重要性を具えるがその内在的価値は他の人々より低い、という考えは自家撞着である。内在的価値が低い者は必然的にモノ扱いされる危険を負う。それと同じで、動物の内在的価値が人間よりも低いとしたら、人間の利益になる時は動物の利益が無視され、動物たちは道徳共同体から完全に締め出され、モノ扱いされる危険を負う──

まさに現在そうなっているように。かれらの利益は奴隷の利益と同様、道徳的に重要とはなりえず、それはその利益が常に人間の利益とは異質な軽いものとみなされ、平等な配慮の原則が適用できなくなるからである。

次に、平等な内在的価値を支える事実を考えると、全ての情感ある人間はたとえ誰からも評価されずとも自分自身の価値を認める。これは必ずしも全ての情感ある人間が自分の価値についてじっくり考えをめぐらせるという意味ではなく、かれらが自分の身に起こる事態に無頓着ではいないで、苦しまないこと、存在し続けることを利益とする、という意味である。情感ある人間がその利益を大事にするのは、わが身におよぶ苦しみを経験するからであって、当の苦しみを他者が認めるかどうかは関係ない。この次元では、重度の精神遅滞を抱える人も人間の胎児も、自身が苦しまない利益を重んじるといえる（たとえ他には誰一人それを重んじなかったとしても）。そして同じことが動物にも当てはまる。人間と動物を繋ぐこの共通性こそが、そもそも動物の苦しみを道徳問題とみるきっかけだった。持ち合わせた特徴に関係なく全ての人間に平等な内在的価値を認めつつ、動物には同じ価値を認めないとしたら、平等な配慮の原則を用いない私たちの怠慢は、恣意的で不当ということになる。

本章では、資源扱いされない基本権を動物に認めない態度が、道徳的に健全な理由——平等な配慮の原則に背かない理由——によって擁護されるものでないことを確かめた。この基本権を動物に認めれば、人間と動物の関係には劇的な影響がおよび、私たちは動物に強いている奴隷制をただ規制するのではなしに、動物財産制度の廃絶へ向かわなくてはならなくなる。ただし先述したように、この帰結へと至る端緒はジェレミー・ベンサムの思想と人道的扱いの原則にあり、それらは人間が動物に対し、不必要な苦しみを課さない直接の義務を負うことを明らかにした。

疑問は残る――なぜ人々は、動物が単なるモノではないという思想の意味するところを悟らなかったのか。なぜ私たちはいまだに、動物搾取を廃絶するのでなく規制するだけで、動物の利益を道徳的に重んじるには充分だと信じているのか。一体どうしたら、動物を食べながら動物の利益を真に考慮するなどと言えるのか。動物をめぐる道徳的滅裂に戸惑い果てる前に、ここで、ベンサム自身も、人間は動物の利益を道徳的に尊重しながら動物を食べ続けてよい、と信じていたことを考えてみる必要がある。次章では歴史的問題として、なぜベンサムの思想と人道的扱いの原則が、動物にあてがわれたモノの地位を廃せず、動物に平等な配慮の原則を適用できる人格の地位を与え損なったのか、その原因を究明する。

第六章　牛を飼って牛を食べる——ベンサムの過ち

ジェレミー・ベンサムは人道的扱いの原則を確立した中心人物であり、理性や言語能力や自己意識といった特徴を持たないことを理由に動物を道徳共同体から排除してもよいという考えを否定した。ベンサムがみるに、この考えは動物を「モノという分類に貶め[原注1]」、「補償もなく虐待者の気まぐれに委ねる[原注2]」ものだった。彼の主張では、情感だけが道徳的重要性を具えるのに必要な特徴である。「おとなになった馬や犬は、生後一日、一週間、いや一カ月経った幼児と比べても、はるかに理性的でつきあいやすい動物といえる。だがそうでなかったとしてもそれが何であろう。問題はかれらが思考できるか、会話できるかではなく、かれらが苦しみを感じるかどうかである[原注3]」。

人間は動物に対し、不必要な苦しみを課さない直接の義務を負うと明らかにしたベンサムの理論は、動物の道徳的地位をめぐる思想に革命的な転回をもたらした。

ベンサム以前には、動物の利益が道徳的に重要だとする説や、人間が動物に対し道徳的義務を負うという説のうち、広く受け入れられたものはなかった。ベンサムの理論は広汎な支持を得て異論のないものとされた結果、種々の動物福祉法に取り入れられ、それらの法は動物の利益を真剣に考慮して不必要な危害を防止すると謳った。

しかし第三章で論じた通り、動物福祉法は動物に対し何ら意味のある保護を与えられず、あくまで動物を財産とみた上で保護を与えるに留まる[原注4]。財産の利益は決して財産所有者の利益と対等にはならず、人間と動物の利益をいくら建て前的に比較しても動物は絶対に勝てない。人道的扱いの原則を受け入れながらも、私たちはなお動物をモノ同然に、デカルトがいうところの道徳的に重要な利益を持たないカラクリ同然に扱う。本章では、ベンサムの理論が約束を果たせず、動物の利益に確固たる道徳的な重要性を持たせられなかった原因を探りたい。

奴隷制および動物にあてがわれた財産の地位に関するベンサムの考察

ベンサムがとった道徳理論は「功利主義」といわれるもので、ある状況における善悪は行為の結果によって決まり、私たちは最大多数の当事者に最良の結果をもたらす行為を選択すべきであると考える。功利主義の理論は二つに大別される。「行為功利主義は、行為自体の結果の善し悪しで行為の善悪が決まると考える。規則功利主義は、同じ状況で行為する者がしたがう規則の帰結の善し悪しで行為の善悪が決まると考える」（原注5）。

二つの功利主義理論の違いを理解するため、次のような例を考えてみよう。サイモンはジェーンに車を貸しているが、スーを熱い夜のドライブに誘いたいので車を返してくれと頼む。しかしスーはジェーンの親友であるビルと結婚していて、サイモンはビルに内緒でスーと夜を楽しもうとしている。ビルはスーの不倫を知ったら打ちひしがれるに違いない。ジェーンはサイモンに嘘をつき、鍵をなくしたからその晩には車を返せない、と言うべきだろうか。もしジェーンが行為功利主義者であったら、この状況で嘘をつき車を返さなかった場合の結果（サイモンはスーから離れたところに住んでいるので車がなければ密会は叶わない）と、嘘をつかず車を返した場合の結果（ビルは不倫を知って打ちのめされる）を比較する。ジェーンはおそらく、この状況ではサイモンに嘘をつくのが正しい選択だと考えるだろう。他方、彼女が規則功利主義者であったら、嘘をつくことに関する一般規則の帰結に目を向け、こうした状況で皆が嘘をつくとしたらどうなるかを考える。ジェーンはおそらく、この状況においてはサイモンに車を返すことが悪い結果を招くとしても、財産の借り手すべてが財産を返せと言われた時に嘘をつくとしたら、誰も財産を貸さなくなるだろう、と結論する。行為功利主義と規則功利主義の違いは、行為の善悪を決めるものがその場かぎりの行為の結果か、それとも一般規則にしたがった時の結果か、という点にある。

功利主義者は一般に権利という概念を好まない。というのもすでに述べたように、権利は利益の周りにめぐらせる防壁であって、たとえ利益を剝奪した結果が他者の得になるとしてもそれを許さないからである。功利主義者、特に行為功利主義者は、結果だけが重要であり、結果のためならば権利が与える防壁をも破るべきだと考える。しかし規則功利主義は少なくとも権利論の遠い親戚に当たり、権利論と同じく、たとえ状況次第では望ましくない結果が訪れようとも人々が一般規則にしたがうことを求める。サイモンと車の譬え話でいえば、ジェーンはサイモンの「権利」を尊重し、この状況では悪い結果が訪れかねないとしても、サイモンに財産を返そうと決めるかもしれない。サイモンは車という財産に関して利益を有し、ジェーンはその利益を囲う防壁を尊重する。無論、彼女がそうするのは単に、サイモンの利益を尊重することが、少なくとも予想上は、総合的にみて最高の結果をもたらす（人々が今後も他者に財産を貸す）と思われるからでしかないが、それでもジェーンが防壁を尊重することに変わりはない。[原注6]

ベンサムは行為功利主義者とみられるのが普通で、状況のいかんを問わず、道徳的に正しい行ないとは最大多数の当事者に最大の快楽をもたらす行為であると考えた。[原注7] 生まれつき具わる道徳的権利という概念をしりぞけ、人間の利益はいずれも、保護した時に比べ良い結果が得られる場合には無視してしまってよいと論じた。[原注8] すると、奴隷の被害よりも奴隷所有者の幸福が勝る状況では奴隷制も道徳的に許されることとなりそうである。が、ベンサムは人間奴隷制を認めず、財産とされないことによる奴隷の利益は、奴隷所有者が奴隷制から得られる便益に勝ると信じた。奴隷制の倫理に関しては、ベンサムは少なくとも規則功利主義の立場をとり（奴隷制という制度が望ましくない結果をもたらすと考え）、人間が財産として扱われない基本権に等しいものを有すること、したがって人間を奴隷もしくは他者の資源として利用してはならないことを実質的に認めた。(原注9) 奴隷制の中にも他より「人道的」な形態はあるが、広く浸透した制度としての奴隷制は人間を経済物資として扱う結果に至ることを免れない。ベンサムの認識では、人間がその利益を道徳的に尊重され、単なるモノとして扱われないためには、すなわち、人間が「補償もなく虐待者の気まぐれに委ね」られないためには、奴隷制を廃止する必要があった。

ベンサムは真正面から奴隷と動物の扱いを比較する。動物の道徳的重要性を評価する上では情感だけが鍵になると論じた、その同じ箇所で彼はこう述べる。「かつて、そしてあいにく、多くの地ではいまだ、というべきであるが、人類に属する者の大部分は奴隷という分類のもと、動物という劣等種がイングランドなどで今日なお置かれているのと全く同じ法的身分の扱いを受けてきた」。「権利」という語を使ってベンサムは希望を語る。「いつか、人間以外の動物という被造物も、暴君の手だけが奪いえた権利を獲得できる日が来るかもしれない」。ベンサムはしかし、奴隷と動物がともに「モノという分類に貶められ」ていると考える一方で、動物が人間の財産や資源の地位に置かれていることは疑問にすら付さなかった。

何者の価値も一とし、一以上とはしない、という平等な配慮の原則は、ベンサムの哲学の土台をなす。では、なぜベンサムは人間の財産扱いを否定したように、動物の財産扱いを否定しなかったのか。なぜ彼は動物を人間の財産としたままで、人道的扱いの原則が動物とその利益に道徳的重要性を付与する、ないし、しうるものと考えたのだろうか。

答はベンサムが、動物は人間と同じく苦しまないことを利益とする一方、人間と違って生き続けることを利益としない、と信じていた点に関係する。つまりベンサムの議論では、牛を飼って牛を食べることは問題ない。動物の持つ苦しまない利益に平等な配慮の原則を適用し、それを尊重できるのであれば、人間が所有権を握ったまま動物を資源として利用し、人間のために殺害する行ないは道徳的に許容される。人間が動物を資源として扱うことは、ベンサムの考えでは平等な配慮の原則に矛盾しないので、動物にあてがわれた財産の地位を廃する必要はない。

ベンサムによれば、動物が人間に食べられることを気にしないのは、苦しみを覚えはしても自己意識は持たないからだという。

> 食べられることが全てなら、私たちが食べたい動物を食べてよいと考えられる充分な理由がある――私たちはそれによって快を得る一方、かれらは何ら不快を得ない。かれらは私たちのごとく、将来の悲劇を遥かに前もって見越したりはしない。……殺されることが全てなら、私たちが目障りな動物を殺してよいと考えられる充分な理由がある――私たちはかれらが生きていることで不快を得る一方、かれらは死ぬことで何ら不快を得ない。しかし、私たちがかれらを苦しめてよいと考えられる理由はあるだろうか。私には一つも思い浮かばない。(原注10)

動物は自己意識を持たないのだから、道徳的に重要な利益を持たないモノとして扱ってよく、人間はかれらに対し直接の道徳的義務を負わない、という考えを、ベンサムははっきりと否定した。が、ベンサムは動物が自己意識を持たないという点は否定せず、人間と動物には質的差異があるのだから、苦しまない利益が問題になる時は動物をモノ扱いしてはならない一方、命が問題になる時はモノ扱いしてもよい、という考え方を事実上受け入れた。もしもベンサムのいう通り、動物を人間の資源としたまま、平等な配慮の原則を適用して、動物の持つ苦しまない利益に道徳的な重要性を与えられるのだとしたら、モノ扱いされない基本権を動物に拡張し、制度化された動物搾取を廃絶する必要はなくなるだろう。

しかしながら、ベンサムの主張には少なくとも二つの致命的な欠陥がある。第一に、動物が情感を具えながらも自己意識や生き続ける利益を持たないとする考えは事実認識として問題をはらむ。第二に、人間と動物の質的差異を認め、人間を交換可能な資源とすることを否定する一方で、動物をそのように利用することを肯定するのであれば、動物の利益は道徳的に尊重されえない。言い換えれば、資源としての利用が招く苦しみの一切を免れることが、人間にとっては利益とされる一方、動物にとっては利益とされないのであれば、平等な配慮の原則は適用できない。したがって、ベンサムは動物の利益に何ら道徳的な重要性を認めなかった者たちよりも進歩的な動物観を示したと自負したが、動物福祉法にも組み込まれた彼の理論は、彼が口では認めないと言っていたまさにその同じ考え方へと私たちを導いたのである。

ピーター・シンガー——ベンサムを支持する現代の論客

ベンサムの理論に内在する問題を知るため、検証の切り口として、彼を支持する現代の哲学者、ピーター・シンガーに光を当てたい。『動物の解放』(原注11)を著わしたシンガーは、ベンサムの理論を直接的な思想基盤とした上で、財産とされない基本権を動物に認めることは、動物の利益に道徳的な重要性を持たせる必要条件ではないと主張する。(原注12)ただし動物の持つ苦しまない利益は道徳的に重要であり、人間がかれらをただの経済物資として扱えばその重要性を否定することになる。そこでシンガーは、動物を財産として扱い続けるのはよいとしても、現行の動物福祉法が定めるように、単なる経済物資としてのみ扱うのはやめるべきだと唱える。

シンガーいわく、重度の精神遅滞、重度の認知症、回復しない脳損傷を抱える人々（原注13）を除く大半の人間は自己意識を持ち、「絶え間ない精神生活」を送る。（原注14）「健常」な人間は『生』を生き、ある期間にわたって存在することの意味を悟る（原注15）」。かれらは「先のことを考える能力を具え、未来への希望と予想を抱く」存在である。（原注16）この議論は人間について道徳的に何を物語るのだろうか。

シンガーはベンサムと同じく行為功利主義者で、重要なのは一般化された規則にしたがった結果ではなく、計画された行為の結果であると考える。ただしベンサムほか、従来の功利主義者らが快楽を第一の価値と見据えたのに対し、シンガーは「選好《せんこう》」功利主義ないし「利益」功利主義という立場をとり、「差し引きで当事者の利益を増すもの」にこそ本質的な価値があるとする。（原注17）シンガーもやはり、功利主義者らしく道徳的権利一般をしりぞける一方で、ベンサムと同じく、人間を資源として利用することをめぐっては少なくとも規則功利主義の立場をとり、モノ扱いもしくは完全に道具的な評価をされないで済む基本権に等しいものを健常な人間が持つと認めるようである。権利概念を認めないと述べながらも、シンガーは明らかに、平等な配慮の原則にしたがえば健常な人間を資源として利用することはできないという至極強固な確信を抱いている。（原注18）つまり、資源利用されない基本権をはっきり持ち出さずとも、シンガーは人間にとって、奴隷にされないこと、臓器提供のために殺されないことが利益であり、その利益は尊重されなければならないと認めている。奴隷制が「人道的」であるか、臓器摘出の前に麻酔が施されるかは関係ない。どのような状況でも苦痛は多いより少ないに越したことはないが、人間にとっては生が利益であり、その利益は平等な配慮の原則によって守られる。したがってよほど極端な状況でなければ、自己意識を持つ健常な人間は、他者の資源として利用されてはならない。シンガーによれば、人間には自己意識と将来への願望があるので、健常な人間の命を奪う行為は、単にその人を他人に置き換える形で埋め合わせができない以上、「とりわけ悪い」こととされる。健常な人間の功利的価値は状況ごとに判断されるものではない。つまり、私たちは絶えず、この健常な人間を殺して臓器を五人の他人に移植すべきだろうか、この人間を同意なしに生物医学の実験材料として利用すべきだろうか、といった検討をするのではない。そうした利用は極端な状況以外では禁忌とみなされる。

シンガーは動物が――チンパンジー、オランウータン、ゴリラを除き――自己意識を持たず、「絶え間ない精神生活」も送らなければ未来への願望も抱かないと論じる。(原注19) 動物は苦しまないことを利益とするが、生き続けること、人間の資源や財産とされないことを利益とはしない。食用に飼養・屠殺される、実験に利用されるなど、人間の資源としてどう搾取されようとも、ほどほどに快適な生活を送れるならば動物は気にしない。動物は生そのものを利益とはしないので、「中立的な観点からすれば、殺される動物の損失が、同程度に快適な生を送る別の動物の誕生によって埋め合わせられないとする理由は容易には思い浮かばない」。(原注20)(訳注1)

シンガーが口を極めて批判するのは本書の第一章でみた集約畜産であるが、それは彼のみるところ、動物の味わう苦痛の量が人間にもたらされるいかなる便益よりも大きいと思われるからである。シンガーは動物が経済物資としての価値しか持たないという考えを認めないと公言する一方で、動物を食べること自体が道徳的に許されないとは結論せず、むしろ「行動上の欲求に適う快適な集団生活を送り、速やかに痛みなく殺された」動物を食べるのは道徳的に許される行為であろうと語っている。(原注21)「そうした動物の肉だけを食べるよう気をつかう良心的な人々は尊敬に値する」とシンガーはいう。彼にとって、一部を除く動物は交換可

訳注1 『動物の解放』にあるこの一節は原著第二版で書き加えられたものなので、一九八八年の邦訳版にはないが、二〇一一年の邦訳改訂版にはある。

能な資源であり、一部を除く人間は交換不可能な資源である。

というわけで、シンガーは人間に固有と思われる特徴——自己意識——に注目しながらも、自身の立場はカントその他、そうした特徴をもとに動物を道徳共同体から排除する者たちの思想とは違うと主張する。シンガーの見方では、大半の動物が自己意識を持たないらしいからといって、人間は都合次第でいくらでも動物の利益をないがしろにしてよいわけではなく、動物に対する直接の義務を免れるわけでもない。動物は自己意識を持たないので財産として利用するのはよく、死はかれらの害とならないので殺すのもよいが、苦しみを課さないことは人間がかれらに対して負う直接の義務である。では動物たちの苦しまない利益はいかにして守るか。それはその利益に平等な配慮の原則を適用し、動物への危害は、同様の人間に同様の危害を加えないというのであれば、正当な理由がある場合を除き、差し控えることである。大体において、動物と同様の人間というのは、重度の精神遅滞や障害を抱える人々のような、自己意識を持たない人間のみを指す。

シンガーの主張を検証するに当たり、彼の理論が二つの側面でベンサムのそれと直接に重なり合うことを確認しておく必要がある。第一に、シンガーは動物が自己意識や自己認識を持たないので、（苦しまない利益とは別の）生の利益を有さないとみる。第二に、彼は権利に類する保護を動物に拡張して、人間の財産とされない利益を守らずとも、動物の持つ苦しまない利益に平等な配慮の原則を意味ある形で適用することが可能だと考える。

自己意識と生の利益

情感、自己意識、生の利益の関係をめぐるシンガーの見方には多数の問題がある。

第一に、シンガーは情感ある存在にとって殺しが害にならないと述べるが、現実は逆と思われる——いかなる情感ある存在にとっても死は最大の害であり、情感がありさえすれば、当の存在が生き続ける利益を持ち、大なり小なりその利益を認識していることが論理的に推測される。情感があれば経験的福祉を感じ取る。その意味で、情感ある存在はみな生の質だけでなく量による利益も持ち合わせる。動物は自分が生きる年数に考えをめぐらせはしないであろうが、苦しまないこと、快を得ることを利益とする以上、生きることをも利益とする。動物たちは生きることを選好ないし願望する。情感はそれ自体が目的ではない――それは生きるという目的に向けた手段である。情感ある存在は苦痛の感覚を利用して生を脅《こら》かす状況から逃れ、快楽の感覚を利用して生を高める状況へと赴く。人間が生きるために激しい痛みを堪えるのと同様、動物も生きるために激しい痛みを堪えるばかりか、罠にかかった足を噛みちぎるというように、しばしば激しい痛みをその身に加えもする。情感は一部の複雑な生命体にもたらされた、生き延びるための進化の産物である。快苦の意識を持つように進化した存在が、生きることを利益としない、というのは、意識ある存在が意識を持ち続けることを利益としない、というのと同じことで、これほど奇妙な考え方もない。

シンガーは動物が「生を脅かすものに抵抗しうる」と認めながらも、それは動物にとって生きることが利益であるとする確固たる証拠にはならないと考える。(原注22) しかし常識にのっとれば、生を脅かすものに抵抗する動物は生きることを選好もしくは願望している。動物がその利益や選好を、独り言であれ、英語その他の人語で表現することが必要だろうか、「ああ、ぼくは死んでしまう。何てつらいんだ、死んでしまうなんて。死ぬには早すぎる」と? まさかそんな必要はない。では動物の行動は生き続ける利益に一致するだろうか。まさに一致する。

第二に、情感を具え、したがって意識を持つ存在はみな、道徳に関係する点で自己意識も併せ持つと思われる。自分の身に起こることに無頓着でいないという意味で、全ての情感ある存在は生を利益とするといってよい。犬にとっての生の利益は健常な成人のそれと異なるかもしれないが、だからといって犬は自分の身に起こることに無頓着であるとはいえない。犬は情感を具えるので、快苦という生存機構を用い、みずからの生を守る。第五章で紹介したドナルド・グリフィンの議論に沿って考えれば、痛みを味わう犬はその痛みを自分のものとして告げる精神経験を生きていなければならない。痛みが存在するためには、何らかの意識――何らかの主体――が、それを自分に起こっている事態と受け止め、その経験から逃れたがっていることが条件になる。その痛みの受け手が確実に何らかの自己感覚を持つといえるのは、痛みの感覚が一種のこの世ならざる経験として意識されるものなどではないからである。痛みの感覚はそれを経験でき、なおかつその経験を厭《いと》う存在にのみ生じる。自己意識がなくとも意識は存在しうると唱えるのは、自分に痛みが生じていると知覚しない者でも痛みを知覚しうる、あるいは、痛みを知覚する者でもその経験に無頓着でいることはある、と語るのに等しい。が、それは痛みを知覚しない者でも痛みを知覚できるということを分かりにくく言い換えただけに過ぎず、一見して不条理と分かる。

もしもシンガーの言うように動物が自己意識を持たないのだとしたら、動物の学習能力を説明するのは容易でなく、全ての行動を刺激と反応の条件付けによるとでもみるよりない。犬は熱い鉄板に足を載せてとっさに身を引いた後は、同じ鉄板に触れまいとするだろう。鉄板に載ったのが自分の足であり、痛みを感じたのが自分であると犬が悟らないのであれば、どのようにしてこれを説明するのか。動物に自己意識がないと仮定すれば、多くの動物行動は説明がつかなくなる。もっとも、これは犬が自分を美しい、もしくは見苦しいと思い、自分にもっと沢山の才能や技能があればと願うことを意味するのではない。それらは人間特有の自己意識の持ち方でしかない。動物に自己意識があることと、その動物が自分の視覚像を持っていることは必ずしも一致しない。したがって犬が鏡に映った自分を認識できないとしても、それは犬が自己意識を持たないこと、自己を認識できないことの証明にはならない。私が犬を公園の散歩に連れて行けば、犬は数日前に訪れた茂みを見分けることができる。私は鏡を通して自分を認識するのに対し、犬は臭いを通して自分を認識する。自分を認識する方法に違いはあっても、自己認識が人間だけの能力とはいえない。

ほとんどの動物は表象的ないし自伝的な意識感覚を持たないので自己を意識しないという主張は、人間の自己意識が必ずしも表象的ないし自伝的でない事実を無視している。第五章で紹介したアントニオ・ダマシオは、現在の自己に関する意識である中核意識と、自伝的詳細に彩られた自己に関する意識の拡張意識を区別した。ダマシオが記す人々は、脳卒中による脳の損傷で拡張意識を失い、新しい記憶を形成したり未来を構想したりする能力を欠くが、中核意識を留めているので現在の自己をはっきり意識できる。いずれにせよ、中核意識は一種の自己意識とみてよい。中核意識を持つ者は主体的経験を生き、願望と選好を抱く。ダマシオは多くの動物が中核意識を具え、霊長類や猿、さらには犬までが、言語は要されずとも思考力と記憶が要される拡張意識を持つと認める。

犬は心の中で「私の伴侶の人間は水曜日には午後四時に帰ってくる」と考えることはできないかもしれないが、伴侶の帰宅を予想することは明らかにでき、予想を抱くにはある種の未来像が要される。もし犬が未来を予想できないとしたら、人間の伴侶が扉の向こうへやって来て鍵を挿《さ》した時、その音を聞いた犬が喜んで興奮することはない。犬は伴侶との再会を予想するからこそ、攻撃や防衛の姿勢を示すのではなく喜びの興奮を表わす。人間が暦と時計を見て未来を予想するのに対し、犬が別の環境要素をもとに未来を予想するという違いは、研究テーマとしては面白いに違いないが、人間と犬のどちらかを他者の目的に向けた手段としてのみ扱ってよいかという問いには関係しない。また、行動学上の証拠は哺乳類や鳥類のみならず魚類までもが記憶と一定の思考力を持つと示唆しており、そこからすると、中核意識に加え一種の拡張意識と自

伝的な自己感覚を持つ動物は多数いると推測できる。(原注23)

シンガーは人間に表象的な自己意識があることを根拠に、人間が「優れた精神機能」を具え、未来の計画を立てる能力を持ち、したがって未来の計画を立てない動物よりも多くの利益を有すると論じる。行動学上の証拠は多くの動物が未来を予想し計画を立てられることを明瞭に示しているが、それは措《お》くとしても、シンガーの見解にしたがうとしたら、未来の計画をより多く立て、より多くの利益を有する人間の命は、他の人間の命よりも道徳的「価値」が勝るという結論になる。ここでも、道徳の序列に表われた恣意性は露骨すぎるほど露骨であるように窺われる。例えばサイモンが旅行を趣味とし、今後五年間で二〇カ所を訪れるべく、非常に具体的な旅行計画を立てていたとしよう。かたやジェーンは人生において、たった一つの利益しか有さない――障害を抱えたわが子を育てる、というのがそれである。サイモンがジェーンに比べ、未来の願望ないし利益をより多く持つというだけで、なぜ彼の命がジェーンのそれよりも重要ということになるのか。

さらに由々しきことに、シンガーは人間が表象的な自己意識を持つとした上で、動物よりも多くの利益と選好を有し、動物よりも大きな害に苦しむと考える。この想定は妥当とは言いがたい。中核意識しか持たずとも非常に頭の良い人間は、拡張意識ないし表象的意識を持ちながらも頭の悪い人間に比べ、より多くの利益を有しうる。同様に、動物が中核意識しか持たなかったとしても、かれらは人間が持たない沢山の利益を有すると考えられる。例えば私には私の犬が持つような鋭い嗅覚や聴覚がない。犬が研ぎ澄まされた感覚を持つなら、かれらは私と異なる経験を生き、その経験に対応して異なる利益を有する。私は近所の木々の臭いを嗅ぎに行きたいとは思わない。犬に比べて遥かに鈍い嗅覚しか持たない私では、その経験から何も学べない。別の例を挙げると、魚にとっては水中で呼吸することが利益であるが、私にはそれが利益でないばかりか命取りになる。また、動物たちは人間と異なる利益を持つので、人間と異なる害を被る。近所の消火栓が撤去されたら、私は害を受けずとも犬は害を受け〔マーキングが失われるので〕、その害は犬にとっては非常に深刻なものとなる。シンガーは何らかの点で人間の自己意識が「優れている」と考える。しかし、まさにこうした決めつけこそが、そもそもからして論点先取を犯しているのである。人間の自己意識は動物のそれと異なるかもしれないが、「異なる」ことは必ずしも道徳的な意味で「優れている」ことを意味しない。

第三に、動物を交換可能な資源とみなすのは、心理学的に大きな違和感を覚える考え方である。もしもある動物の死がシンガーの述べる通り、「中立的な観点からすれば、……同じ程度に快適な生を送る別の動物の誕生によって埋め合わせられ」るとするなら、なぜ私たちは伴侶動物の死を嘆くのか。嘆くのは私たちが少なくとも一部の動物〔自分と暮らす犬や猫〕を資源とみなさないからであり、私たちが伴侶動物の各々に独自の「個性」を認めるのは事実の観察であって擬人化ではない。私は現在、七匹の犬の伴侶と暮らすが、かれらはみな違う。一匹が命を引き取って私が別の一匹を譲り受けたとしても、私はその新たな一匹が死亡した犬の「埋め合わせ」になるとは考えるはずもなく、それは人間の子供が相手である時と変わらない。

同じことは牛や豚、鶏にもいえる。私の友人は沢山の救出された畜産用動物と暮らし、その中に三羽の鶏がいる。一、二時間、かれらを観察し相手にしていると、三羽はみな違い、それぞれの個性を持っていることがよく分かる。あえて伴侶動物とそうするように鶏や牛や豚と関わってみれば、「食用」動物も犬や猫と同様、単なる交換可能な資源とは思えなくなるだろう。問題は大半の人々と畜産用動物の接点が食の場面だけ、すなわち私たちが席についてかれらの身体を消費する時だけということで、この関わりにおいては動物の個性がほぼ消し去られてしまう。シンガーのように、動物は交換可能な資源であると唱えるのは、動物の道徳的地位についてまたも論点先取を犯すことになり、何の証明にもなっていない。

第四に、おそらく最も重要な点として、もし自己意識がシンガーの考えるように、情感ある存在にとって生の利益を有するための必要条件であるとするなら、多くの人間は全く生の利益を有さず、資源扱いしてもよいことになる（シンガーはそれを認める）。例えば精神遅滞を抱えた人の中には、シンガーが必要だと考える表象的な自己感覚を持たない者もいて、かれらは犬や猫に勝る生の利益を持ちえず、むしろ犬猫以下の利益しか持たないかもしれないが、それでもそうした人々を資源ないし他者の目的に資する単なる手段として扱うことは不適切だとされる。ところがシンガーは、かれらの持つ苦しまない利益を真剣に汲むのであれば、そうした扱いは道徳的に許されうるとほのめかす。シンガーの考えでは、痛みのない方法が使えるとした場合、重度の精神遅滞を抱える人を殺し、その臓器を他の人間や動物（大型類人猿など）のような、生の利益を持つ者に移植してもよい。のみならずシンガーは、後に自己意識を持つにしても障害を抱えた新生児は、交換可能とみるべきだと主張する。「障害児の死と引き換えに、幸福な生を送る見込みがより高い子供が生まれるとするなら、幸福の総量は障害児を殺すことで増大する（原注24）」。

シンガーは条件付きで、ダウン症や血友病を抱えた新生児の殺害権を親に認めるべきだと唱える。しかしほとんどの人々にとってこの考え方は、理性の劣る人間を奴隷にしてよいというアリストテレスの見解や、障害者の命は何らかの理由で他の人々の命よりも価値が低いとみたナチスの思想に劣らず受け入れがたいものである。

シンガーは大半の動物と一部の人間を他者の資源としてのみ扱う上で、表象的な自己意識の有無がどう関係するのかを明らかにしていない。健常な人間の自己意識（それが人間にとって同じものを指すと仮定して）と動物の自己意識の違いは、科学的興味の対象にはなりえても、動物や特定の障害を抱えた人々を他者の資源として扱う是非を語る際には、何ら道徳的な意味を持たない。

動物の利益に対する平等な配慮

シンガーは動物が自己意識と生の利益を持たないとしながらも、それが動物を道徳共同体から締め出す正当な理由にはならないと考える。すなわち、シンガーはカントその他と同じく、人間と動物には自己意識に関わる違いがあるとする一方、カントと違い、動物が自己意識を宿さないとしても、かれらの持つ苦しまない利益を道徳的に軽視してはならないと説く点でベンサムに似る。実際、シンガーはカントらが動物の持つ苦しまない利益に道徳的重要性を与えられなかったことを表立って批判する。シンガーが論じるには、自己意識がなくとも動物の利益には平等な配慮の原則が適用されねばならず、苦しむのが動物だからといってその苦しみを無視ないし過小評価するのは、女性、有色人種、その他、冷遇される集団に属する人間の痛みを無視ないし過小評価するのに劣らず間違ったことである。人間のために動物を利用し殺害するのはよいとしても、動物に対し、同様の人間に課さない苦しみを課してはならない——正当な理由、すなわちそれ自体は平等な配慮の原則に背かない理由がある場合を除いて。

シンガーは自身の理論が動物を道徳共同体から締め出さないと言い張るが、動物は生の利益を持たないので代替可能な資源としてよいと考えるのであれば、動物の持つ苦しまない利益に平等な配慮の原則を適用することは困難となる。事実、シンガーの理論には同原則の適用を不可能とする複数の問題がある。

第一に、シンガーは人間と動物の苦しまない利益に平等な配慮の原則を適用するとしたら異種間の比較が必要になると言うが、そのためには不完全であれ異種間の経験を比較衡量する何らかの方法が求められる。例えばシンガーの言う通り、馬にとってはほとんど何の痛みも与えない平手打ちが、人間の幼児には大変な痛みを与えることはある。「しかしある種の殴打——それが具体的にどのようなものかは分からないが、おそらく棍棒での殴打など――は、平手打ちで幼児に与える程度の痛みを馬に与えるだろう」(原注25)。こうした評価の難点は明白である。自分の味わっている感覚を言葉によって事細かに告げられる人間だけを対象としても、痛みの強さを比較するのは簡単ではない。動物が相手となると、不完全な評価さえもほぼ不可能になる。しかもシンガーは、人間が自己意識と「優れた精神機能」を持つので、「動物に比べ、同じ状況でより多大な苦しみを負う場合もある」と考える(原注26)。だとすると異種間の苦しみの比較はなお困難になる。

第二に、シンガーの考えでは、大半の人間が生きることを利益とする一方、大半の動物はそれを利益としないので、平等な配慮の原則を適用するに当たってどうすれば両者の境遇が同等と評価されるのかが見えてこない。シンガーは特定の人間を資源としてのみ扱うべきかを、状況ごとに判断してよいとは考えない。シンガーの想定では、健常な(すなわち自己意識を持つ)人間はみな資源扱いされないことを利益とし、この利益はよほど極端な状況以外では尊重されなければならない。しかしシンガーによれば、多くの動物はこの利益を欠く。動物は交換可能な資源であって、かれらにとってはほどほどに快適な生活と比較的痛みの少ない死だけが利益である。個々の動物の資源利用が功利的な結果に照らして正当化されうるかどうかは、状況ごとに判断してよい。つまり、人間は資源利用が元となるあらゆる苦しみから免れることを利益とするのに対し、動物は大きな苦しみから免れることを利益とするに過ぎない(原注27)。したがって両者は、資源として利用されないことによる利益の比較において、絶対に同等の位置を占めない。

シンガーはさらに、当時者すべてにとっての結果次第では、動物の持つ苦しまない利益を無視できると論じる。しかしそうだとすると、動物を苦しめなかった時の人間にとっての結果は、ほぼ常に動物の利益よりも重視されるので、またも人間の利益が勝利することになる。

第三に、シンガーはどこかで、そもそも動物と人間の利益が同等と判断される見込みは薄く、ゆえに平等な配慮の原則は役立ちそうにないことを認めている。(原注28) しかし平等な配慮の原則が適用できないものに道徳的重要性が具わることはないのであるから、同原則が役立たないと認めるのは、動物の利益がそれ自体では道徳的重要性を持たないと言うに等しい。シンガーはこの結論を避け、たとえ平等な配慮の原則が適用できずとも、動物の苦しみの多くが道徳的に許容しがたいことは明らかだと主張する。その例として、彼は集約畜産が悪であると判断するには平等な配慮の原則を適用するまでもないと論じる。

個人的な憶測によったのでなければ、どのような思考を経てシンガーがこの結論に至ったのかは定かではない。つまり、彼が集約畜産に反対するのは、個人の行為は当時者全体の利益ないし選好を高めるものでなければばならないという彼自身の考えに照らし、個々の行為の結果を彼自身の観察によって評価した上での判断である。こうした判断の全てにいえることであるが、行為の結果をどう評価するかは人によって異なる。シンガーは工場式畜産が動物にもたらす負の結果はその便益を上回ると考えるが、この事業を廃した時に人間が被る負の結果を全て足し合わせるとしたら、彼の経験的判断には少なくとも疑問の余地が生じる。経済的な悪影響を受ける者に注目しても、そこには動物の飼養と殺害に直接たずさわる農家や屠殺業者、間接的に食品事業に関わる小売店その他、酪農業界の関係者、外食店の関係者、ペットフード産業、製薬産業、皮革・羊毛産業、農業に付随する農学・獣医学研究の関係者、畜産に関する書籍の出版関係者、畜産物の宣伝関係者がいる。(原注29) 工場式畜産の廃絶が国際経済を大きく揺るがすことは疑えない。これは何も、そうした負の結果が動物の利益を上回るという意味ではない。ただ言えるのは、結果の集計を問題とする場合、しかも自己意識を持つ人間にとっての結果がそれを持たない動物にとっての結果よりも重視される場合、シンガーの理論にのっとって、工場式畜産の廃絶が道徳的に正しいといえるかは判然としない、ということである。

第四に、いやしくも人間と動物の利益が同様のものとみられるとしたら、それはシンガーがいうところの自己意識を持たない重度精神遅滞者などの人間と、同じく大抵は自己意識を持たない動物とが同様の利益を持つ、という形をとる可能性が最も高い。これもやはり、特に脆弱な人々を危険にさらしかねない発想で、全ての人間が道徳的に重要な利益を持つと考える大半の者にとっては受け入れがたい。

第五に、よしんばシンガーの理論がより「人道的」な動物の扱いを促したとしても、それが人間に置き換えたら許されない動物利用を容認することに変わりはない。なるほどシンガーの言う通り、「食用」動物にとっては工場式畜産がなくなり本当の「放牧」畜産が実現された方が、より良いには違いない。[原注30]が、それは畜産で利用される動物の痛み、苦しみ、嘆きを、減らしはしても消すことからは程遠い。そのような改革に対しては財産権の侵害を主張する財産所有者や肉の購入に余分な出費を強いられる消費者から強硬な反発が寄せられる、という点は措くとしても、その改革によって平等な配慮の原則が適用され、動物の利益が道徳的な重要性を帯びるわけではないという点は分かっておく必要がある。[原注31]動物は人間と同じく、どれほど「人道的」であろうと資源利用される苦しみの一切から免れることを利益とする。「人道的」な人間奴隷制は、そうでないものに比べれば道徳的な非が少ない。しかし全ての人間が他者の資源として扱われない権利を持つ以上、奴隷制はいかなる形態であれ道徳的な非がある。動物の抱く同様の利益を同様の仕方で守らないというのなら、私たちは動物の利益に平等な配慮の原則を適用せず、ひいては動物の利益の道徳的重要性を否定することになる。

人道的扱いの原則における欠陥——歴史の覚書き

これで人道的扱いの原則が動物の利益を守れない原因が分かった。総じてベンサム以前の西洋における道徳思想・法思想は、動物を保護すべき利益を持たない単なるモノとみなした。ベンサムは、動物が苦しみを覚えること、人はみな苦しみを良からぬものとみることを理由に、文明化した公正な社会は、動物の持つ苦しまない利益を道徳的に尊重し、人間がかれらを苦しめない直接の道徳的義務を負うと認めるだろう、と論じた。

動物は道徳的に重要な利益を持つ、と主張したベンサムであったが、彼の理解では、人間と動物の「道徳的重要性」には違いがあった。彼によると、人間奴隷制の場合、特定の奴隷所有者が奴隷を厚遇し、前者の便益が後者の損害を上回ることがあったとしても、「ひとたび奴隷制が根付けば、常に大勢がその標的となる危険が生じる。『奴隷制の悪弊が大きくなくとも、その規模だけで悪弊は多大になる』(原注32)」。ベンサムの考えでは、人間財産制度が道徳的に認めがたいのは、たとえある特定の奴隷所有者が奴隷たちを大事にしたとしても、人間はその制度によって単なる経済物資としてのみ扱われ、「補償もなく虐待者の気まぐれに委ねられる危険を負うからであった。ベンサムには一方で、奴隷労働は自由市民の労働に比べ生産意欲が上がらない分、結果的に生産性が劣るだろうとの確信もあった(原注33)。しかしさらに重要なのは、ベンサムが平等な配慮の原則に即し、もし本当に各人を価値において「一」とし、一以上とはしない」のであれば、奴隷制は問題をはらむ、と認めたことである。奴隷の利益は決して奴隷所有者の利益と等価にはみなされないので、奴隷の価値は常に「一」以下とされる。

そこでベンサムは、人間奴隷制が道徳的に擁護できないという大前提を置き、実際には権利と同様の、他者の目的に資する手段としてのみ扱われない保護を万人が有するものと考えた。ベンサムは明らかに、平等な配慮の原則が動物にも適用できると信じていた。事実、ベンサムの人道的扱いの原則と功利理論は、人間による動物の利用と扱いの善悪を判断するため、両者の利益を天秤にかけるよう要求するもので、そこでは人間と動物の利益が同様の重みを占めた場合、当然にして両者を同様に扱うべきだとの想定が置かれている。ところがベンサムは動物財産制度を問いはしなかった。彼が実質的に述べたのは、動物が人間の資源として扱われないことを利益とせず、ただその利用によって苦しめられないことを利益とするに過ぎない、という主張だった。ベンサムは、特定の動物財産所有者が自身の動物「資源」をこよなく大事にする可能性はあっても、種々の動物搾取制度が存在すれば「大勢がその標的と」なり、圧倒的多数の動物が単なる経済物資として扱われるだろうとは考えなかった。結果、ベンサム、それにシンガーは、不可能ではないまでも困難な課題を提示する——資源としての利用から守られている人間の利益と、資源でしかない動物の利益を天秤にかけよ、というのである。

動物を資源とみなしながら、その利益を道徳的に尊重することはできない。人道的扱いの原則を動物に適用する意図から動物福祉法が敷かれ、不必要な危害の禁止が目指されはしたが、同法は初めから動物を人間の利用する資源と位置づけている。第三章で確認したように、概して不必要な危害とは、（財産所有者の判断上）いかなる目的や用途に照らしても必要とされない危害を指すに留まった。しかし現実には、動物の利用や扱いには一つの制限もない。動物福祉法に織り込まれたベンサムの平等な配慮理論は、動物にあてがわれたモノという地位を改める役はほとんど果たさなかった。実際、第三章で取り上げた「キャラハン対動物虐待防止協会」事件では、裁判所がベンサムの理論にもとづき、牛の除角は動物虐待防止法違反に当たらないと判決した。「ベンサムは人間の利用に供される動物にとって無意味な拷問や余計な虐待となる残忍行為を非難する」が、除角は牛の食用利用を容易にする上で必要なので、「無意味」でも「余計」でもない、との判断だった。(原注34)

ベンサムの理論を具体化したはずの動物福祉法が動物の利用や扱いに何ら意味のある制限を課せなかった

のは、それが第四章で触れた「折衷型」の規則だったことによる。同法が要求するのは、権利保有者の利益と、法的権利を一切持たない動物の利益を天秤にかけることであるが、前者は財産を所有し利用する法的権利を持つ者なのに対し、後者は財産であって権利を持てず、それどころか権利保有者が財産権を行使する対象でもある。財産が人間奴隷であろうと動物であろうと関係ない――当の財産たる者が情感を具え、何かしらの利益を持っていたとしても、その利益は財産所有者にとっての利益次第で必然的かつ意図的に軽視される。[原注35]

この分析が正しいとしたら、ベンサムとシンガーは自身らが糾弾したところの、動物には何ら道徳的な重要性がなく、人間はかれらに対し直接の道徳的義務を負わないと論じた、他の理論家たちと同じ思考の過ちを犯したことになる。カントやロックは、動物が道徳的に重要な利益を持たず、人間はかれらに直接の義務を負わないものの、「余計」な危害は差し控えるべきであって、なんとなればそうした行ないは人間に対する不人情を育て、人間に対する道徳的義務の違反へと繋がりかねないからである、と論じたが、ベンサムとシンガーの立場も結局はこれと変わらない。どちらにしても、動物は道徳共同体から締め出される。

本当の意味で平等な配慮の原則を適用したのであれば、ベンサムとシンガーは同様の事象を同様に扱い、利益に対し同様の、権利に類する保護を与えなければならなかった。それは動物財産制度の廃絶を要求する。さもなければ動物は人間奴隷と同様、常に、かつ必然的に「一」以下とされ、平等な配慮の原則をかれらに適用することは不可能となる。[原注36]

まだ残る疑問点

疑問はまだ残っている――ベンサムとシンガーは間違いだったとしても、モノ扱いされない基本権を認めないままで動物の利益を真剣に汲み、動物搾取の廃絶という結論を避けられる立場が他にあるのではないか。これまでに論じてきたように、無論、動物を「より良く」扱うことは可能である。しかし、扱いの改善は、それを妨げる経済的な現実がある点を別としても、奴隷への殴打を減らすのがよいとする規則を設けるのと変わらない。それでは動物の利益に平等な配慮の原則が適用されないのだから、かれらは引き続きモノとして扱われる。本節では、シンガーに似て動物の利益に道徳的な重要性を付与すると謳いつつ、その重要性とモノ扱いされない基本権は結び付かないとする立場を検証したい。

「エコフェミニスト」の名で知られるフェミニストの著述家らは、権利の概念が父権的であるとして、これを放棄すべきだと論じる。(原注37) いわく、権利の理論は権利を有する者と有さない者のあいだに序列を設けることで、性差別、人種差別、種差別、等々の差別形態を強化する。私たちは権利に訴えるよりも、状況ごとの関係性や個別性をもとに道徳問題を分析する「気づかい」(care) の概念を用いるのがよい。

様々な時代に現われた政治的な権利概念は、抑圧的な序列を設けるために利用されてきたので、そうした序列をエコフェミニストらが咎めるのは正しい。しかしながら権利概念そのものに父権的ないし性差別的な要素が内在するわけではない。権利とは単に利益を守る方便であって、他者の得のために利益を奪われないよう、ある種の「絶対的」な保護を利益に与えるものである。本書において私は、モノとして扱われないという、情感ある存在すべてにとっての利益を、権利という方便によって守ろうと論じてきた。

エコフェミニストは人間にも動物にも権利概念を用いないと主張するが、実際にはベンサムやシンガーと同じく、人間の持つ基本権の概念を保持している。例えばエコフェミニストは、強姦が道徳的に許されないのはそれが「気づかい」の倫理と両立しないからだとは論じない。性暴力は初めから女性の自主性に対する侵犯として禁じられ、女性と強姦魔の関係は問われない。エコフェミニストは女性、さらには人間一般の道具的扱いを拒み、「気づかい」が存在してもそうした扱いを認めない。つまりエコフェミニストはベンサムやシンガーの例にならい、基本権と変わらないタイプの保護を人間のために捨てずにおく――人間を他者の目的に資する単なる手段として扱うことを初めから禁じる――が、同じ基本権を動物にまで拡張すべきだとは考えない。第四章で述べたように、他者の目的に資する単なる手段として扱われない利益のため、全ての人間が権利に類する保護を受けられるのであれば、平等な配慮の原則にしたがい、物資として扱われない利益のため、動物も同じ保護に浴せなければならない。こうした平等な配慮は父権制の問題ではなく、根本的な公正と、動物の利益を道徳的に尊重する認識の問題である。現にドゥルシラ・コーネルを筆頭とする他のフェミニスト理論家は、権利が道徳的重要性の土台であることを認めている。(原注38) エコフェミニストの主張は動物の利益問題についてもう一つの「折衷型」解決案を示したに過ぎず、財産という動物の地位を改めるものではない。(原注39)

第三章では、動物の利益に道徳的な重要性を認めるベンサムの思想を活かそうと試みた動物福祉法が、動物に道徳的地位を与えられなかった実態をみてきた。本章では問題の根本が、功利主義にもとづくベンサムの道徳理論、特に現代のベンサム支持者ピーター・シンガーの思想に反映されたそれにあることを確認した。ベンサムとシンガーが財産という地位を、人間に関しては認めない一方で、動物に関しては認めるのであれば、動物には平等な配慮の原則が適用できない。

第七章では、動物の利益を真に考慮することに伴ういくつかの論点と帰結を検証する。

第七章　動物の権利——わが子を救うか、犬を救うか

これまでの議論で、動物をめぐる人々の一般通念は二つの直観によって形成されることをみてきた。第一は、動物の持つ苦しまない利益は道徳的に重要であり、人間はかれらに対し不必要な危害を差し控える直接の義務を負う、というものである。しかし動物は財産なので、不必要な危害の禁止は全く意味をなさない。すでに確認した通り、動物の利益を真に考慮し、不必要な危害の禁止に実質を伴わせるには、かれらの苦しまない利益に平等な配慮の原則を適用しなければならない。これは動物と人間を「同じ」とみなせということではない（全ての人間を同じとみなせないのと同様である）。また、動物に対し、人間に認められた全ての権利を与えよということでもない。ただし、動物にとっての苦しまない利益が道徳的に重要だというのであれば、動物財産制度は単に規制するのではなしに廃絶しなければならず、人間に対して許されない仕方で動物を利用することもやめなければならない。(原注1)

動物をめぐる道徳観を形成する第二の直観は、真の衝突時や非常時には動物よりも人間を優先すべきだという考えである。家屋が燃えていて、残る時間では犬と人間のどちらか一方しか救えないとしたら、私たちは人間を選ぶに違いない。それは当の人間がわが子であろうと他の身内であろうと変わらない。それどころかこの直観は当の人間が赤の他人でも揺るがない――もっとも、その人間がアドルフ・ヒトラーのような不道徳きわまる人物であったり、犬が家族で人間が見知らぬ者であったりしたら、直観の力は弱まるかもしれないが。モノ扱いされない基本権を動物にまで拡張したら、もはや真の衝突時や非常時に人間を優先することが義務でなくなってしまう、と論じる者もいる。この立場からすると、火事の家の二択において無条件に人間を優先するには、動物の苦痛が気の毒であろうと、かれらの利益に全く道徳的な重要性がないと認め、モノ扱いされない動物の基本権を否定しなければならない。(原注2)

本章ではこの議論の正しさを検証する。動物の権利論は、動物の道徳的地位をめぐる一般通念の根底にある、この二つの直観に適うのだろうか。

私はあなたの子よりもわが子を救う

私が動物の権利論の講義を重ねてきた中で、特に多くの受講者が口にした問いがある――人間が動物を資源として扱ってはならないというのなら、あなたは病気のわが子を救うためであっても犬を利用することに反対するのか。この問いは、考え方によっては全く的外れだともいえる。そうした状況で私がどう振る舞おうと、それは議論の妥当性には関係しない。動物の道徳的地位を認めるのであれば、平等な配慮の原則をかれらに適用し、モノ扱いされない基本権を動物に拡張しなければならない、と私は論じたが、この議論が妥当なのであれば、たとえ私が犬よりもわが子を優先して自分の主張に矛盾したとしても、それは私個人や私の道徳的な一貫性のなさについて示唆するところがあるだけで、私の議論の妥当性については何の参考にもならない。

しかし一旦、犬は脇へ置いておく。もしも私たちが、自分の子供と他人の子供のどちらかしか救えない場面に立ち会ったとしたら、ほぼ全ての人が自分の子供を救うに違いない。例えばあなたの子供に腎臓が必要だったとする。手に入る腎臓は一つだけであるが、ここにもう一人、より早急に腎臓が必要な子供がいる。そちらの子供は腎臓が入手できなければ数日で死んでしまうが、あなたの子供は数カ月のあいだ耐えることができ、その間に別の腎臓は手に入るかもしれず、入らないかもしれない。あなたはどちらの子供に腎臓を与えるか選択することを迫られる。読者の中に、より逼迫している他人の子を差し置いてわが子を優先する、という選択をしない人がいるだろうか。むしろほとんどの人は、自分の子供を救うためであれば他の人間をいくらでも犠牲にするだろう。したがって、私たちがわが子を救うためならば犬の利用を辞さないとしても、その事実はさして参考になるところがない。

偽りの衝突――火事の家に犬を入れない

動物の道徳的地位をめぐる問いは、私たちがいかに動物を扱うべきかを考えるものであるが、火事の家の二択のような問題は、人間と動物の衝突が起こった時に生じ、逆にその時以外には生じない。大体において、人間と動物の「衝突」は人間がつくり出すものである。私たちは無数の情感ある動物たちを、ただ殺すという目的のためにのみ、この世に誕生させる。その上で、この動物たちに対する人間の道徳的義務とはどんなものかを探ろうと努める。しかしながら、人間に対してであれば決して適切とはみなされない利用のために動物を誕生させ、「食肉」産業、「動物娯楽」産業、あるいは「猟獣」産業などを営む時点で、既に人間以外の動物たちは完全に道徳共同体の外にいるものと決まっている。既に人間以外の動物たちは、平等な配慮に値せず、人間が直接の道徳的義務を負う相手ではないと決定されている。既に動物たちは、道徳的地位が内在することを完全に否定されている――そんなことはない、と私たちが口でいくら訴えても、である。

動物は財産であるゆえに、私たちはかれらの利用や扱いに関わる全ての事柄を、火事の家の二択に等しい非常事態と捉え、結果、動物の苦しみを正当化するものが人間の利便や娯楽や快楽でしかない時にも、人間の利益をかれらに優先する。動物に対する人間の道徳的義務を評価する大半の場面では、真の衝突や非常事態など生じていない。ハンバーガーを食べるか、毛皮のコートを買うか、ロデオや闘犬といった娯楽が道徳的に許せるかを考える者は、火事の家に面して誰を救うかを選択しているのではない。

人間の資源として扱われない基本権を動物が有すると認め、動物を単なる資源と位置づける搾取制度を人間奴隷制よろしく廃絶したとすれば、人間の目的に向けた動物繁殖はなくなり、偽りの衝突によって人間と動物の利益を「天秤にかける」ことが求められるような場面は、大部分が消えてなくなるだろう。私たちはもはや、動物を火事の家に連れ込んだ上で、人間を救うか動物を救うかを問うたりはしなくなる。

人間の利用目的で生を与えられた今いる動物たちはどうするのか。平等な配慮の原則にもとづけば、人間はかれらを自然な死が訪れるまで世話する義務を負う。しかし今を生きるこの飼育動物たち（および動物園用・サーカス用に殖やされた野生動物たち）をどうするにしても、人間の利用を目的にそれ以上の動物を誕生させないことが私たちの義務となるのは確かである。これに関連して、モノ扱いされない基本権を動物に認めた場合、裁判で訴えを起こす権利をもかれらに認めるべきか、という問題がある。この問いは論点がずれている。モノ扱いされない基本権を動物に認めるとは、人間と動物の衝突を可能なかぎり抹消することであって、その衝突を法制度の中に位置づけ存続させることではない。別の文脈で考えてみよう。遺伝子操作技術の素晴らしい新世界において、私たちは「健常」な人間の臓器移植用に、重度の精神遅滞を抱えた人間を実験室でつくり出し、成人になるまで「畜産場」で飼養し始めたとする。ところが私たちはやがて目を覚まし、たとえこの臓器移植用の人間たちを「人道的」に扱ったとしても、かれらを資源とすることに違いはなく、その利用は道に背くと悟る。すると私たちはこの行ないをやめ、臓器移植用につくり出した人間を世話する一方、それ以上の者を誕生させないと決めるだろう。私たちの利益と臓器提供者の利益の衝突なるものは消し去られるだろうが、この道徳的ジレンマが生じるのはひとえに、臓器提供者の人間を資源とすることで私たち自身が衝突をつくり出したからに他ならない。私たちはかれらを現在の動物たちよろしく火事の家へ連れ込み、自分たちの手で「衝突」をつくった上で、誰の利益を優先すべきかと問うていたのである。この臓器提供者の人々が生きているあいだ、私たちはかれらに訴えを起こす権利を認めるだろうか。おそらくそうするに違いないが、それはこの非倫理的な行ないを廃絶するまでの「間に合わせ」策でしかない。衝突をつくり出すのは間違いだと認めたら、重要なのは衝突をつくり出す行ないをやめることであり、それを道徳的な衝突から法的な衝突へと摩《す》り替え永続させることではない。(原注3)

残る衝突(原注4)

制度化された動物搾取によって衝突をつくり出すことをやめ、人間の利用目的で動物資源を生み出すことをやめた場合、なお人間と衝突しうるのは、主として飼育下にない動物たちだろう。しかし動物の利益を真に考慮するとしたら、そうした衝突は人間の命と動物の命のどちらをとるかというような火事の家の二択にはならない。例として、ある動物(鹿など)が、ある地域で増え過ぎたと想定してみよう。もっとも、これはいくらか現実ばなれした想定で、大抵の場合、鹿の増え過ぎは人間のせいで起こり、鹿の個体数「管理」が直接的な原因となるか、(訳注1)とめどない都市郊外の拡張〔スプロール現象〕が間接的原因となる。動物の利益を真に考慮し、動物の道徳的地位を認めると言いながら、問題解決のために鹿を殺そうと提案することは許されるだろうか。

答は明らかにノーである。殺しによる解決は、人口過剰問題を克服する道徳的に適切な対処とはみなされないのであるから、道徳に関係する何らかの違いが人間と動物のあいだにないかぎり、鹿の増え過ぎに対しても殺しによる解決を支持するわけにはいかない。人間が抱える同様の問題に対して使わない方法を鹿問題の解決に用いることは平等な配慮の原則に背く。人道的扱いの原則を受け入れる私たちは、動物の利益が道徳的に重要であると口では認めるが、かたや、鹿は観賞用の低木を食べるから殺してよいと考える者は多い。動物はモノではないと語る一方で、情感も利益も持たない低木の方が、モノ扱いされない鹿の基本権よりも大事であるとは、どうしたら言えるのか。鹿と人間の財産権とが衝突しているとみなされるのは、当事者の位置づけにおいてすでに平等な配慮の原則が違反されているからでしかない。人間が低木を損なっても殺しは正当化されない。鹿が低木を損なった時に殺しが正当化されるのは、名目上のあらゆる利益比較において初めから鹿が負けるように問題設定がなされているせいだと考えられる。

訳注1　第一章、毛皮産業の項で述べられていたように、個体数管理と称した猟殺によって健康な動物を殺していくと、生息密度の減少によって相対的に動物の食料と行動可能域が増え、繁殖の成功率と子孫の生存率を高めることが知られている。これを補塡的リバウンド効果（compensatory rebound effect）という。狩猟や鳥獣駆除の問題は、どの程度の狩猟圧までがリバウンド効果を生み、どの程度の狩猟圧に達したら絶滅に繋がるのか、その境が決して分からないことにある。

なお、動物による農林被害を抑えるための殺戮政策は、倫理的に許容しがたいのもさることながら、補塡的リバウンド効果を生むせいもあって、そもそも対策として意味をなさない。狩猟者の減少や狼の絶滅によって野生動物が増えている、という議論があるが、例えば猪の捕殺数は過去十年で四・五倍、日本猿の捕殺数は一・六倍にまで増加しており、それにもかかわらず農作物被害総額は十年前から二〇〇億円程度のままで変わっていない（江口祐輔監修『動物による農作物被害の総合対策』誠文堂新光社、二〇一三年、一五ページ）。鹿の「異常増加」にしても、実際には一九六〇年代以降に人間が鹿を激減させ、現在はその数が激減以前の水準に回復しているに過ぎない、という有力な説がある。狼の絶滅も、鹿の増加と時期的に重ならない（揚妻直樹「シカの異常増加を考える」『生物科学65（2）』、二〇一三年、一〇八〜一一六ページ）。

つまり、狼が絶滅したから人間が動物を間引きしなければならない、という説は嘘であり、農林被害を抑えるためには動物を殺すに限る、という考え方も誤りである。農林被害を減らすために取り組むべきことは、動物の餌場となっている耕作放棄地の整理、動物の生態を考慮した強化防護柵の設置、農地の共同管理、徹底した餌付けの禁止などである（江口、二〇一三年および小島望＋高橋満彦編著、畠山武道監修『野生動物の餌付け問題』地人書館、二〇一六年）。

鹿が増え過ぎた結果、車の前に飛び出して人命を脅かす事態になったらどうか。これもまた現実ばなれした想定で、鹿は概して理由なく車の前に飛び出したりはせず、むしろ道にさまよい出る最大の原因は、猟師に追われるなど、人間活動の脅威にさらされることにある。しかしいずれにせよ、動物の利益を真に考慮するのであれば、鹿殺し以外にも色々な対策が立てられる。避妊法のほか、フェンスその他の防壁や音響装置などの機材を使う方法も、鹿を道路へ寄せ付けない上で効果的なことが実証されている。ただし極端な状況では、別の生息地へ鹿を移住させることが必要になるかもしれない。

動物実験は「火事の家の二択」か

人間の病気を克服するための生物医学実験で動物を使うのはどうか。人間を救うために本当に動物を使うことが「必要」であるとしたら、これは火事の家の二択に等しい真の衝突ないし非常事態とみなせるだろうか。まず第二章でみたように、動物実験と人間の便益に因果関係があるか、また動物実験が人間の健康問題に対処する最良の手段であるかは極めて疑わしい。さらにこれも確認したことであるが、動物実験の大半は、助成金に飢える大学や企業の収益に資する以外では、到底、何ものの繁栄に貢献するとも言いがたい。しかし、仮に一部の動物実験が人間に便益をもたらすとしても、その状況における人間と動物の衝突なるものは虚構めいていて、それはちょうど、病気に苦しむ人間と、その病気の治療法発見のために実験で利用できるかもしれない他の人間とが衝突しているというのに等しい。動物実験から得たデータをともかくも役立てようとするなら、それを人間に外挿する必要があり、外挿はどれほど条件が良くとも科学として不正確きわまるものになる。人間の病気の治療法発見に資するデータが欲しければ人間を使う方がよい。にもかかわらず私たちは人間を同意なしに実験で使いはせず、病気にかかった（ないし、かかりうる）人々と、その治療法発見に向けた利用に同意しない人々が衝突しているとは考えない。人間は誰もが癌を発症しかねず、もし人々を本人の同意なく癌研究に利用できるとしたら、より良質な癌のデータを、より早く得られるに違いない。けれども私たちはそれをせず、それを衝突として捉えもしない。私たちは全ての人間が道徳共同体の成員であることを望み、皆を同じ仕方では扱わないにせよ、その成員資格が最低でも実験での人間利用を禁じると認める。実験を正当化すると思われる動物の「欠陥」は、いずれも一部の人間集団が同じく抱えるもので、その人々は決して実験では使われない。一部の動物を「実験材料」とみなす一方で、人間をそのように扱うことは例外なく許されないと考える私たちは、ここでも平等な配慮の原則に反し、同様の事例を別様に扱って、みずから衝突をつくり出している。

まとめると、モノ扱いされない基本権を動物が持つと認めるのであれば、かれらを人間の財産や資源とみなすことは許されない。動物は財産であるという大前提から出発して、かれらを仮定的な火事の家に置き、自分たちの手で衝突をつくり出した上で、誰の利益を優先するかと真剣に問う振りをするような真似はやめなければならない。そうした悩みは空虚であり、自分たちが利益の「比較衡量」を行なって道徳的に振る舞っていると思えるだけで、結論は初めから決まっている。

真の非常時や衝突時にはどうするか

もしも本当に火事の家の前を通りがかり、中に犬と子供が残っていてどちらかしか救えないといった、ありそうにない状況があったとしたらどうするのか。もしも怒ったピューマに出くわして殺されそうになったり、伝染病を持ったねずみに噛みつかれそうになったりといった、ありそうにない状況があったとしたらどうするのか。もしも本当にどこかの土地へ取り残され、一本の植物も見つけられず飢餓が迫るといった、ありそうにない状況があったとしたらどうするのか。そうした状況で動物よりも人間を優先する場合、その判断は、動物が道徳的価値を宿し、人間の資源として利用されるべきではないという考えに矛盾するのだろうか。

もちろん矛盾しない。私たちは常々難しい選択をしなければならず、情感ある存在がみなモノ扱いされない基本権を持つと主張しながら、真の非常時にある者を他よりもひいきにしたところで、何の矛盾も犯さない。次のような例を考えてみよう。緊急救命室の医師が、交通事故に遭って運ばれてきたばかりの、輸血が必要な二人の患者を前に、どちらを優先するか選ぶことを迫られたとする。病院には一人分の血液しかない。それを二人に半分ずつ輸血したら二人とも死んでしまう。医師はどちらを生かし、どちらを死なせるかを決めなくてはならない。一方の患者、サイモンは、事故とは関係のない末期疾患を抱えている。輸血をすればサイモンは回復し、病気で死ぬまでの一週間を生きられる。他方の患者、ジェーンは、健常な二十三歳の成人で、事故による負傷を除けば理想的な健康体である。医師は単純に、輸血後の余命が長いと見込まれることからジェーンを選んだとしよう。さらに、この医師は末期患者と健康な患者に資源を割り振る緊急事態を前にした際、常に健康な患者を優先するとしよう。

その場合、医師はサイモンその他の末期患者を、本人の同意なく痛ましい実験にかけてよいことになるのだろうか。ジェーンをひいきにするのであれば、医師はサイモンその他の末期患者を殺し、その臓器を他の患者に移植して多くの命を救ってよいことになるのだろうか。もちろんそんなことはない。なるほどサイモンその他の人間をそうした目的で利用できるなら、人々は多大な便益を得られるだろう。しかしそれは関係ない。私たちはそうした行為を、道徳的に忌むべきものとして拒否する。自分が引き起こしたのでない真の衝突を前に、医師が末期患者よりも健康な若者を優先したところで、単なる他者の資源として扱われないサイモンの基本権を医師が侵害してよいことにはならない。これと同じで、私が火事の家から必ず犬でなく人間を救う選択をしたとしても、それは他の状況で私が犬（もしくはその他の情感ある存在）を自分の目的に資する単なる手段として扱ってよいことを意味しない。

自己防衛はどうか。私はかつて、伝染病を抱えるねずみに噛みつかれそうになったら、ねずみを殺すかと尋ねられたことがある。私は質問者に、死の病を媒介して噛みつこうとする者がいたら、それがあなたであろうと誰であろうと殺すだろう、と返した。法律も大抵の道徳理論も、他の人間から危害を加えられそうになった際の自己防衛を認める。ある人物が正当な理由なく私に殺傷力のある武器を使おうとしていることが、合理的な判断によって推測できた場合――例えば、私は他人事に干渉しないというのに、ある人物が銃口をこちらへ向けて近づき、撃つぞと脅しかけてくる場合――、法律や道徳は、その攻撃を防ぐのに必要な殺傷手段の使用を私に認める。が、そうした状況で私が殺傷手段を用いてよいからといって、私がその人物を奴隷にしたり、同意なしに生物医学実験に使ったり、病気を抱えるわが子にその人物の腎臓を移植したりする行ないが許されるわけではない。

動物を食べなければ餓死するという状況はどうか。サイモンは飛行機の墜落事故で、人里離れた雪山に取り残されたとする。空腹は募り、救助はまともに考えて期待できず、植物は全く見当たらない。そこへ兎が通りかかり、サイモンは兎を殺すか餓死するかの選択を迫られる。こうした極端な状況では、サイモンが人間を殺して食べたとしても許したくなるのと同様に――現にそうした事例は一度ならずあった――、兎を殺しても許され、動物の権利論の立場には全く矛盾しない。(原注5) しかしサイモンが最終的に救助された場合、その後もなお兎を食べ続けるのは、人間を食べ続けるのと同様、道徳的に正当化されない。

非常事態で下さなければならない決断は、つまるところ恣意的で、かつ行為の一般原則に完全には沿えないものとなる。そうした状況の全てにおいて動物よりも人間を優先するとしたら、その選択は道徳的に許されない偏見を動物に向けているとの理由で、種差別になるのだろうか。違う。それは限られた血液を輸血する際に医師が必ず末期患者よりも健康な人間を優先するとしても、末期患者への偏見があるということにならないのと同じである。そうした状況ではどのような決定も道徳的に完璧とはいえず、人はただ最善を尽くすしかない。

動物が関わる場合も同様で、かれらが情感を宿す点で人間と共通する――それが資源扱いされない権利を持つ上で関係する唯一の特徴である――にしても、極端かつ異常な状況では、他の特徴をもとに人間を優先することは充分に考えられる。例えば私は犬が自己意識と知性を具え、未来像を描き、生き続けることを利益とする、とはっきり確信している。死が犬にとって害であることも疑わない。が、犬の心理は具体的には分からないので、死によって犬が失うものを漏れなく勘案することはできない。人間であれば、心理を直接に探れないのは同じであるにせよ、死の害やそれによって失うものはよりはっきり分かると思える。そこで、真の非常時に人間と犬のどちらかを選ばなければならなくなったら、私はただ犬よりも人間の失うものをよりよく理解できるというだけの理由で、人間を選ぶだろう。が、これは私が抱える認知の限界と、それが極端な状況でどう作用するかの問題であり、そうした状況で私が下す決定は大なり小なり恣意的にならざるをえず、またどのような決定も理想とはならない。私は人間にとっての死の害が犬にとってのそれよりも大きいとは思わないが、人間にとっての害を犬にとっての害よりも鮮明に理解できる（と思っている）。ともに資源扱いされない基本権を持つ両者を私が分かつのは、自分でも認めるこの恣意的かつ不満足な根拠によってである。しかしそこで人間を優先したからといって、私が犬を実験材料その他、自分の目的に資する単なる手段として扱うことが道徳的に許されるわけではない。

種差別に陥らず、動物が人間の資源として扱われない基本権を持つと認めながら、真の非常時において人間を動物に優先しうる理由は他にも考えられる。仮定として、またも火事になっている家の前を通りがかり、今度はそこに二人の人間、私の友人のサイモンと見知らぬ他人のジェーンが囚われていたとしよう。私はサイモンを救うに違いないが、それはジェーンの価値がサイモンに劣ると思われるからでなく、私がサイモンとその家族を知っていて、かれらがひどく悲しむことを察し、それを防ぎたいと考えるからである。ジェーンにも家族はあるだろうが、私は彼女やその一家のことを知らないので、かれらの悲しみはそこまでの重みを占めない。ここでも私の判断はどこか恣意的で、道徳的に満足のいくものではない――私にとってはサイモンとジェーンの両方を救える方がよい。では私の選択肢が、他人のジェーンを救うか、犬を救うかであったらどうか。私はジェーンに家族がいると思い、彼女が死ねばその人々が悲しむだろうと想像する――その悲しみは、ジェーンが私の母や妻、姉妹、子供であったとしたら、明らかに理解できるものである。他方、犬が他の動物や人間とどのような関係を築いているかは私には分からないかもしれず、犬を愛する者たちがジェーンの家族よりも嘆き悲しむかは判断がつかないかもしれない。むしろ普通は、人間である家族の一員を亡くす方が、犬を亡くすよりも人間関係への悪影響が大きいと考えたくなる（そうでない場合もあるが）。やはり私は困難で正解のない状況に置かれ、満足な比較を行なえない。しかしそこで最善を尽くそうとした私が犬よりもジェーンを優先したとしても、それによって私が犬を実験にかけてよいという結論にならないのは、サイモンを優先する選択がジェーンを実験に使う口実とならないのと同じことである。

第五章でみたように、人間による動物の財産扱いはユダヤ - キリスト教の信仰と関係した理由で正当化されるといわれるが、人間は神の似姿で動物は霊的「劣等者」であると信じることと、資源扱いされない動物の基本権を認めることは必ずしも矛盾しない。旧約聖書の創世神話が、天地創造の場面で人間に特別な地位を与えているのは争えないとしても、創世記の叙述からすると、人間が本来は他の動物の世話役で、アダムとイブが神との誓いに背いて見放されるまでは動物を食べたり殺したりしなかったという説も一考の余地がある。

信仰を持ち、例えば人間だけが魂を宿すと考える人々が、それを理由に真の非常時や衝突時には必ず動物よりも人間を優先すべきだと唱えながら、なおかつ、動物は道徳的価値を具えるので人間はかれらを資源として扱ってはならない、またそもそもみずから衝突をつくり出して平等な配慮の原則に背いてはならない、と唱えるのは不可能ではない[原注6]。

この立場は、魂の有無を生物種の違いだけに帰着させ、種差別の偏見を反映している点で、全く不満のないものではない。ただ重要なのは、宗教にしたがって人間が動物に優越すると信じる人々でも、動物の資源利用が道徳的に許されるという見方に与《くみ》する必要はないという点である。信仰を持つ人々は魂などの霊的価値を非常時の判断基準に用いてもよい。それは医師が非常時に末期患者よりも健康な人間への輸血を優先するようなものであるが、だからといって医師は末期患者を同意なく実験材料や臓器提供者にしてよいとは考えない。

動物を人間に優先する？

真の非常時や衝突時には人間を動物に優先してよいとしても、これはそうした状況で動物を優先してはならないという意味ではない。というより、人間を動物に優先したいという思いが強固であっても、状況次第ではその直観的なひいきが揺らぐことは既に大抵の人々が認めるところである。嫌な人間と犬のどちらかを救うとなったら、ほとんどの人は犬を選ぶだろう。自分が見知って愛している動物と赤の他人のどちらかを救うとなったら、やはり人間を優先する直観は弱まる。他にもこの直観が揺らぐ状況は考えられる。火事の家の前を通りがかって、中に余命一週間もない末期疾患を抱えた人間と、健康なチンパンジーがいたとしよう。この状況もまた、全ての選択が恣意的で道徳的に完璧とはならない例である。私は人間を選ぶかもしれないが、チンパンジーを選ぶかもしれない。認知に限界があるので、私はチンパンジーの失うものを完全には理解できないが、かれらの遺伝子は九八・五パーセントが人間と同じであるし、チンパンジーが失うものは人間のそれと極めて近いはずだと判断できる。他の条件が同じであれば、私は余命の長いチンパンジーを優先するだろう。しかしそうしてみると、同じことは当の動物が健康な若い犬であっても言えるように思う。犬が失うものを完全には理解できずとも、私は死が犬にも人間にも害になると考えるので、この極めて異常かつ極端な状況では、犬の方が救出後に長生きできることを思って判断を下すだろう。

忘れてはならないが、動物の利益を真に考慮する場合、私たちは動物を「ペット」として飼い馴らしたりはしないので、そもそも火事の家に犬を置くことはない。末期疾患を抱えた人間を後回しにして犬を救う決断が道徳的に妥当と思いにくいのは、どれほど犬や猫が人から可愛がられていても、かれらはやはり財産のままで、いかなる仮定においてもそのような存在として思い描かれるからである。すでにみてきた通り、人間にあてがわれた財産の地位と動物にあてがわれたそれは重なり合う。人間奴隷制は奴隷と奴隷所有者の衝突をつくり出し、利益の「比較衡量」においては奴隷の負けが初めから決まっていた。タイムマシンで一八五〇年に戻り、奴隷所有者に向かって、火事の家に白人と有色人種がいたらどちらを救うかと尋ねることができた場合、答は聞くまでもない。奴隷所有者からすれば有色人種は所有対象のモノである。誰を救うかという問いは、財産の地位にある者とない者を比べる時にはまるで意味をなさない。それと同じで、犬を人間よりも優先するのかという問いは、財産の一つを人格の持ち主よりも優先するのかという意味にしかとれない。

動物の権利論と一般通念──見事な合致

序論において、道徳問題は「二足す二は四」式に「証明」することはできないと述べた。しかし、ある道徳理論が特定の問題をめぐる常識や一般通念を説明し統合できるかは分かる。私が論じてきた動物の権利論は、動物をめぐる一般通念のもとにある二つの直観に適う。すなわち第一に、動物は道徳的に重要な利益を有し、人間はそれに対して直接の道徳的義務を負う。第二に、真の衝突時や非常時には、私たちは人間を優先してよい──もっともその衝突自体がもとより平等な配慮の原則に反してつくり出されたものであってはならないが。つまり動物の権利論は以上二つの直観に内省的均衡ないし「合致」をもたらす。

動物の権利論にしたがえば、人間以外の情感ある存在を人間の目的に資する手段として扱うことが道徳的に許されるという考えは捨てなければならない。真の衝突時に人間を優先するのは正当ないし許容可能だとしても、そうした衝突をみずからつくり出した上で動物の利益を真剣に考慮する振りを装うことは許されない。人間を利用する上では考えられないような、あらゆる不必要な目的のために動物を利用することが許されるというのなら、かれらに不必要な苦しみを負わせてはならないとする規則は無意味と化す。情感ある存在の生命が人間の目的に資する手段としての価値しか持たないのであれば、その存在の利益にも実際上は道具的価値しか具わらない。

権利論の見方を拒むと、動物の利益は何ら道徳的な重要性を持たず、人間はかれらに直接の義務を負わないとする十九世紀以前の思想へと退行する。無論、私たちが動物に直接の義務を負うと言わずとも、人をやさしく思いやりある性格に育てるためという理由から、動物に「やさしく」あれと唱え、今以上に動物を良く扱うことは可能である。が、現実にはそのような道徳的関心だけで、経済物資の地位を脱しない動物の世話や扱いが飛躍的に改まる見込みは乏しい。むしろ人の健康や環境をめぐる懸念が動物の利用と扱いを変化させるという方が、よほどありそうな話である。(原注7) いずれにせよ、十九世紀以前の見方に立つとしたら、動物虐待は人間に対する悪しき振る舞いを助長するかぎりにおいて否定されうるばかりで、動物の扱いについて他に言えることはない。動物の扱いに関する規範は人間におよぶ結果だけに左右される。この立場は、動物の利益が道徳的に重要だという見方に反するばかりか、動物の利用と扱いをめぐる現状や伝統的思考を是認することにしかならない。社会の大半の人間が肉を食べていれば、肉食が人に対する不親切な態度を助長するという考えはまず育たない。大半の人間は普通、自分が道徳に適っていると思いがちなので、肉食をはじめ、広く受け入れられている動物利用に鋭い批判眼を向ける見込みは小さい。

概して、他人に有害な振る舞いを促すとみられやすいのは、伝統でない動物利用や、冷遇されている集団ないし小集団の関わる利用である。例えばアメリカでは、一般に「下層」階級の娯楽とされる動物闘技が多くの州で法律により禁止され、世間から野蛮とみられている。が、闘鶏は明らかに他の多くの娯楽的な動物利用と変わるところがなく、全く問題がないとされる後者の中にはアメリカで人気の気晴らし、ロデオもある。どちらの催しでも、動物は人間に置き換えたら「拷問」とみられるであろう扱いを受けるが、ロデオは闘鶏よりも「伝統」がある。また、肉の味を好むというだけの理由で年間およそ八〇億羽の鶏を屠殺する国が闘鶏を禁止するというのは、ほとんどシュールなほどの奇怪さである。サンテリアという宗教を奉じる人々(多くはカリブ諸国からの移民)が儀式の中で動物を生け贄にすることに対しては、精力的な告発と社会からの批判が重ねられてきた。生け贄はまことに残忍で、山羊や羊や豚の頸動脈切断、あるいは鶏の斬首による放血を伴うが、これらは国内の屠殺場で日々行なわれることと変わらない。にもかかわらず、私たちの多くはゆったりラムチョップとハンバーガーを楽しみながら動物の生け贄を野蛮だと称する自分の矛盾に気付かない。(原注8)

同様に、イギリスでは労働者階級の娯楽である熊いじめや牛いじめ(熊や牛に犬をけしかけて戦わせる遊戯)、闘鶏、闘犬が十九世紀に禁じられた一方、狐狩りや兎狩りといった、娯楽以外の何ものでもない他の動物利用はいまだに合法とされている。動物闘技と狩猟の違いは、動物虐待としての差異によるのではない。違いは、その娯楽が社会経済的な下層階級のものとされてきたか(熊いじめや動物闘技)、それとも中産階級や上流階級のものとされてきたか(狐狩りや兎狩り)である。(原注9)

いずれにせよ、ほぼ全ての社会が一部の動物利用を禁じてはいるが、そうした禁止は動物の利益を道徳的に尊重した結果だと解するべきではない。そこで禁止される動物利用は、単に特定の文化圏で伝統となっていないもの、社会の支配層にとっての伝統でないもの、ひいてはその文化圏における制度化された動物搾取でないものに限られる。例えば闘犬はアメリカ人のあいだでしばしば批判の的となり、全国的に違法とされているのに対し、ロデオや弓狩猟は法で認められる。それに似て、アメリカ人やイギリス人の多くは韓国や中国などの犬食・猫食を批判する。しかし犬や猫を食べるのは豚や牛を食べるのと同じことであって、違いはただ一部の西洋諸国で犬猫が動物財産としてひいきにされている点にしかない。

最後に、人間同士の人道的な扱いを促すために、動物を人道的に扱うことが必要だと考えるなら、動物利用は人類の福祉に貢献するのだから、やってよいどころか、道徳的にやらなければならないという奇妙な結論に至ってしまう。この思考が元となって、一部のスポーツ・ハンティング支持者は、動物を撃って攻撃性を発散させることが人間に対する攻撃性を和らげると主張する。このあべこべ論理によれば、猟師は動物を撃てば撃つほど柔和になる。したがって人間にしか道徳的義務を負わない猟師にとっては、猟師でいることこそが道徳的な義務である。動物殺しは人格形成の手段とすらみなされる。例えばミズーリ州で争われた「州政府対ボガーダス」事件では、飼育下の鳩を射撃する娯楽が「男性的」なスポーツとして容認できるとの判決が下った。「火急の際、国家が国民に求める奉仕〔兵役〕は、男性的なスポーツで培われる資質を大きな要《かなめ》とするものであり、特に魅力あるスポーツの中には、物言わぬ鳥獣に一定の損傷を負わせることが不可避なものもある(原注10)」。

動物が道徳的価値を持たず、かれらに暴力を振るうことが人間の人間に対する暴力性を和らげる、ないし善良な人格を育てるというのであれば、私たちはみな、動物の扱いに暴力を用いる道徳的な義務を負っていると考えなければならない。この思想は道徳的な狂気である。

人道的扱いの原則を認める私たちは、既に動物が人格であって単なるモノではないことを口では認めている。すなわち、人間は動物に対し直接の道徳的義務を負わないという考えを私たちはしりぞけ、動物には道徳的に重要な利益があると主張する。しかし本当にそれを信じるのなら、動物に平等な配慮の原則を適用し、かれらにあてがわれた財産という地位を否定しなければならない。制度化された動物搾取は単に規制するのではなく廃絶する必要があり、衣食・娯楽・実験・製品試験・スポーツを目的とした動物の繁殖や利用はもはや認められない。人間と動物の衝突は、そもそも人間が動物を経済物資とすることでつくり出した偽りの衝突であるものが圧倒的大半なので、それらは雲散霧消するだろう。

それでも、街を彩《いろど》る低木を野生動物が食べるなどの衝突は残るかもしれない。そのような場合には平等な配慮の原則にのっとり、同様の利益を同様に扱うよう最善を尽くすのが私たちの務めである。すると最低でも、人間が相手であれば殺傷手段の利用が禁じられる場面で、衝突を解消するため故意に動物を殺害する措置は避けるよう、誠心誠意努力することが求められる。ただしこの議論は、動物の利益を道徳的に尊重する場合、自動車運転手が誤って動物を轢《ひ》いた時には殺人と同等の罪で起訴する必要がある、という話ではない。また、マングースとコブラの争いを取り締まることが人間の道徳的義務であるという話でもない。

無論、動物の利益が道徳的に重要であると認められるのは、人間のあり方に根本的な変化が訪れた時だろう。動物の道徳的価値が認められ、制度化された搾取が廃絶されるのは、人間が他の人間に日々振るう暴力の多くが、総じて不道徳とされてからのことと思われる。同じく、種差別が葬られるのは、いまだ私たちの文化に影響をおよぼし、一部の人々を道徳共同体から締め出そうとする人種差別や性差別、同性愛嫌悪が、総じて不道徳とされてからのことと思われる。

動物搾取の廃絶は、畜産業による否定の余地がない環境破壊から地球を守り、私たち自身の健康をも高める最良の方途となりうる。そして仮に私たちが動物に何の配慮もせず、人間にしか道徳的価値を認めないとしても、膨大な数の人間を飢餓に追いやる畜産業を廃絶すべきことに変わりはない。

この新たな世界に向け、私たちは当然、代償を払うことになる。私たちは動物を食べ、脂肪で血管を詰まらせるという不必要な快楽や、ロデオなりサーカスなりで動物が虐げられるさまを観る道楽、森を歩きながら動物を銃で吹き飛ばし弓矢で傷つける興奮、それに実験施設の外では決して動物が使わない薬剤で動物を中毒にするという極めて怪しい科学を、手放さなくてはならない。最後に、私たちは一部の動物を愛し、家族としてもてなし、かれらの情感や感情機能や自己意識や個性の存在を微塵も疑わない一方で、その動物伴侶と肝心な点において何一つ変わらない他の動物にディナー・フォークを突き立てるという、自分たちの道徳的滅裂に立ち向かわなくてはならない。

様々な点で、社会に浸透した動物観を振り返れば、《私たち》と《かれら》の違いが合理性にあるという考えは疑わしくなるはずである。

補論——二〇の質問（と回答）

この補論では動物の権利をめぐり、長年のあいだに私の元へ寄せられた多くの質問を取り上げたい。これらの問いは何度も繰り返されてきた上、討論の場がアメリカであるか、他の西洋諸国や非西洋諸国であるか、また聴衆が法学部・医学部・獣医学部・高等学校の教員や学生であるか、ラジオのトークショーに招かれた一般大衆であるか、ジャーナリストか、あるいは休日のパーティーに集った近所の人々かを問わない。これらの質問を検証することは、本書で語ってきた動物の権利論が具体的な場面でどう応用されるかを示す目的にも役立つものと信じる。

問1：豚や牛、実験用ラットのような飼育動物は、人間の目的に向けて繁殖されるのでなければ、そもそも存在しえないだろう。だとしたら人間はかれらを資源として扱ってもよいのではないか。

答：よくない。人間が一面においてある生きものを存在させる原因になっているからといって、人間がかれらを資源として扱う権利を有することにはならない。もしその権利があるとしたら、私たちは自分の子供を資源として扱ってよいことになる。突き詰めれば子供は私たちの行動——妊娠する選択から避妊をしない選択まで——がなければ存在しえない。しかし、私たちの子供の扱いには一定の裁量権が認められはするものの、そこには限度がある。子供は現在の動物たちのように扱ってはならない。奴隷にしたり、売春をさせたり、臓器を売り飛ばしたりすることは許されない。殺すことも許されない。むしろ子供に生を与えたら、親はその子供を搾取するのでなく養育する道徳的責任を負うというのが文化の規範である。

注目すべきことに、アメリカの人間奴隷制が正当とされた理由の一つは、奴隷となった者の多くは奴隷制がなければそもそも存在しえなかったという論理にある。アメリカに連れて来られた最初の奴隷たちは出産を強いられ、生まれた子供は財産とみなされた。この議論は今日からすればバカげてみえるが、それで分かる通り、私たちは財産制度――人間のそれか動物のそれかを問わず――をよしとした上で、財産を財産扱いするのが正当かと問うことはできない。その答は初めから決まっている。むしろ初めに問うべきは、動物（ないし人間）を財産とする制度が道徳的に許されるのか、である。

問2：権利は人間の発明品である。どうしたらそれを動物に適用できるというのか。

答：人間であれ動物であれ、その道徳的地位は生みの親が誰かによって決まるのではないのと同じで、道徳概念の適用範囲は誰がそれを発明したかで決まりはしない。道徳的恩恵に浴せるのが道徳概念の発明者だけだとしたら、人類のほとんどはいまだに道徳共同体の外に置かれる。今日の権利概念は実際のところ、富裕層の白人男性地主の利益を守る手段として発明された。それどころか道徳概念の大半は、歴史的には特権階級の男性らが他の特権階級の男性を利するために発明したものである。時代が下るにつれ、人々は平等な配慮の原則のもと同様の事柄を同様に扱い、ひいては権利（およびその他の道徳的恩恵）を他の人間にまで拡張すべきことを認めるに至った。平等な配慮の原則はとりわけ、人間による人間所有を忌むべきものとした。同原則を動物に適用するならば、資源扱いされない基本権をかれらに拡張しなければならない。

動物が権利を発明したか、権利概念を理解できるかは関係ない。人間であれば、権利に浴する上で、権利を発明しうる能力を持つか、権利概念を理解できるかは問われない。例えば重度の精神遅滞を抱える人は権利の意味を理解できないかもしれないが、だからといって、かれらには他者の資源として扱われない基本権すらも認めるべきではない、という結論にはならない。

問3：ペット所有の制度はモノ扱いされない動物の基本権を侵すのか。

答：侵す。ペットは人間の財産である。犬や猫、兎、ハムスターなどは工場のボルトよろしく大量生産され、鳥や異国産動物は自然界から捕らえられて長距離移送される上、移送中に多くが息絶える。ペットは他の商品と全く同じ形で売買される。伴侶動物を大事にする人々はいても、粗末に扱う者の方が多い。アメリカではほとんどの犬が、家庭に来て二年もしないうちに不要犬の収容所へ捨てられるか別の飼い主に譲り渡される。飼っている動物を他人に譲る、シェルターに連れて行く、野に捨てるという者は七割以上にのぼる。近所の犬が短い鎖に繋がれ一生の大半を孤独に過ごすなどという恐ろしい話は珍しくない。巷《ちまた》に溢れる捨て猫や捨て犬は悲惨な生を送り、餓死や凍死や病死を迎えるほか、人間の虐待も受ける。伴侶動物を愛していると口にする者も、深く考えずに動物の耳を切り取り、尾を切り落とし、家具を引っ掻かないよう爪を取り除く。

動物の伴侶を家族として扱い、内在的価値や資源扱いされない基本権を実際において認めることはできる。しかしその扱いは、飼い主が動物財産を市場価値以上に評価しているという意味を持つに過ぎず、飼い主の気が変わって、調教のために犬を毎日厳しく叩いたり、物置きの地下に潜むねずみを捕らえさせようと猫の餌を抜いたり、出費が嫌になって動物を殺したりしても、その行ないは法によって擁護される。人間は好きなように自分の財産を評価できる。まめに車を磨くのもよいが、塗装が剥げるままにしておいてもよい。選択肢はあなたにある。車検を通過するよう最低限のメンテナンスさえしていれば、あとは車をどうしようと勝手で、廃物商に引き取ってもらっても構わない。最低限の餌と水と住まいさえ与えていれば、あとは無目的な虐待を加えるのでないかぎりペットをどうしようと勝手で、地域のシェルターへ引き取ってもらうもよし（すると多くの動物は殺されるか研究施設へ売られる）、獣医に殺処分を任せるもよしである。

遥か昔、私は法学院の同級生からハムスターを譲り受けた。ある晩、ハムスターが病気になったので獣医の救急サービスに電話した。獣医は救急外来だと最低でも五〇ドルがかかると言い、なぜペットショップで「新品」のハムスターを買えば三ドルほどで済むというのに、そんな額を出すのかと尋ねた。私はとにかくハムスターを獣医に診せたが、この出来事は動物が経済物資の地位にあることを痛感させられた初期の思い出の一つである。

七匹の救助された犬の伴侶たちと暮らし、かれらを心から愛する者として、私はこの問題を軽くは扱わない。私はこの伴侶たちを家族とみるが、かれらはやはり財産であって、私は明日、かれらを皆殺しにしようと決めることもできる。犬と暮らすのが楽しくとも、世界にたった二匹の犬しかいなくなったとしたら、私は二匹に子を産ませて「ペット」を増やし、かれらを未来永劫、財産の地位に置いておこうとは思わない。大体のところ、本当に犬が好きだという人は「子犬工場」へ行くべきである――そこでは犬たちが何十万匹と繁殖され、ただの商品としてしか扱われない。雌犬は何度も出産を強いられたあげく、「廃用」になったら殺されるか研究施設へ売られる。無論、今いる飼育動物たちはみな大事にすべきであるが、今後もさらなる動物たちに生を与えて人間がペットを所有することは許されない。

問4：動物を人間の資源として利用する営みを廃絶したがるのは、動物研究によって病気を克服しうる人々よりも、動物の方を大事にする態度ではないか。

答：もちろん違う。この質問は論理的にも道徳的にも、人間奴隷制の廃止を支持した者たちは、煽りを喰う南部人の幸福よりも奴隷を大事にしたのか、と問うのと変わらない。

問題は誰を一番大事にするか、尊重するかではなく、情感ある存在――人間であれ動物であれ――を物資もしくは他者の目的に資する手段としてのみ扱うことが道徳的に正当かどうかである。例えば私たちは普通、人間を同意なしに生物医学の実験材料とすることは、それが動物実験よりも人間の病気について遥かに有用なデータを生むにしても、よしとしない。そもそも、動物実験のデータを人間に応用するとなれば――そのデータが曲がりなりにも参考になるとしての話だが――概して困難かつ、どこまでも正確さを欠く外挿を経なければならない。人間を使えば外挿の必要はなくなり、この困難を回避できる。それでもそうしないのは、たとえ多くの道徳問題について人々の意見が異なるにせよ、人間を本人の意思に逆らって実験材料とすることは初めから選択肢にないという点で大筋の合意が成り立っているからである。それが人体実験の恩恵を受ける人々よりも、実験材料とされたがらない人々の方を大事にする態度だと論じる者はいない。

問5：人間による動物利用は「伝統」もしくは「自然」なことなので道徳的に許されるのではないか。

答：人類史上のあらゆる差別は「伝統」という名目で擁護されてきた。性差別は決まって、女が男に仕えるのは伝統だという理由から擁護される――「女の居場所は家庭だ」と。人間奴隷制は多くの文化圏でかつては伝統だった。ある行ないが伝統と形容できることは、それが道徳的に許されるか否かとは関係ない。

伝統を口実とする他に、人間の動物利用は「自然」なことなので道徳的に許されると論じる者もいる。が、先と同じく、ある行ないを自然と称するだけではその行為の道徳性について語っていない。そもそも歴史上の差別はほぼ全て、伝統と目される一方で自然とも形容されてきた。二つの概念はしばしば同義で用いられる。人間奴隷制は奴隷所有者と奴隷の自然な序列を形にしたものとして擁護されてきた。性差別は男が女に勝る自然の優劣を形にしたものとして擁護されてきた。加えて、現代における動物の商品化を自然と形容するのは、言葉の意味をどう解釈しても奇妙である。収益の最大化を目指す私たちは、全くもって不自然な環境と農法を生み出した。いびつな実験では動物から人間へ、人間から動物へと遺伝子や臓器を移植する。今日ではクローン動物もつくられる。これらのどれ一つとして自然なものはない。「自然」だの「伝統」だのといったラベルは、まさにラベルでしかない。そこに思考はない。動物に苦痛を課す行ないを自然や伝統と称して擁護する者は、他の口実で自分たちの行ないを正当化できないのが普通である。

この質問の変化形は、特定集団の伝統を引き合いに出す。例えば一九九九年五月に、ワシントン州の先住民マカ人が、最後の捕鯨から七十年以上を経て克鯨《こくくじら》を殺した。モーターを搭載したボート、スチール製の銛《もり》、対戦車砲、徹甲弾薬、それに連邦政府から支給された三一万ドルの助成金を使って行なわれた捕鯨は、マカ人の伝統という名目で擁護された。しかし同じ議論はアフリカの陰核除去やインドの嫁焼き(訳注1)を擁護するのにも使える(そして現に使われる)。問題は当の行ないが文化の一部であるか、ではない。全ての行ないは特定の文化の一部といえる。問題は当の行ないが道徳的に正当化できるか、である。

最後に、自然界では人間以外の動物も他の人間以外の動物を食べるのだから、人間の動物利用も自然だという議論がある。これに対しては四つの反論が挙げられる。第一に、自然界では確かに動物を食べる動物もいるが、多くは違う。多くの動物は草食である。また、自然界には「残酷な自然」というイメージで連想

訳注1　夫やその親族が、嫁側の家族に持参金の支払いを要求して拒まれた際に嫁を焼き殺す風習。

されるよりも遥かに沢山の協調が見られる。第二に、動物が他の動物を食べるという指摘は的外れである。それが何だというのか。一部の動物は肉食性で、肉を食べなければ生きられない。人間はその分類に属さず、肉を食べずとも問題なく生きられる上、動物性食品の摂取から離れることが健康にも環境にもよいという意見は強まっている。第三に、動物たちは人間が道徳的に適切とみない色々なことをする。例えば犬は路上で交尾や排泄を行なう。とすると人間もそれを見習うべきなのだろうか。第四に、興味深くも私たちは、動物搾取を正当化する上で都合のよい時には人間の「優越性」を口にする。そしてその「優越性」なるものが差し障る時は突如、自分たちも一介の野生動物と変わらないので、狐と同じく鶏を食べてよいと言いだすのである。

問6：動物を搾取しなければ今日のような社会は築かれなかった。そう考えれば人間の動物利用は道徳的に許されるのではないか。

答：許されない。第一に、この問いは利用できる動物がいない時や、人間が動物を資源として搾取することをやめる道徳的決断を下した時に、必要とあらば私たちは動物利用に代わる方法を考え出すはずだ、という想定を置いていない。第二に、もし今日のような社会を築く上で動物利用が欠かせなかったとしても、同じことはあらゆる人間活動について言える。例えば戦争や父権制、およびその他の暴力や搾取がなければ今日のような社会は築かれなかった。一部の者にとって望ましい目的のためにある活動が手段として必要だったというだけでは、その手段の道徳的な正当性を示したことにならない。今日のアメリカ人が浴している繁栄は、人間奴隷制がなければありえなかったが、それは奴隷制が道徳的に許されることを意味しない。第三に、暴力、汚染、不平等な富の分配、様々な不正にまみれた今日の社会は、言われるほど望ましい到達点でなく、人類をそこへ導いた手段をそう手放しに肯定すべきでない、という議論は少なくともあってよい。

問7：種差別を人種差別や性差別と同列に並べるのは、動物を有色人種や女性と同列に並べることにならないか。

答：ならない。人種差別、性差別、種差別、その他の差別形態に共通するのは、道徳に関係ない特徴（人種、性別、生物種）を根拠に、利益を有する者を道徳共同体から締め出し、平等な配慮の原則に公然と背いてその利益を軽視することが許されると考える点である。例えば種差別と人間奴隷制は、モノ扱いされないことを基本的な利益とする動物ないし奴隷を、道徳に関係ない基準にもとづきモノ扱いする点で共通する。動物だから、というだけで動物の基本権を否定するのは、奴隷人種が劣った存在であるという想定のもと、人種にもとづく奴隷制の廃止に反対するようなものである。奴隷制の擁護に使われる議論と動物搾取の擁護に使われる議論は構造が等しい――どちらも、道徳共同体に入る資格とは無関係な点で「かれら」と「私たち」は違うと考え、利益を有する者を道徳共同体から排除する。動物の権利論は、動物が道徳的に重要な存在だと信じるのであれば平等な配慮の原則に即し、かれらをモノとして扱うことはやめなければならないと訴える。

これに関連してよく聞かれるのは、種差別が人種差別や性差別、その他の差別形態と「同じくらい悪い」ものなのか、という質問である。一般論として、悪に順位をつけるのは意味がない。ヒトラーのユダヤ人虐殺は、彼のカトリック虐殺やロマ虐殺「よりも悪い」ことだったのか。奴隷制は集団殺害「よりも悪い」ことなのか。人種にもとづかない奴隷制は人種にもとづく奴隷制「よりも悪い」のか。性差別は奴隷制や集団殺害「よりも悪い」のか、それとも奴隷制「よりは悪い」が集団殺害より悪くはないのだろうか。率直に言って私はこの質問の意味が分からないが、おそらく、訊き手は暗にある集団が他に比べ「より大事」だと思っているのだろう。いずれにせよ、以上の差別形態はどれも浅ましく、その浅ましさは三者三様である。しかしそのどれもが一点において共通する――これらは全て人間を、保護すべき利益を持たないモノとして扱う。その意味で、以上の差別形態は全て独特であると同時に、動物をモノとして扱うことに繋がる種差別と共通する[原注1]。

　最後に、一部の動物が一部の人間、例えば重度の精神遅滞や重度の認知症を患う人々よりも優れた認知機能を持つと論じるのは、その人々を動物と同列に並べ蔑《さげす》む仕打ちだと指摘する声がある。これも動物の権利論の要点を掴んでいない。何世紀にもわたり、動物の資源扱いはかれらが人間固有の特徴を欠くという想定のもと正当化されてきた。しかし一部の動物はその「非凡」な特徴を一部の人間以上に持ち合わせ、一部の人間は同じ特徴を全く具えない。大事なのは、ある特徴が一定の目的のためには意味をなすとしても、道徳的な尊重のために必要な特徴は情感しかないという点である。障害を抱える人々は他の人間の資源として扱われはせず、そう扱うべきでもない。そしてもし私たちが本当に動物の利益を道徳的に重要と考えるのであれば、平等な配慮の原則のもと、かれらを資源として扱うことも同じく差し控えなければならない。動物の権利論は人間の生命の尊厳を損なうのでなく、全ての生命の尊厳を高める。

問8：ヒトラーは菜食主義者だった。これは菜食主義者について何を物語るのか。

答：悪人の中には菜食主義者もいるかもしれない、ということ以外に何も物語らない。この質問は破綻した三段論法にもとづく――ヒトラーは菜食主義者だった、ヒトラーは悪人だった、ゆえに菜食主義者は悪人である。スターリンは肉を食べていた。彼は善人ではなく、罪のない何百万人もの人々を葬った。これは肉食者について何を物語るのか。全ての肉食者が、肉を食べる以外にスターリンと何らかの共通点を持つとは言えないのと同様、全ての菜食主義者が菜食以外にヒトラーと何らかの共通点を持つと言うこともできない。さらに、ヒトラーが本当に菜食主義者だったかは明らかでない。(訳注2) そしていずれにせよ、ナチスが肉の消費を抑えることに関心を向けたのは、動物の道徳的地位とは無関係に、身体の健康や治癒を求め、「民族衛生」(優生政策) という大目的に関連して食品の人工添加物や製薬を避けようとした意図に発する。(原注2)

形を変えた質問に、ナチスは動物の権利を支持したのだから、動物の権利論は道徳理論として破綻しており、人間を貶めることに繋がるのではないか、というものがある。この問いもおかしい。まず、これは事実に反している。ナチスは動物の権利を支持しなかった。ドイツの動物福祉法は動物実験に多少の制限をかけたとはいえ、そこには財産という動物の地位を廃することへの社会的関心はほとんど反映されなかった。結局のところ、ナチスは第二次大戦中の気まぐれから無数の人間と動物を虐殺したのであり、これは人間その他に権利を認める立場とは相いれない。ナチスが動物の権利を支持したと考えるのは、連邦動物福祉法があるのを根拠にアメリカ人が動物の権利を支持していると考えるのに劣らないほどの誤りといってよい。

しかし事実に反し、仮にナチスが動物搾取の全廃を支持していたのだとしたらどうだろう。それは動物の権利論について何を物語るのか。答は明白である――それは動物の権利論の善し悪しについて何も物語らない。

訳注2　ヒトラーが菜食主義者だったという伝説は嘘だと判明している。詳しくはチャールズ・パターソン著／戸田清訳『永遠の絶滅収容所――動物虐待とホロコースト』(緑風出版、二〇〇七年) およびジョン・ソレンソン著／拙訳『捏造されるエコテロリスト』(緑風出版、二〇一七年) を参照されたい。

ない。その善し悪しは動物の権利を肯定する道徳の議論が妥当かどうかによってのみ決まる。ナチスは一方で結婚も大いに奨励した。とすると結婚は本来的に不道徳な制度なのだろうか。ナチスはまたスポーツが逞《たくま》しい人格を育てるのに欠かせないとも考えた。すると競争スポーツは本来的に不道徳なのだろうか。イエス・キリストは公平の思想から資源の共有を説いた。ガンディーも似たことを述べ、スターリンもそれを唱えた。しかしスターリンは一方で人間を貶めた。ならば公平な資源分配という思想は本来、道徳的に誤りで、イエスやガンディーの汚点となるのだろうか。まさかそんなことはない。動物の利益を道徳的に尊重しても人間の生が貶められないのは、重度の精神遅滞を抱える人のような特定の人間集団に価値を認め、かれらを使う人体実験を禁じたとしても、「健常」な人間の生が貶められないのと同じことである。

問9：権利を持てるか否かの境界はどこにあるのか。虫は権利を持つのか。

答：私の考える境界は情感の有無にあり、これは既に論じた通り、情感を具える存在が利益を有し、利益を有することが道徳共同体の成員となる必要充分条件だからである。虫は情感を具えるか。精神を介して痛みや喜びを経験する意識的存在か。それは分からない。が、厳密な境界が分からないからといって、どこかで線を引く義務がなくなるわけでも、動物を好きに利用することが許されるわけでもない。虫が情感を具えるかは分からずとも、牛、豚、鶏、馬、鹿、犬、猫、マウス、チンパンジーが情感を具えることは分かる。それどころか今日では魚が情感を具えることも広く認められている。したがって虫を境界のどちらに置くかは決められないとしても、それによって、情感があると分かっている動物たちへの道徳的義務から私が解放されることはない。

概して、この質問が言わんとしているのは、道徳上の境界が分からない、もしくは設けにくい時は、境界を設けるべきではない、ということである。この考え方は妥当性を欠く。次のような例を考えてみよう。人権の範囲については全く意見がまとまらない。ある論者らは、保健と教育は文明国の政府が万人に保証すべき基本的権利であると考えるが、別の論者らは、保健と教育を権利ではなく、金で買う商品だと考える。しかし人権についてどのような意見の不一致があろうと――どこに境界を設けるかは不明確であろうと――、例えば集団殺害が悪であることは全ての人々が迷いなく認めるだろう。人々は保健が人権であるかをめぐって意見を異にするが、そこでまとまらないのだから人間集団の抹殺は道徳的に許される、という論理はない。同様に、蟻の情感について不確かな点や意見の不一致があることは、明らかに情感を持つチンパンジーや牛、豚、鶏、その他の動物の利益を無視する言い訳にはならない。

問10：不可逆的な脳死状態に陥った人など、情感を持たない人間はモノ扱いされない基本権を有するのか。

答：ある人間が全く情感を具えないとしたら――何も意識せず、何の意識も取り戻さないとしたら――、当然ながらその人物にとっては苦しまないこと（およびその他あらゆること）が利益とはなりえない。となれば、他人を救うためにその人物の臓器を使うことが道徳的に許されるという議論は否定しがたい――現に、当人があらかじめ臓器提供に同意しているか、家族が了解した時には、そうするのが普通となっている。

もちろん、脳死に陥ったとされる人が本当に全ての認知活動を失ったかどうかは注意を要する。また、昏睡した人の関係者の思いにも配慮しなければならない。関係者は臓器移植への宗教的な抵抗感など、様々な理由からその人物の道具的利用に反対しうる。しかし本当に不可逆的な脳死状態に陥った人間は実のところ植物と同じで、生きてはいるが意識はなく、守られるべき利益を持たない。そうした人間に他者の資源として扱われない基本権を認めるのは無意味である。

問11：同様の利益を同様に扱い、財産とされない基本権を動物に認めるとしたら、中絶も禁止されるべきなのか。

答：中絶には多数の難問が付きまとい、特に宗教的な観点がその原因となる。中絶反対派の多くは、受精の瞬間から子に魂が宿ると信じる。そう考える反対派の中には、受精後の胎児の発達を妨げる全ての手段、例えば受精卵が子宮内膜に着床するのを防ぐための子宮内避妊器具や中絶薬の使用にまでも反対する立場がある。こうした中絶反対派にとっては、胎児や受精卵が情感を具えないことは関係なく、胎児は霊的な「利益」を有し、魂を宿した時点で神の目から見れば不足ない完全な道徳的存在となる。

中絶の議論に絡むもう一つの厄介な要素は、文化的な問題として、女性は、特に子を欲しがっていた場合には、妊娠が判明した瞬間から「母」とみられ、胎児は「子」とみられることにある。すなわち女性が妊娠した、もしくはそれが判明した瞬間から、人々は胎芽をその将来の姿である人格者、子として想像する。しかしそのように想像したところで、受精卵が幼児と同様の利益を持たないという生物学的事実は動かない。

宗教と魂の枠組み、それに妊娠の瞬間から女性を「母」とみて胎児を「子」とみる社会のしきたりを離れて中絶の問題を考えると、胎児——特に初期胎児——が利益を有するという主張は遥かに受け入れがたくなる。全ての胎児が情感を具えないとは断言できないにせよ、初期胎児は明らかに情感を具えず、したがって苦しまないことを利益としない——初期胎児は苦しむことができない。さらに言えば、情感を具えない胎児にとって生き続けることが利益になりうると考える理由も定かではない。正常な胎児は出産日まで育って人間の形で生まれるにせよ、情感を具える前の胎児自体は生き続けることを利益としえない。

情感ある存在は苦痛と快楽を意識し、一種の精神と自己意識を宿す。情感ある存在にとっての死の害は、意識的な経験ができなくなることにある。私が寝ている隙に誰かの手で痛みなく殺されたとしたら、私は自殺という選択肢へ向かわなかったかぎりにおいて望んでいた、未来を経験する機会を奪われるので、害を被る。そして情感を具える人間以外の生命をよく観察すれば、全ての情感ある存在は生き続けることを共通の利益とする、と考えるのが自然に思われてくる——情感は快苦を精神的に経験できる生命体にとって、生き続けるための手段でしかない。胎児と眠る人は違う。胎児はいまだ情感を具えないので、情感ある存在が例外なく有する利益をその時点では有していない。

情感を具えない受精卵が、九カ月したら諸々の利益を有する子供になる見込みが高いというだけで、生き続ける利益を有すると主張するのは、受精卵が受精直後から生き続ける利益を有すると言うのに等しい。しかしそれならば、融合前の精子と卵は受精する利益を有するという声がないのはどうしたわけか。受精卵と精子・卵を分かつ大きな違いは可能性に関わるものであって（受精卵が人間の子供になる可能性は、一個の精子が卵に辿り着く可能性よりも高い）、他にはない。

妊婦が喫煙を控えることは胎児にとっての「利益」だ、といった指摘は、まめに油をさすのがエンジンの「利益」であると言ったり、水を与えるのが花の「利益」であると言ったりするのと変わらない。なるほど妊婦が喫煙を控えるのは、彼女が健康な子を欲するのであれば賢明なことである（私たちにとって車に油をさし、花に水を与えるのが賢明であるように）が、情感を具えない胎児は経験的福祉をまだ知らず、何も好まず、欲さず、望まない。胎児に魂が宿るという宗教的信仰を除けば、初期胎児の中絶が道徳的に許されないとする理由や、中絶が情感のない胎児にとって害になると考える理由は見えてこない。情感のない胎児の中絶が道徳的に許されないというのであれば、受精卵の着床を妨げる子宮内避妊器具やＲＵ４８６〔ミフェプリストン〕のような中絶薬の使用も不可となる。さらには精子と卵が受精する利益を有し、避妊具の使用はその利益を侵すものであるとの見方を受け入れることにもなるだろう。この思想もまた、宗教の枠組みがなければ支えられない。

一部の胎児が情感を具えると判断されたらどうか。現に後期胎児は一定の刺激に反応する。そうした胎児が情感を具え、経験的福祉を感じ取ることは考えられる。が、情感を具えた胎児が、ただ道具的でしかない扱いを受けずに済む基本権を有すると考えるにしても、中絶は極めて非日常的な権利の衝突をはらむ。一方の権利保有者は他方の権利保有者の胎内に宿り、後者を生そのものの支えとしており、この依存が胎児にとっては利益を有するための前提条件をなす。この衝突は独特であり、胎児の利益を守ろうとすれば、身体とプライバシーに関わる女性の利益をめぐって国家が介入することになりかねないが、他者の基本権を保護するに際してこうした事態が生じる例は他にない。親が三歳のわが子を虐待すれば、国家はその子を親から遠ざけて子の利益を守ることができる。しかし国家が胎児の利益を守るには、女性の身体的自律に干渉して、望まない妊娠を続けるよう強制しなければならない。ただし、胎児が情感を具えるのであれば、女性にも安全でかつ胎児の生命をも損なわない中絶方法[訳注3]が望ましいことになるだろう[原注3]。

問12：私たちが菜食主義者になれば、野菜を植える過程で動物を害することを免れないが、食用に動物を育てて殺すのと、植物栽培の一環で図らずも動物を殺すのとでは何が違うのか。

答：畜産を主とする農業から野菜栽培を主とする農業へと移行すれば、野菜を植える際に情感ある動物たちを追い払い、時には殺すことを免れない。しかし食用に動物を育て殺すのと、野菜栽培という、それ自体が情感ある動物の殺害を防ぐために行なう活動の中で、意図せずしてかれらを害するのとでは、明らかに大きな違いがある。

この点を理解するため、次の例を考えてみよう。私たちは道路をつくる。そして車の運転を認める。統計上、道路をつくれば一定数の人々――誰かはあらかじめ分からない――が交通事故で害を受けることは分かっている。しかし、不可避ではあっても故意ではない結果として人的被害をはらむ活動と、特定の人物を狙う故意の殺人とでは本質的な道徳上の違いがある。同じく、野菜を植える結果、有毒の化学物質も使わず、動物被害を避ける努力も怠らない場合ですら、意図せずして動物が害される可能性があるからといって、故意の動物殺害が道徳的に許容されはしない。

これに関連して、なぜ植物は生きているというのに権利を有さないのか、という問いがある。これは肉食者と同席した菜食主義者が必ず訊かれる質問である。質問をする肉食者は、他の面では理性的かつ知的な人間かもしれないが、菜食主義者を前にすると、食をきっかけとする居心地の悪さが、しばしば自己弁護の形をとって表面に現われる。

訳注3　妊娠二十四週目前後から胎児の生存率は上昇するので、その時期に達した時点で強制分娩や帝王切開を行ない、胎児を取り出した上で新生児ケアを施す、といった方法がある。欧米圏ではこれまでにその実例がいくつかあり、モンタナ州では二〇一七年二月、妊娠二十四週目以降の胎児娩出と胎児の救命努力を中絶医に義務付ける法案が提出された。Mont Helena, "Montana Abortion Bill Would Make Doctors Try to Save Fetus," *AP News*, 2017, https://apnews.com/f8997d9569b14498a99e922f714add61（二〇一八年二月六日アクセス）

植物が情感ある人間以外の動物と同じだと本気で思っている人間はいない。私があなたの育てるトマトと犬を食べたら、あなたは二つを同じ行為とはみないだろう。分かっているかぎり、植物に情感はない。植物は意識を持たず、痛みを経験できない。中枢神経系、エンドルフィン、ベンゾジアゼピンの受容体など、情感の存在を示唆するものも見当たらない。植物に利益はなく、動物にはある。

問13：動物利用を経て開発された薬剤や治療法の恩恵に浴することは、動物の権利論に矛盾するのではないか。

答：しない。動物搾取を擁護する者はしばしば、動物利用の「恩恵」に浴することが動物利用の批判と矛盾すると論じる。

この考えは言うまでもなくナンセンスである。私たちのほとんどは人種差別に反対するが、この社会に暮らす中間層の白人たちは、過去の人種差別の恩恵に浴している。つまり、現代人の大多数が享受する生活水準は、過去に教育や仕事の機会も含めた資源が差別なく平等に分配されていたら、ありえなかったものである。過去の差別を是正するための、積極的差別是正措置をはじめとする施策を支持する人々は多い。しかし、白人は有色人種に対する過去の差別の恩恵を享けているという事実から逃れられないばかりに、人種差別に反対する者がアメリカからの退去や自殺を余儀なくされることはない。

別の例を挙げよう。地域の水道会社が児童労働に頼っていることが判明し、私たちは児童労働に反対しているとする。水道会社があえて児童の権利を侵害している以上、私たちは断水によって死ぬ義務があるのだろうか。ありえない。私たちにはこの児童使役の廃絶を支持する義務はあっても死ぬ義務はない。それと同じで、私たちは力を合わせて動物搾取の廃絶を求めるべきではあるが、動物搾取を受け入れるのでなければ、それがもたらしうる便益を全て拒まなければならないわけではない。

動物利用なしで医薬品や手術法を開発することは明らかに可能であり、多くの人々はその方がよいと思うだろう。しかしこの分野の動物利用に反対する人々は、動物に関する政府の規制や企業の方針を動かすだけの力を個人として持たない。政府や企業のすることを批判しながら、自分ではどうしようもないところでその恩恵に浴するのを、矛盾だと指摘するのはおかしな論理である。また政治思想としてみれば、これは法人国家の政策に無批判にしたがうことを是とする不穏この上ない姿勢である。実際、動物搾取を認めるか、さもなければ動物利用の絡む一切の産物を拒めという主張は、ベトナム戦争へのアメリカ介入に反対する人々を非難したエセ愛国主義者らが口にした「愛するか、さもなければ去れ」という反動的スローガンと奇妙にも似通う。

加えて、人間はとことんまで動物の商品化を推し進めたので、動物搾取の産物を完全に避けることは事実上不可能である。動物性の副産物は道路のアスファルトや合成繊維など、ありとあらゆるところに使われている。しかし動物搾取との接点を完全に断つのが不可能なことは、もっとも明瞭かつ重大な搾取形態を避けられないことを意味しない。救命ボートや山の頂上に取り残されるのでもなければ、個人はいつでも自由に肉や乳製品を避けることができる。そしてこれらの商品が動物利用なしでは生産されえないのに対し、医薬品や医療技術は動物実験なしでも開発できる。

問14：動物の扱いを「人道的」に変えていけば、動物がモノ扱いされない基本権を持つという認識が生まれ、ひいては制度化された動物利用の廃絶へと繋がるのではないか。

答：その見込みは薄い。動物の人道的な扱いを求める動物虐待防止法は、アメリカとイギリスで積極的に敷かれ、その歴史は百年を優に超えるが、動物利用はかつてない恐ろしい形態に発展している。なるほどいくつかの変化はあった。イギリスなどでは肉用子牛が以前よりは広い空間に囲われ、多少は仲間との交流も許されてから屠殺されることになった。アメリカの一部の州では、罠猟におけるトラバサミの使用が禁止され、毛皮を利用される動物たちは「クッション」付きの罠で捕らえられるか、小さな金網の檻で育てられて、ガス殺ないし電殺されることになった。アメリカの連邦動物福祉法のもと、霊長類はいくらかの心理的な刺激を与えられつつ、恐ろしい実験の中で病気を植え付けられたり、機能不全に陥るまでにどれだけの放射線に耐えられるかを調べられたりすることになっている。動物闘技のようないくらかの風習は違法とされたものの、これらの禁止は既に論じた通り、階級にもとづく序列や偏見をよく物語る一方で、動物に向ける人々の道徳的懸念についてはさして多くを語らない。動物福祉法によってもたらされた変化は、総じて表面的な取り繕《つくろ》いの次元を出ない。

これは驚くには当たらない。動物虐待防止法の位置づけでは動物は人間の財産であり、その前提のもとで人間と動物の利益比較が行なわれることになっている。しかし既にみたように、財産所有者の利益と財産の利益を天秤にかけるのは無理な相談で、財産の利益を財産所有者から守ることは叶わない。動物福祉法によって適用された人道的扱いの原則は、動物財産の所有者に対し、一定の目的に必要な範囲の世話を課すだけで、それ以上は求めない。実験で動物を使うとなったら、有用なデータを生むのに必要な範囲での世話を課すだけで、それ以上は求めない。毛皮のコートをつくるのに専用品種の動物を使うとなったら、柔らかくて艶《つや》のあるコートをつくるのに必要な範囲での世話を課すだけで、それ以上は求めない。食用の動物を育てるとなったら、一定の需要に合わせ一定の価格で販売できる肉を生産するのに必要な範囲での世話を課すだけで、それ以上は求めない。犬に財産の番をさせるとなったら、その目的で犬を生かしておくのに必要な範囲での世話を課すに過ぎない。最低限の餌と水と寝床さえ与えていれば――というのも死んでしまえば目的を果たせなくなるからだが――、短いリードに繋いで「しつけ」のために激しい殴打を加えても構わない。

私たちは動物の持つ苦しまない利益が道徳的に重要だと口では認めるが、実際の動物の扱いはその主張に反している。本当に動物の道徳的利益を尊重するには、制度化された動物搾取を廃絶しなければならず、動物が財産の地位にあることを妥当と前提する動物福祉法によって、動物利用を単に規制するだけであってはならない。(原注4)

問15：絶滅危惧種保護法(原注5)のような法律は、絶滅に瀕した特定種の動物の殺害を禁じるが、これらは動物にあてがわれた財産の地位を変えるのに役立つのではないか。

答：役立たない。絶滅危惧種保護法や類似の法規は、人間が人間の目的に照らして価値があるとする動物を守るに過ぎず、人間が付与する以上の価値を動物が持つとは認めない。論者によっては、これらの法が動物に「権利」を与えると考えるが、私見では、この解釈は誤りである。これらの法は現実には、熱帯雨林や山川など、理由はどうあれ人間が人間のために貴重とみた、情感のない対象を保護する法律と変わらない。こうした法規は、道徳共同体の一員になる最低条件として万人に認められるような価値を、保護対象の種に認めはしない。

経済的圧力のもと、政府は現在、一部の種を絶滅危惧種保護法の対象から外し、猟殺の再開を許可しようと目論んでいるが、これは狩猟免許の配布や動物身体片の取引から生まれる金を、残る動物の保護に充てることを狙いとする。特定種の殺害を暫定的に禁じても、その生息数が増えて絶滅危惧のレベルを脱するや否や、禁猟規制はほぼ例外なく取り払われ、余剰動物の「収穫」が行なわれる。同じように人間を扱う例はない。ホームレスの人々を強制的に臓器提供者として利用することで、他のホームレスの人々を支える社会福祉費用を充当するといった考えは適切とはみなされない。人間の「収穫」は許されない。

いずれにせよ、絶滅危惧種保護法などの法律は、情感を具える動物たちが人間の付与する以上の道徳的価値を持つと認めない。法の中での動物の位置づけは、人々が未来世代のために保存しておきたいと願う他の資源と何も変わらない。象などの動物が一時的に保護されるのは未来世代の人間が象を利用できるようにしておくためであって、象は所詮、経済物資でしかなく、充分な数が生息していれば、人々は結局のところ象の利益よりも象牙のブレスレットに価値を置く。(原注6)

最後に、理解されねばならないのは、動物に対する社会の態度が決定的な変革を遂げないかぎり、法制度や裁判によって、動物にあてがわれた財産の地位が根本から見直される期待は持てないということである。すなわち、法律によって動物に対する人々の道徳観が変わるのではない。逆である。奴隷制を廃止したのは法律ではなかった。むしろ法律は奴隷所有を擁護したのであって、奴隷制の廃止は法律ではなく南北戦争をきっかけとした。今日の世界経済は、アメリカ南部が人間奴隷に依存していた比ではないほど動物搾取に依存している。動物搾取は最高裁判所の判決や議会の決定では消し去れない——少なくとも私たちの大多数が、動物財産制度は道徳的に許されないと認めるまでは。

問16：動物が権利を持つとしたら、動物殺害は人間殺害と同じように裁かなくてはならないのではないか。

答：もちろんその必要はない。社会が動物の利益を道徳的に尊重し、私たちの務めは動物搾取をただ規制するのではなく廃絶することにあるという認識へ至れば、その考えを反映した刑法が動物の資源扱いを公式に禁じ罰するのは確実とみてよいだろう。しかしそれは人間による動物殺害を殺人と全く同じ仕方で裁くべきことを意味しない。例えば動物の道徳的価値を認めても、誤ってアライグマを轢《ひ》き殺した者に殺人罪を着せる必要はない。殺人犯の訴追は、動物には無縁な様々な目的に資する。刑事訴追によって被害者の家族がある種のけじめをつけられるなどはその一例であり、人間以外の多くの動物も家族や群れの一員を喪《うしな》った時に嘆き悲しむことは行動学上の証拠から知られてはいるが、刑事裁判はかれらにとって意味をなさない。

問17：動物が権利を持つとしたら、動物による動物殺しを防ぐなど、かれらの身に降りかかる害を積極的に払い去る必要が生じるのではないか。

答：生じない。モノ扱いされない基本権は人間の目的に資する単なる手段として動物を扱うことを禁じるのであって、これは人間をそう扱ってはならないのと同じである。人間を所有したり同意なく生物医学の実験材料としたりすることを禁じる法律はあるが、一般に人々はあらゆる状況において他人に降りかかる害を防ぐよう求められはしない。サイモンがジョンを害そうとしても、第三者のジェーンは、サイモンと共犯関係になく、ジョンとの関係上それを防ぐ義務を負うのでもないかぎり、法のもと危害の防止を求められはしない。

加えて、少なくともアメリカでは、人間が絡む場合でも人々に「手助けの義務」を課す法律はない。私が道を歩いている時、意識を失って倒れた人が水たまりに顔をつけて溺れているのを見かけたとしたら、救助に必要なのはただその人をひっくり返すだけで、危険もこれといった不都合も生じないが、法律はそれすらも私に求めない。

要するに、人間が持つモノ扱いされない基本権は、人間同士の助け合いを保証するものでもなければ、人間を他の人間や動物による害から積極的に守ることを義務化するものでもない。同様に、動物が持つモノ扱いされない基本権は、動物を人間の資源とすることを禁じるものであって、必ずしも動物の身に降りかかる害を防ぐため、私たちに支援や介入をする道徳的・法的義務を課すものではない。

問18：モノ扱いされない基本権を動物に認めるべきか否かは意見の問題ではないか。肉やその他の動物性食品を食べてはならないだの、動物の利用や扱いはこうあらねばならないだのといったことを、どうしたら他人に押し付けられるのか。

答：動物の権利論が意見の問題だとすれば、他のあらゆる道徳問題もそうである。この質問は論理的にも道徳的にも、人間奴隷制が善いか悪いかは意見の問題ではないかと問うのと変わらない。私たちが奴隷制を不道徳と見据えたのは単なる意見の問題ではなく、奴隷制が人間を他者の資源としてのみ扱い、人間をモノの地位にまで格下げしてその道徳的重要性を奪うからである。

動物の権利論が意見の問題だという考えは、動物が人間の財産という地位に置かれていることと直接に関係する。右の質問はここで検証している問いのほとんどと同じく、動物が人間の目的に資する手段としてのみ存在するモノでしかないという見方から出発する。財産とみていればこそ、動物の値打ちは人間が好きなように決めてよいとされる。しかし動物を財産として扱うことが道徳的に擁護できないのであれば、肉を食べてよいか、動物を実験に使ってよいか、スポーツや娯楽でかれらに苦痛を負わせてよいかなどは、人間奴隷を道徳的にどう位置づけるかと同じく、意見の問題ではなくなる。

付け加えれば、動物が財産として扱われるかぎり、動物財産にとっていかなる扱いが「人道的」かは現に意見の問題とされるはずで、なんとなれば財産の価値を決める権限は所有者が握るからである。所有者は他の財産と同様、動物財産の価値についても独自の意見を持ってよい。所有者による評価は市場価値に比べて高すぎることも低すぎることもあるが、それは一般に道徳上の問題とはされない。したがってサイモンが自分の犬を獰猛《どうもう》で役に立つ番犬に仕立て上げるべく、日常的に殴打を加えるのをジェーンに見咎められた際、彼が、これはどちらの評価が正しいともつかない道徳問題ではなく、自身の財産権の問題だと答えるのは完全に理にかなっている。

見方を変えると、右の質問は序論で触れた話とも関係する。すなわち、全ての道徳は相対的で、客観的真理とは結び付かない風習や便宜や伝統の問題だという主張であるが、もしそれが本当なら、集団殺害や人間奴隷制や児童への性的虐待の善悪も意見の問題でしかない。道徳の命題は数学の命題のように証明できないというのは当たっているにせよ、これは「何でもあり」を意味するのではない。ある道徳観は他よりも妥当な論理にもとづき、人々の持つ考えともよりよく「合致」する。私たちは人間で、動物たちは違う、よって私たちはかれらをモノ扱いしてよい、という主張は種差別以外の何ものでもない。動物をモノ扱いすべきでない、という主張は、動物が道徳的に重要な利益を有するという人々の一般的な考えにもなじむ。私たちは何人《なんぴと》をも単なる他者の資源として扱いはせず、人間財産制度を廃止した。これまでみてきた通り、動物を別様に扱うのは、モノ扱いされないというただ一つの権利に照らして道徳的に正当化されえない。真の非常時や衝突時に人間を優先する選択は動物の権利論の立場からも認められないものではないが、そもそもの初めに私たちが平等な配慮の原則に背き、当の衝突をつくり出すことは許されない。

問19：動物の権利論は「宗教的」な思想ではないか。

答：必ずしもそうではない。ただし、動物をモノ扱いすべきでないという思想は、現に非西洋圏の大きな宗教であるジャイナ教やヒンズー教、仏教などに含まれている。皮肉なのは、畜産業や動物実験などを正当化する上で言及される人間の優越性概念こそが宗教的立場を反映していることである。概してユダヤ＝キリスト教の伝統は動物をモノとみることを肯定したばかりか、人間が動物よりも優れ、動物を資源として利用する権利を持つという思想を支える最大の柱だった。既にみたように、例えば動物を財産と位置づける近代西洋の動物観は、旧約聖書の特殊な解釈に直接の起源を持ち、聖書には神が動物を人間の資源として創ったと書かれている。人間と動物を分かつ質的差異の議論は、往々にして神から与えられたとされる人間の優越性を根拠とするのみで、その優越性の根拠はといえば、人間が幸運にも「神の似姿」に創られたことに由来する。

本書で示した動物の権利論は何らの神学的信仰にも立脚せず、平等な配慮の原則を単純に用いることのみを要求する。人間にしか具わらない固有な特徴はなく、動物が抱えるとされる欠陥は人間にとっても無関係ではない。

**問20：確かに動物利用に伴う動物たちの苦しみは甚大であるから、娯楽のような「つまらない」目的のために動物を使うのはよくないだろう。けれども人々が肉食をやめることなど、どうしたら期待できるというのか。

答：多くの点で、この質問は本書の議論を締めくくるのにふさわしい。というのもこの問いは何らかの理論というより人間と動物の関係史について語るところが大きく、道徳問題一般をめぐる人々の混乱を示しているからである。

多くの人々は肉を好む。肉食に目がないせいで、動物をめぐる道徳問題を考える際に冷静になれないでいる。しかしながら道徳を考える上では、まず少なくともあからさまなバイアスを脇へどけておく必要がある。畜産業は今日の世界における動物たちの苦しみの最大の根源であり、その存在意義は全くない。それどころか、畜産業は甚だしい環境破壊を伴うのに加え、保健専門家からの指摘も増えてきた通り、肉や動物性食品は人間の健康をも損なう。私たちは動物を殺さずとも生きていくことができ、畜産業を完全撤廃すれば、世界の人々――動物搾取を擁護したがる際に私たちが決まって大事だと言っている存在――をより多くやしなえる。

肉食への欲望は人類史上の偉大な人物たちの目をも曇らせた。チャールズ・ダーウィンは動物が人間と質的には異ならず、かつて人間にしかないと考えられていた多くの特徴を具えることを認めた――が、その彼も肉食をやめなかった。ジェレミー・ベンサムは動物が苦しみを覚えるゆえに道徳的に重要な利益を有すると論じたが、その彼も肉食をやめなかった。

古い習慣は容易には滅びないが、それはその習慣が道徳的に正当であることを意味しない。まさにそのような、道徳問題と強い個人的嗜好がせめぎ合う場においてこそ、私たちは努めて慎重に、明晰な思考を心がけなければならない。しかし肉食の例が示すように、しばしば人の粗野な嗜好はその人物の道徳観を左右するもので、逆は少ない。私は多くの人から聞かされた――「ああ、肉食が道徳的に間違っているのは分かるよ、ただハンバーガーは好きだけどね」。

肉食好きにはあいにくだが、これは理屈になっておらず、肉の味わいが道徳原則への違反を正当化する道理はない。人々の行ないが示しているのはこれだけである――私たちは、動物の利益が道徳的に重要だといくら口にしたところで、自分の得になると思った時には、たとえその得が快楽や利便の域を出ないものであっても、必ず動物の利益をないがしろにしようとする。

真に道徳原則を重んじる者は、その定めに正面から対峙しなければならない。快楽を求めて犬を虐げるサイモンが道に背くのであれば、肉を食べる私たちも道徳の道に背くのである。

(Philadelphia: Temple University Press, 1996) ; Gary L. Francione, *Animals, Property, and the Law* (Philadelphia: Temple University Press, 1995) の議論を参照。

5. 16 U.S.C.S. §§ 1531–1544 (1999).
6. 環境保護論者の多くが、動物の道徳的地位を環境倫理の構成要素と考えたがらない点は注目されてよい。この現象については Michael Allen Fox, *Deep Vegetarianism* (Philadelphia: Temple University Press, 1999) の議論を参照。
7. 菜食主義と動物の食用利用をめぐる人々の思考が、一貫性と合理性を欠くことについては、前掲書が優れた議論を行なっている。

生産され、それが人間の健康と環境に持続不可能な負担を課す時代は、次の世紀が終わるまでに限界を迎えるだろう」と予言する。Ed Ayres, “Will We Still Eat Meat?” *Time*, November 8, 1999, at 106–7.

8. アメリカの最高裁判所は、サンテリアを信奉する者による動物利用は訴追対象にならないとしたものの、当局が宗教的文脈を離れ、この種の殺害に公平な動物虐待防止法を適用することは禁じなかった。*Church of the Lukumi Babalu Aye, Inc. v. City of Hialeah*, 508 U.S. 520（1993）を参照。また、サンテリアの儀式が行なわれる都市の多くでは、動物虐待防止法の他にも種々の法律が、集合住宅での動物屠殺や州境をまたぐ家畜移送を規制しており、これらを使って動物供儀を禁じることが可能で現に行なわれてきた。
9. *See* Richard D. Ryder, *Animal Revolution: Changing Attitudes towards Speciesism*（Oxford: Basil Blackwell, 1989）, at 100–101.
10. *State v. Bogardus*, 4 Mo. App. 215, 217（1877）.

補論

1. この点で私はトム・レーガンとはっきり見解を異にする。レーガンは奴隷制が動物実験ほど道徳的に忌まわしくないと述べ、「奴隷所有者というのは、人々が大学に通い勉強してなる職業ではなかった」のに対し、動物実験は「社会制度」の中に「織り込まれ」、「人々は悪事の履行を許されるばかりか教え込まれたあげく、その行為を働けば褒賞を与えられる」と説明する。Tom Regan, “The Blackest of All the Black Crimes,” *AV Magazine*, winter 1998, at 5. しかしまず、18 – 9 世紀にはアメリカの大学の多くが、奴隷制を望ましく必要なもののように捉え、それを研究で示し教科課程で広めることにより、直接・間接に奴隷制を支持した。しかしより重要なのは、大学に奴隷所有の講座が一つもなかったとしても、人々に「悪事の履行を……教え込む」規範的状況が、社会制度によって現につくり出されていたことである。奴隷「制度」があるとはそういう事態を指す。その訓練が大学の外で行なわれたかどうかは関係ない。また、奴隷所有者は経済的にも政治的にも「褒賞」を得たといえる——数人の合衆国大統領やアメリカの最富裕層の多くは奴隷所有者だった。
   レーガンはさらに、ナチスの人体実験は動物実験ほど非道ではなかったと論じる。ナチスの医師らは「善行の訓練を受けた後に兇行を選んだ。動物実験者は違う。かれらは兇行の専門的訓練を受けた後に兇行を選ぶ」（*Id.*）。しかし動物実験者らが、動物利用から人間の便益を引き出すことは道徳的に正当化されうる（どころか賞讃に値する）と信じるよう訓練されているとしたら、個人の道徳的責任を比べた場合、万人の求めに奉仕するよう教育されながら、特定の人々を人種や民族にもとづき搾取する道を選んだ者の方が、<u>より</u>責任が重いのは間違いない。
2. *See* Robert N. Proctor, *Racial Hygiene: Medicine under the Nazis*（Cambridge: Harvard University Press, 1988）, at 223–50.
3. 中絶の問題についてさらに詳しい議論は Gary L. Francione, “Abortion and Animal Rights: Are They Comparable Issues?” in Carol J. Adams and Josephine Donovan, eds., *Animals and Women: Feminist Theoretical Explorations*（Durham, N.C.: Duke University Press, 1995）, at 149 を参照。
4. 動物福祉法の構造的限界について、より詳しくは Gary L. Francione, *Rain Without Thunder: The Ideology of the Animal Rights Movement*

の権利を持つべきだという意味にとられ、誤解を招くおそれがある。

4. モノ扱いされない基本権を動物に認めてもなお残る衝突について、より詳しくは Gary L. Francione, "Wildlife and Animal Rights," in Priscilla N. Cohn, ed., *Ethics and Wildlife*（Lewiston, N.Y.: Edwin Mellen Press, 1999）の議論を参照。

5. そうした状況で人間を食べた者に刑事責任を課すかどうかは別問題である。*Regina v. Dudley & Stephens,* 1881–85 All E.R. 61（Q.B.D. 1884）では、大型帆船が沈んで 4 人の男性が小さなボートに取り残された。食料が尽きて 9 日、水が尽きて 7 日が過ぎた後、ダドリーとスティーブンスはパーカーを殺し、その身を食べて血を飲んだ。数日後、通りがかった船に彼らは助けられ、ダドリーとスティーブンスは殺人罪に問われた。被告らは緊急避難を訴え、パーカーを殺さなければ 4 人全員が死ぬという合理的確信があったと論じた（4 人目のブルックスはパーカーの殺害に同意・加担しなかったが、パーカーの肉は食べた）。裁判所はこの主張を却下し、両名の殺人罪を認めて死刑判決を下した。刑はビクトリア女王の計らいで 6 カ月の懲役となったが、これは女王が両名の面したジレンマを慮った結果といえる。アメリカの事件、*United States v. Holmes,* 26 F.Cas. 360（C.C.E.D. Pa. 1842）（No. 15,383）では、被告らが 14 人の船客を、沈みかかった救命ボートから海へ落とした。裁判所はこれが殺人罪よりも軽い罪に当たるとして、最大 3 年間の懲役となりうるところを 6 カ月の懲役で済ませた。本件も被告らの面したジレンマが勘案された例と解釈できる。
 どちらの事件でも、緊急避難の成立が疑われる要素はあった。前者では、ダドリーとスティーブンスが本当に死に瀕したか、パーカー殺害をもう少し待てなかったか、という点で疑問が残る。後者では、海へ落とされたのが船客である一方、被告らは乗組員で、ボートから船客を落とす前に船ごと沈んでいなければならない人物たちだった。加えて裁判所は、少なくとも誰を犠牲とするかでくじ引きをすべきだったと指摘した。

 このような「救命ボート」問題は、「火事の家」の問題と同じく、滅多に生じない。しかし、真の必要に迫られての殺人が、特に多数の命を救う場合、正当化される行為（正当防衛による殺人のように、他の状況では過失を問われるが特定の状況では道徳的に認められ、刑事罰や道徳的非難に値しないとされる行為）もしくは免責される行為（強迫されて行なう殺人のように、行為者がやむない状況にあったため、不正ではあっても処罰には値しない行為）となる点は否定しがたい。上に挙げた二つの事件で、被告らが至極軽い刑を言い渡されたのは、問題の行為が他の殺人例と大きく異なるものと評価されたことを物語っている。資源配分の選択、例えば最後の輸血を誰に行なうかといった選択に迫られた医師その他を訴追する気になれないのも、そうした選択が正当化されるか免責されるか、いずれにせよ刑事罰に値しない行為とみなされるからだと考えらえる。

6. 魂を宿さないものに道徳的価値はない、とでも信じるのでなければ、むしろ人間だけが魂を宿し動物はそれを宿さないという信仰は、動物の扱いに一層の配慮をおよぼすよう促す。もし人間が魂を宿し、（伝統的な宗教教義が説くように）魂は不滅であるとするなら、70 年そこそこの年月というのは永遠の相の中では所詮わずかな時に過ぎず、地球上で人間に起こる出来事はさして重要でないことになる。しかし動物が魂を宿さず、かれらの存在が地球上だけのものであるなら、生前の扱いは最大の重要性を帯びる。

7. ワールドウォッチ研究所の論説員が『タイム』誌に寄せたエッセイは、「畜肉が大量

るはずの平等な配慮の原則に反すると思われる（ただし注9を参照）。例えばデビッド・ドゥグラツィアは「平等な配慮は諸々の倫理学理論となじむ一方で、動物に拡張した場合、かれらを本質的に人間の利用すべき資源とみる立場とは決してなじまない」と述べる。David DeGrazia, *Taking Animals Seriously: Mental Life and Moral Status* (Cambridge: Cambridge University Press, 1996), at 47. もっとも、ドゥグラツィアは一部の動物を資源として扱うことは許されうると語り、自身の分析は究極的には「動物に対する真剣な――必ずしも平等ではない――配慮」にもとづくと認めている（*Id.* at 258）。

37. *See, e.g.,* Josephine Donovan and Carol J. Adams, eds., *Beyond Animal Rights: A Feminist Caring Ethic for the Treatment of Animals* (New York: Continuum, 1996).
38. Drucilla Cornell, *The Imaginary Domain: Abortion, Pornography and Sexual Harassment* (New York: Routledge, 1995) および第四章、注30を参照。
39. エコフェミニズムの理論について、より詳しくは Gary L. Francione, "Ecofeminism and Animal Rights: A Review of *Beyond Animal Rights: A Feminist Caring Ethic for the Treatment of Animals*," 18 *Women's Rights Law Reporter* 95 (1996) の議論を参照。

第七章

1. 動物の権利の擁護論者には、動物利用の規制によって動物搾取の廃絶が達成できると唱える者もいる。この主張に対する反論、および動物の権利論と動物福祉論の相違については Gary L. Francione, *Rain Without Thunder: The Ideology of the Animal Rights Movement* (Philadelphia: Temple University Press, 1996) を参照。
2. つまりはこれが、ピーター・カラザース（Peter Carruthers）の著書 *The Animals Issue: Moral Theory in Practice* (Cambridge: Cambridge University Press, 1992) で示された動物の権利反対論である。カラザースが論じるには、道徳観の中には一般合意の成立しているものがあり、人間と犬が火事の家に囚われているといった非常時には人間を救うべきだ、というのもその一つに数えられる。カラザースは、この一般合意のとれた道徳原則により、動物は道徳的に無価値とされなければならないと説く。
3. 『ニューヨーク・タイムズ』紙に載った1999年の記事で、私はゴリラが「『憲法のもとに「人格」と認められ』、憲法上の権利を付与されなければならない」と語っている。William Glaberson, "Legal Pioneers Seek to Raise Lowly Status of Animals," *New York Times*, August 18, 1999, at A1. これは記者グレバーソンから、どういった訴訟が動物にあてがわれた財産の地位に影響するのかと尋ねられたのに答えた言葉であり、訴訟を通して人間と動物の衝突を正式に処理する、または人間と同じ法的な（憲法その他にもとづく）権利を動物に付与することを促す一般論を述べたものではない。私は基本権に関するかぎり、チンパンジーがねずみや犬や魚と異なるという見解を支持しない（第五章、注42とそれに対応する本文を参照）。情感ある存在はいずれも「人格」とみなされ、利益を道徳的に尊重される必要がある。しかし憲法上の権利を動物に付与することが、動物搾取の問題全般を解決する上でとりわけ有用な枠組みになるとは思わない。むしろそれは動物が人間と同じ憲法上られても、野外には出られず、人々の考える「家族農場」とは似ても似つかない環境で育てられている可能性がある〔日本では「平飼い」がこれに近い〕。Jack Brown, "The Short and Sweet Life of a Free-Range Turkey," *Philadelphia Inquirer,* November 25, 1999 at W1を参照。

31. 動物福祉の段階的改善は、動物を経済物資として扱うよりは先を行くと考えられるにしても、モノ扱いされない動物の基本権を認めるには至らない。Francione, *Rain Without Thunder, supra* note 12, at 190–219の議論を参照。
32. Hart, *Essays on Bentham, supra* note 8, at 97（ベンサムを引用）.
33. より近年の経済学者らは、社会に元々奴隷制があったとしても、社会全体の富は、奴隷が拘束を逃れ自由な賃労働者になった方が大きくなるので、やがて奴隷制は廃されるだろうと論じる。しかし人間奴隷制に関するこの経済分析が正しかったとしても、同じ理由で財産という動物の地位が廃されないことは言うまでもない。Francione, *Animals, Property, and the Law, supra* note 4, at 27–28を参照。
34. *Callaghan v. Society for Prevention of Cruelty to Animals*, 16 L.R. Ir. 325, 335（C.P.D. 1885）.
35. 哲学者のロバート・ノージックは、私たちの立場が「動物に対しては功利主義、人間に対してはカント主義」であると論じた。すなわち「人間を他者の便益のために利用し犠牲としてはならない一方、動物は便益が損失を上回るかぎりにおいて他の人間や動物のために利用し犠牲としてもよい」。Robert Nozick, *Anarchy, State, and Utopia*（New York: Basic Books, 1974）, at 39. 動物に対し功利主義、人間に対しカント主義の立場をとると、「動物のために人に何かを課すことがあってはならない」という結論に至る（*Id.* at 40–41）。動物に関する財産権を認めるあいだは、動物財産の利用に規制をかけることが財産所有者にとっての害となる。さらに、人間が動物搾取によって大きな功利を引き出せる場面では、いかなる「比較衡量」を行なっても動物はほぼ確実に敗北する。権利を有する者と有さない者の利益を天秤にかけるよう求めるノージックの「折衷型」理論については Francione, *Animals, Property, and the Law, supra* note 4, at 104–10を参照。
36. この考察が正しければ、シンガーは動物搾取の廃絶に関し、トム・レーガン（Tom Regan）が *The Case for Animal Rights*（Berkeley and Los Angeles : University of California Press, 1983）で示した立場と同じ結論に至らねばならないものと思われる。レーガンの立場に関する議論、および彼とシンガーの主張の比較は Francione, *Rain Without Thunder, supra* note 12を参照。シンガーは、功利主義が人間を奴隷制から守るのは規則功利主義を土台としてのことであり、したがってレーガンの唱えるような古典的な権利論とは異なる、と論じるかもしれない。すると彼の主張は L. W. Sumner が "Animal Welfare and Animal Rights," 13 *Journal of Medicine & Philosophy* 159（1988）で擁護した立場に近いものとなる。いずれにせよ、強い規則功利主義（シンガーが成人に関してとる立場に似る）を動物に適用するとしたら、シンガーはレーガンの立場に接近し、少なくとも動物の資源利用を否定するほとんど反駁不可能な論拠を得ることとなる。加えて、シンガーは権利概念を否定しながらも、折に触れ「平等な配慮に浴する権利」を語る。財産の地位にある者は財産所有者と同等の利益を持ちえないので、平等な配慮に浴する権利は、情感ある存在が財産の地位に置かれる事態を防ぐはずである。
　そもそも動物の資源利用は、ベンサムやシンガーの功利主義理論が取り入れてい

supra note 17, at 132. これは『動物の解放』から大きく発展した見解であるが、ここでシンガーが、大型類人猿以外の動物については、ただ自己意識があるという議論を提起できると述べるに留まっている点は見逃せない。彼は結論を出さない。もしも牛や豚に自己意識があると認めた場合、シンガーは一種の興味深いジレンマに行き当たる。豚が自己意識を持つとしたら、豚を交換可能な資源とすることはできないが、重度の精神遅滞や回復不能の脳損傷を抱える人間はそのように扱ってよい。また障害を抱えた幼児もそう扱ってよい（注 24とそれに対応する本文を参照）。したがって、障害を抱えた人間の幼児や重度の精神遅滞を抱えた成人（シンガーに言わせれば、意識はあっても自己意識は持たない人々）を犠牲に豚を救うことは道徳的に許容され、ことによると道徳的な義務となる。なお、近年のインタビューで、牛の大動脈を生後13カ月の幼児に移植する手術について意見を求められたシンガーは、「もしそれが純粋に牛と少年の比較なら、少年の方を救うべきです」と答えた。Michael Specter, "The Dangerous Philosopher," in *New Yorker*, September 6, 1999, at 53。牛が自己意識を持つとしたら、ここではともに交換可能な資源とされてはならない二者が俎上にのぼっていることになり、なぜシンガーが牛の利用をよしとするのかは理解に苦しむ。

20. Singer, *Animal Liberation, supra* note 11, at 229.
21. *Id.* at 229–30.
22. *Id.* at 228–29.
23. 霊長類、猿、犬を除く動物が拡張意識を持つという見方にダマシオが賛同するとは思わない。Antonio R. Damasio, *The Feeling of What Happens : Body and Emotion in the Making of Consciousness* (New York: Harcourt Brace, 1999) at 198を参照。しかし彼は拡張意識に「多くの程度や段階がある」と認める（*Id.* at 16）。とすると、拡張意識は一部の犬にはあっても大半ないし全ての犬にはないと論じる、あるいは他の哺乳類や鳥類が、記憶や理性を具えながら言語を欠くというだけで、一種の自伝的な自己を持たないと論じるのは、困難（ないし恣意的）となる。
24. Singer, *Practical Ethics, supra* note 17, at 186.
25. Singer, *Animal Liberation, supra* note 11, at 15.
26. *Id.* at 16, 15. 人間が「優れた精神機能」を具え、シンガーの言うように、そのせいで動物以上に多大な苦しみを負う「場合もある」としたら、交換可能な資源とみなされた動物の苦しみが、往々にして人間の苦しみに勝ると判断されるとは到底考えにくい。
27. つまり、シンガーの見方によれば動物は交換可能な資源なので、私たちは健常な人間を利用する上では考えられない目的のために動物を利用してもよい。そうした利用に際し、シンガーが求めるのは、動物に一切の痛みや苦しみを課さないことではなく、ほどほどに快適な生と比較的痛みの少ない死を約束することである。つまり、ある種の人間利用が初めから論外とされる以上、苦しみを課されるという点で人間と動物が同等の位置を占めることはありえない。
28. *Id.* at 16.
29. *See* R. G. Frey, *Rights, Killing, and Suffering: Moral Vegetarianism and Applied Ethics* (Oxford: Basil Blackwell, 1983), at 197–203.
30. 「放牧」畜産という言葉に標準的・統一的な定義はないので、これを論じる際には注意を要する。例えば「放牧」七面鳥は、量産式の農場よりは大きな檻に入れ

望を発達させるので、代わりにシンガーはそうした自己意識を持つ見込みのない重度精神遅滞者や回復不能の脳損傷を抱える人間に目を向ける。しかしながら、注 19、および注 24 とそれに対応する本文を参照されたい。

14. Singer, *Animal Liberation, supra* note 11, at 228.
15. *Id*. at 229.
16. *Id*. at 20.
17. Peter Singer, *Practical Ethics*, 2d ed.（Cambridge: Cambridge University Press, 1993）, at 14.
18. シンガーが行為功利主義者でないことは、特定の人間を同意なしに生物医学の実験材料とすべきか、強制的に臓器提供者とすべきか、あるいは奴隷とすべきかをめぐり、彼が状況ごとの判断をしない点から明らかである。シンガーはそうした利用が平等の原則に反するがゆえに許されないと想定するが、これはその想定がいかなる状況でも覆らないことを意味しない——例えば罪のない 1 人の人間を殺すことが人類すべてを救うケースも考えられる。シンガーは「人間の目的に向けた動物利用が許容されうることは否定しない。帰結主義者としては、人間の目的（もしくは動物を助ける目的）に向けて人間を利用することも、適切な状況では許容されうると結論しなければならない」と認める。Peter Singer, "Ethics and Animals," 13 *Behavioral & Brain Sciences*. 45, 46（1990）. しかし大体において、人間を他の人間の資源として扱ってはならないという想定は、シンガーがしりぞけると言っている概念、すなわち第四章で論じた基本権や内在的価値と、ほぼ同じような働きをする。のみならず、シンガーは情感ある存在が「平等に配慮される権利」を持つと述べており、そうであれば少なくとも有力な解釈として、情感ある存在は資源にできないと推論できる（資源にすれば平等な配慮の原則が適用できなくなるので）。注 36 およびそれに対応する本文を参照。
　平等な配慮の原則をめぐる議論の中で、シンガーが次のように述べているのは注目される。「平等は道徳の概念であって事実を言い表わした言葉ではない」、そして「人類平等の原則は、現実に人々が持つとされる平等性の記述ではなく、人間をどう扱うかに関する規範である」Singer, *Animal Liberation, supra* note 11, at 4, 5. この点で私はシンガーと異なり、モノ扱いされない基本権と平等な内在的価値は、情感の他にいかなる特徴を具えるかに関係なく、全ての人間が持つ事実としての共通性に根差すと考える。すなわち、全ての人間は他者の目的に資する単なる手段として扱われないことを共通の利益とする（第四章および第五章を参照）。シンガーはどこかでこの事実としての共通性を認めているように窺われ、少なくとも健常な人間は交換可能な資源として扱われないことを利益とすると考えるが、平等の原則を適用するに当たっては、記述概念でなく規範概念としての平等性にのみ準拠する。
19. シンガーは特定の霊長類（チンパンジー、ゴリラ、オランウータン）が自己意識を持つ点で人に近く、この大型類人猿らが人とともに平等者の共同体に属すとの見方をとる。Paola Cavalieri and Peter Singer, eds., *The Great Ape Project*（New York: St. Martin's Press, 1994）および第五章の注 40、42 とそれに対応する本文を参照。また大型類人猿の他にも、「アザラシ、イルカ、鯨、猿、犬、猫、豚、熊、牛、羊など、可能性としては全ての哺乳類を含めた範囲で、確信の程度は異なるにせよ議論を提起できる——これは不確実性がある時に私たちがどこまで動物に有利な判断を下すかによるだろう」とシンガーは述べる。Singer, *Practical Ethics*,

な価値であると論じる。他の功利主義者、例えばピーター・シンガーなどは、当事者の選好もしくは利益を高める行為が道徳的に正しいと主張する。注 17 に対応する本文を参照。

8. ベンサムは法定の権利は存在しても法によらない権利は存在しえないと論じた。「権利は法の産物、法によるだけの産物であって、法のないところに権利はなく、法に反する権利、法に先立つ権利はない」。H.L.A. Hart, *Essays on Bentham* (Oxford: Oxford University Press, 1982), at 82(ベンサムの引用)。モノとされない権利は、ベンサムが表向きしりぞけるところの、法ないし政治に先立つ権利であるが、本文で述べるように、ベンサムは人間奴隷制に反対する文脈において、そうした権利を認めているように窺われる。

9. *Id.* at 72–73, 97. ベンサムの研究者は大抵、彼が奴隷制に反対したのは平等な配慮の原則よりも奴隷制の結果を考えてのことだと論じる。しかしながら、結果だけにもとづいて人間奴隷制に反対するのは困難であると思われる。つまるところ、極めて「人道的」な奴隷制があるとすれば、それが制度化され広く敷かれたとしても、奴隷所有者や他の人々にとっての便益が奴隷の苦痛を総量において上回り、合計では社会福祉が向上するという事態は充分に考えられる。そして人によっては奴隷にする方が自由労働者でいさせるより生産的になることも充分に考えられる。したがってベンサムが奴隷制に反対したのは、制度としてのそれが実際問題、差し引きで福祉を向上させないと思われたのに加え、彼が平等の原則を受け入れ、全ての人間はモノ扱いされないことを等しく利益とすると認めた結果でもあったと解釈するほかない。

功利主義理論には表向き、一種の相克がある。もしも人間の扱いに(結果衡量以外の)制限がないのだとすれば、一部の人間は〔1でなく〕「0」と評価されるだろう。かれらは利益を完全に無視され、道徳共同体から締め出される。功利主義理論の目的が、全ての人間の利益に道徳的重要性を認めることであるとするなら、ある種の人々が「モノという分類に貶められる」事態を許すのは矛盾であると思われる。すなわち、功利主義理論の中で平等な配慮の原則が意味を持つためには、結果のいかんにかかわらず奴隷制を拒否する必要がある。注 36 および対応する本文を参照。

10. Bentham, *The Principles of Morals and Legislation, supra* note 1, at 310–11, note 1. ベンサムは「人の手にかけられて動物が味わう死は、自然の定めがもたらす死に比べ、概して、いやおそらく常に、より速やかな上、そのおかげでより痛みの少ないものとなる」と論じた(*Id.*)。食用に育てられる飼育動物はそもそも人間の資源として生を与えられる以上、「自然の定め」による死を経験しない、という事実をベンサムは無視している。したがって飼育動物の殺害を弁護すべく、それを野生動物の死と比べ、食べる必要のない飼育動物に課す不必要な痛みは、野生動物が必然的に負うであろう痛みよりも軽いと語るのは無理がある。

11. Peter Singer, *Animal Liberation*, 2d ed. (New York: New York Review of Books, 1990).

12. シンガーが多くの者から「動物の権利運動の父」と仰がれているのは、現代の同運動が抱える大きな皮肉である。Gary L. Francione, *Rain Without Thunder: The Ideology of the Animal Rights Movement* (Philadelphia: Temple University Press, 1996), at 51–53 を参照。

13. この例外集団には幼児も含まれうるが、子供は普通に育てば自己意識と未来の願制度化された搾取が関わらない真に例外的な状況において人間を優先することは動物の権利論に矛盾しない、という趣旨では私もレーガンの立場に同意する（第七章参照）。しかし、そうした状況において内在的価値の差を根拠に、動物の利益よりも人間の利益を優先することが義務になるという場合、つまり、100 万匹の犬を犠牲にしてでも 1 人の人間を救うべきだとの見解に表われているように、認知特性の違いが資源扱いされない基本権と何かしらの関係を持つとみる場合、レーガンの示す救命ボート問題の解決は批判の余地がある上、彼がしりぞけると言明した「完成主義」理論〔個の存在の価値はその者が持つ優れた性質の多少によって決まるという思想〕に陥っていると言わざるをえない。Gary L. Francione, “Comparable Harm and Equal Inherent Value: The Problem of the Dog in the Lifeboat,” 11 *Between the Species* 81（1995）を参照。

フランス・ドゥ・ヴァールもまた、動物は「内在的な美と尊厳」を具えるが、私たちは人間に対しては許されない仕方でかれらを資源として利用してよいと主張しているように窺われる。ドゥ・ヴァールの立場は、人間の内在的価値は平等で、動物の内在的価値はそれより低いという見解の実例と解釈できる。de Waal, *Good Natured, supra* note 36, at 215 を参照。

第六章

1. Jeremy Bentham, *The Principles of Morals and Legislation*, chap. XVII, § I para. 4 [1781]（Amherst, N.Y.: Prometheus Books, 1988）, at 310（footnote omitted）.
2. *Id.* at 310–11, note 1（footnote within footnote omitted）.
3. *Id.*
4. *See generally* Gary L. Francione, *Animals, Property, and the Law*（Philadelphia: Temple University Press, 1995）.
5. J.J.C. Smart, “An Outline of a System of Utilitarian Ethics,” in J.J.C. Smart and Bernard Williams, *Utilitarianism: For and Against*（Cambridge: Cambridge University Press, 1973）, at 9. 行為功利主義と規則功利主義の概論は William K. Frankena, *Ethics,* 2d ed.（Englewood Cliffs, N.J.: Prentice-Hall, 1973）, 34–60; Amartya Sen and Bernard Williams, eds., *Utilitarianism and Beyond*（Cambridge: Cambridge University Press, 1982）を参照。一部の理論家は、行為功利主義と規則功利主義は同じものになると指摘する。例えば David Lyons, *Forms and Limits of Utilitarianism*（Oxford: Clarendon Press, 1965）を参照。
6. 政策にもとづく法的権利は、規則功利主義者の理解する権利を指すといえるかもしれない。政策にもとづく権利は、保護対象の利益を特定状況下における侵害から守るが、社会の総体的結果に照らして無効とされるおそれがある。他方、規則功利主義者の目から見た尊重にもとづく権利は、総体的結果を良い方向へ最大化するかぎりにおいてしたがうべき規則を指し示すものということになるだろう。序論、注 17 を参照。
7. 功利主義者はどのような結果を重視するかで意見を異にすることがある。例えば古典的な功利主義者のジェレミー・ベンサムやジョン・スチュアート・ミル（彼の方が規則功利主義に徹している）は、およそ快楽のみが、最大化されるべき道徳的に中立暴力的な行為を働き、それにほとんど、ないし全く罪悪感や後悔を抱かない。私たちはそうした人物を学校の教師や動物保護団体の世話係には雇いたがらないかもしれず、犯罪におよんだ者があれば刑務所にも入れるが、かれらを強制的に臓器提供者とはしない。しかし上の議論にはそれよりさらにおかしな点がある。人間が動物の利益にまで道徳的尊重を拡張できるのであれば（それは人間と動物の質的差異を構成する特徴が何であると考えるにせよ、その特徴を欠く人間にも道徳的尊重を拡張するのと同じことであるが）、言うところの配慮を人間に限定するのでなく、現に動物にまで拡張すればよい。道徳性を真面目に考えるということは、平等な配慮の原則を恣意的に無視しないことを指す。

54. Carruthers, *The Animals Issue, supra* note 3, at 114.

55. *Id.* at 114–15.

56. *Id.* at 117.

57. Cohen, "The Case for the Use of Animals in Biomedical Research," *supra* note 50, at 866.

58. S. A. Cartright, M.D., "Slavery in the Light of Ethnology," in Elliott, *Cotton is King, supra* note 22, at 700–701.

59. *See* Edward H. Clarke, M.D., *Sex in Education, or a Fair Chance for the Girls*（Boston: James R. Osgood, 1873; reprinted by Arno Press, New York, 1972）. 女性差別の正当化に使われた想定上の男女の生物学的差異については、Ruth Hubbard, Mary Sue Henifin, and Barbara Fried, eds., *Biological Woman: The Convenient Myth*（Cambridge, Mass.: Schenkman Publishing, 1982）; Barbara Ehrenreich and Deirdre English, *For Her Own Good: 150 Years of Experts' Advice to Women*（New York: Doubleday, 1978）の議論を参照。

60. *Bradwell v. Illinois,* 83 U.S. 130, 141（1873）（Bradley, J., concurring）（footnote omitted）.

61. 例えばリチャード・ソラブジは、内在的価値は程度差を許す可能性があり、その場合、ある種の認知特性（信念を抱くなど）が、道徳共同体に入る最低条件として再び道徳上の重要性を帯びる結果になると論じる。Sorabji, *Animal Minds and Human Morals, supra* note 27, at 216 を参照。ソラブジが指摘するには、権利論者のトム・レーガンでさえも、一種の認知特性が内在的価値に関係しうると主張する。ソラブジがこう論じる根拠は、Tom Regan, *The Case for Animal Rights*（Berkeley and Los Angeles: University of California Press, 1983）の中に、混乱したとしかいえない議論があることによる。この問題を最も如実に表わすのはレーガンが挙げた次の譬え話である。救命ボートに 5 名の生存者――健常な成人 4 人と健常な犬 1 匹――が乗っている。ボートには 4 名しか乗れず、誰かを海へ捨てなければならない。レーガンは自分の権利論がこの問題に答を出すと述べる。いわく、死は犬にとって害であるが、乗り合わせた人間たちにとっては、より大きな喪失であり、したがってより大きな害と考えられる。「人間の中の 1 名を海へ捨て、確実な死に至らせれば、その個人は、犬が海へ捨てられるのに比べ、より不幸になる（すなわち、より大きな害を被る）だろう」（*Id.* at 324）。そこで、レーガンの見解では、犬を殺すことが道徳上の義務となる。それどころかレーガンは、比べるのが 100 万匹の犬と 1 人の人間であっても、権利論のもとでは犬たちを捨てるのが義務になると語る。

42. この点が「大型類人猿プロジェクト」のような取り組みの危うさである。こうした取り組みは、人間との類似性を根拠に、一部の人間以外の動物が他の動物に比べ、より資源扱いされない基本権に値するという新たな序列を設けることに繋がりやすい。*The Great Ape Project* に寄稿したエッセイで、私は情感だけが道徳共同体の成員資格にされるべきだという点を強調した。動物行動学者のフランス・ドゥ・ヴァールは、一部の動物の道徳的地位が人間との類似性を根拠とするのであれば、人間を他種の上に置く「格付け」を避けるのは難しいと指摘する（de Waal, *Good Natured, supra* note 36, at 215 を参照）。道徳的地位を（情感以外の）人間との類似性と関連付けるのは問題であるとする点で、私はドゥ・ヴァールの見解に同意する。
43. Sorabji, *Animal Minds and Human Morals, supra* note 27, at 2.
44. Thomas Nagel, "What Is It Like to Be a Bat?" 83 *Philosophical Review* 435（1974）.
45. この点における注目すべき例外はピーター・シンガーで、彼は状況によっては一部の人間を他の人々の便益に資する資源として使ってもよいと唱える。第六章を参照。
46. Carruthers, *The Animals Issue, supra* note 3, at 181.
47. Karl Marx, *Economic and Philosophic Manuscripts* [1844], in Robert C. Tucker, ed., *The Marx-Engels Reader*, 2d ed.（New York: W. W. Norton, 1978）, at 75.
48. ギリシャ・ローマにおいて動物の心性がどう捉えられたか、またその見解と動物の道徳的地位に関する理論がどう関わったかについては、Sorabji, *Animal Minds and Human Morals, supra* note 27 の議論が秀逸である。
49. John Rawls, *A Theory of Justice*（Cambridge, Mass.: Belknap Press, 1971）, at 505, 512.
50. Carl Cohen, "The Case for the Use of Animals in Biomedical Research," 315 *New England Journal of Medicine* 865, 866（1986）.
51. Thomas Hobbes, "De Homine" [1658], reprinted in Paul A. B. Clarke and Andrew Linzey, eds., *Political Theory and Animal Rights*（London: Pluto Press, 1990）, at 17–21.
52. Rawls, *A Theory of Justice, supra* note 49, at 512. ソラブジが指摘する通り、ロールズの理論は動物に関して恣意的か不充分かのどちらかである。自分たちが社会において動物の地位に置かれる可能性を人間の契約者が考えないというのであれば、ロールズはその可能性を排除する点で恣意的である。理性的な契約者が動物の地位に置かれることはありえないとの理由で、人間の契約者がその可能性を考えないというのであれば、ロールズの理論〔正義の要求を発見する手法〕は動物に対する正義の義務を語れない点で不充分である。Sorabji, *Animal Minds and Human Morals, supra* note 27, at 165 を参照。
53. 相互性の議論の変型として、人間と動物の違いは、人間が種の壁を越えて道徳的配慮を拡張できるのに対し、動物にはそれができない点にある、という主張がある。これは道徳的要求にしたがうことが人間にはできて動物にはできない、という見解の言い換えに過ぎない。動物が人間に道徳的配慮をおよぼしたと思われる事例が過去に多数あるという点はさておき、人間の中にも、種の壁を越えるはおろか、人という同じ種に属する成員にも道徳的配慮をおよぼせない者がいるが、そうした人物が資源として扱われることはない。精神病質者は他の人々や動物に対し、攻撃的で時には

30. Antonio R. Damasio, *The Feeling of What Happens: Body and Emotion in the Making of Consciousness* (New York: Harcourt Brace, 1999), at 16.
31. *Id.*
32. *See id.* at 198, 201.
33. Colin Allen and Marc Bekoff, *Species of Mind: The Philosophy and Biology of Cognitive Ethology* (Cambridge: MIT Press, 1997); Marc Bekoff and Dale Jamieson, *Readings in Animal Cognition* (Cambridge: MIT Press, 1996); Griffin, *Animal Minds, supra* note 29; Donald R. Griffin, *Animal Thinking* (Cambridge: Harvard University Press, 1984); Carolyn A. Ristau, ed., *Cognitive Ethology: The Minds of Other Animals: Essays in Honor of Donald R. Griffin* (Hillsdale, N.J.: Lawrence Erlbaum Associates, 1991).
34. *See* Jonathan Leake, "Scientists Teach Chimpanzee to Speak English," *Sunday Times* (London), July 25, 1999, Foreign News Section.
35. *See* Jeffrey Moussaieff Masson and Susan McCarthy, *When Elephants Weep: The Emotional Lives of Animals* (New York: Delacorte Press, 1995). *See also* Jeffrey Moussaieff Masson, *The Emperor's Embrace: Reflections on Animal Families and Fatherhood* (New York: Pocket Books, 1999); Jeffrey Moussaieff Masson, *Dogs Never Lie About Love: Reflections on the Emotional World of Dogs* (New York: Crown Publishers, 1997).
36. Frans de Waal, *Good Natured: The Origins of Right and Wrong in Humans and Other Animals* (Cambridge: Harvard University Press, 1996), at 218.
37. *See, e.g.*, Eugene Linden, *The Parrot's Lament and Other True Tales of Animal Intrigue, Intelligence, and Ingenuity* (New York: Dutton, 1999), at 19–20.
38. *See* Carl Sagan and Ann Druyan, *Shadows of Forgotten Ancestors* (New York: Ballantine Books, 1992), 117–18.
39. *See* de Waal, *Good Natured, supra* note 36, at 160.
40. A. Whiten, J. Goodall, et al., "Cultures in Chimpanzees," 399 *Nature* 682 (1999) を参照。人間以外の大型類人猿を対象に一定の権利を確保する狙いを持った「大型類人猿プロジェクト」という国際努力が始まって数年が経つ。プロジェクトの発端はPaola CavalieriとPeter Singerの編纂になる*The Great Ape Project* (New York: St. Martin's Press, 1994) の刊行にあり、同書は「平等の共同体を拡張して、ヒト、チンパンジー、ゴリラ、オランウータンという全ての大型類人猿をその成員とする」ことを目標とした (*Id.* at 4)。同書には私も寄稿している (Gary L. Francione, "Personhood, Property, and Legal Competence," *id.*at 248–57)。ニュージーランドは大型類人猿のチンパンジー、ゴリラ、ボノボ、オランウータンを研究や製品試験、教育で用いることを禁じる (ただし、当の利用がその対象となる大型類人猿にとって「最大の利益」になる場合、および「種の利益になる」場合を除く)。イギリスでも大型類人猿を使う実験は基本的に認められない。
41. William Mullen, "Image of the Bird Brain May Be Dispelled," *Philadelphia Inquirer*, November 28, 1997, at A35.

した新たな契約は、少なくとも一面では、人間と動物の関係における本質を確かめる、ないし改める意図に発したものと解釈できる。
15. 動物の権利論が信仰と両立することについては第七章を参照。
16. 申命記 25:4（New King James Version）.
17. 箴言 12:10（New King James Version）（強調は取り除いた）.
18. イザヤ書 1:11, 11:6, 9（New King James Version）.
19. 例えば出エジプト記 21（New King James Version）を参照。
20. 創世記 9:25（New King James Version）.
21. John Rankin, "Letter IX," in William H. Peas and Jane H. Peas, eds., *The Antislavery Argument*（Indianapolis: Bobbs-Merrill, 1965）, at 118–23. 重要なことに、初期の教会ではカナンへの呪詛が「奴隷制の根拠とされた一方、黒人奴隷制の根拠とはされなかった。当時の奴隷制に肌の色は関係なかったからである。カナンへの呪詛を特に黒色人種と結び付けたのは、遥か後に編纂された中世タルムード文書である」。Jan Nederveen Pieterse, *White on Black: Images of Africa and Blacks in Western Popular Culture*（New Haven: Yale University Press, 1992）, at 44.
22. Chancellor Harper, "Slavery in the Light of Social Ethics," in E. N. Elliott, ed., *Cotton Is King, and Pro-Slavery Arguments*（Augusta, Ga.: Pritchard, Abbott & Loomis, 1860）, at 559–60.
23. 創世記 3:16（New King James Version）.
24. 出エジプト記 21:22–23（New King James Version）.
25. 質的な差異とは類型や種類の違いを指し、程度の違いを表わす量的差異から区別される。アルバート・アインシュタインは私よりも数学が得意だが、彼と私の数学能力の違いは程度の問題である。私もある程度は数学ができるが、アインシュタインはそれより遥かにできる。一方、鳥の飛行能力は鳥と私を分かつ質的差異、つまり種類の違いになる。私は鳥ほどうまく飛べないのではなく、飛ぶ能力を持たない。
26. John Locke, *An Essay Concerning Human Understanding,* bk. II, ch. XI, ed. John W. Yolton（London: J. M. Dent & Sons, 1961）, at 126, 127（emphasis omitted）.
27. Aristotle, *Politics,* bk. 1, chap. 8, § 1256b, lines 16–17, in Richard McKeon, ed., *The Basic Works of Aristotle*（New York: Random House, 1941）, at 1137. ギリシャにも対立する見方はあった。例えばアリストテレスの先人に当たるピタゴラスやエンペドクレスは人間が動物に対し正義の義務を負うと言い、アリストテレスの弟子に当たるテオプラストスもまた、動物たちが道徳共同体の成員であると語った。詳しくは Richard Sorabji, *Animal Minds and Human Morals: The Origins of the Western Debate*（Ithaca: Cornell University Press, 1993）を参照。
28. Charles Darwin, *The Descent of Man*（Princeton: Princeton University Press, 1981）, at 105, 76, 77. *See* James Rachels, *Created From Animals: The Moral Implications of Darwinism*（Oxford: Oxford University Press, 1990）.
29. Donald R. Griffin, *Animal Minds*（Chicago: University of Chicago Press, 1992）, at 248–49.

えば悪霊たちはイエスに向かい、異邦人の土地から自分たちを追放せず、不浄な動物に乗り移らせてくれと懇願する。これは異邦人が不浄なままでいたいと望み、イエスの宣教活動に敵意を向けていることを暗示する。悪霊に憑かれていた男は異邦人で、イエスに付いて行こうとするが、異邦人を使徒に加えたがらないイエスによって拒否される。Watson, "Jesus and the Gerasene/Gadarene Demoniac (Mark 5:1-20)"（近刊）を参照。
8. Saint Augustine, *City of God*, bk. 1, chap. 20, trans. Henry Bettenson (Harmondsworth: Penguin, 1984), at 32.
9. Saint Thomas Aquinas, *Summa Contra Gentiles*, bk. 3, chap. 112, in Anton C. Pegis, ed., *Basic Writings of Saint Thomas Aquinas*, vol. 2 (New York: Random House, 1944), at 222.
10.「統治」と「支配」の同一視についてはJim Mason, *An Unnatural Order: Uncovering the Roots of Our Domination of Nature and Each Other* (New York: Simon & Schuster, 1993) の議論を参照。
11. *See, e.g.*, Andrew Linzey, *Christianity and the Rights of Animals* (New York: Crossroad, 1987).
12. 創世記 1:29–30 (New King James Version) (emphases omitted). 聖トマス・アクィナスでさえ、人はエデンの園で動物を食べなかったとの解釈を支持する。
13. 創世記 3:17–19 (New King James Version) (emphases omitted).
14. 例えばアダムとイブの息子、カインとアベルの物語では、カインが「地を耕す者」、アベルが「羊を飼う者」である。カインは神に果実の供物を捧げ、アベルは羊の供物を捧げた。神は「アベルとその供物を愛でたが､カインとその供物は愛でなかった」(*Id.* at 4:4–5)。カインは怒ってアベルを殺し、神はカインを呪って「さすらいの落人」とする。兄弟の道徳的な高潔さに違いがあったとは書かれていないが、にもかかわらず神は､動物の供物をよしとする一方､果実の供物をよしとしなかった。ここからすると、神は動物殺しを許せる行為とみたばかりか、人間による動物統治の望ましい実践とみたように思われる。
　もう一つ、本論の趣旨に照らして最も重要な創世記のくだりはノアの物語である。そこで神は人間と新たな契約を交わし、明瞭な形で人間に動物食を認める。洪水で世界を滅ぼそうと決めた神は、ノアに命じて箱舟をつくらせ、清浄な動物、不浄な動物をその中へかくまわせた。洪水が治まった後、「ノアは主のために祭壇を設け、あらゆる清浄な動物、あらゆる清浄な鳥のいくらかを捕らえ、焼燔（しょうはん）の供物として祭壇の上に捧げた。すると神はなごみの香りを嗅ぎ取った」(*Id.* at 8:20–21)。神は二度と洪水で世界を滅ぼさないと誓う中で、ノアとその息子らを祝福し、「産めよ、増えよ、地に満ちよ」と命じた後、こう付け加える。「そしてそなたらへのおそれ、そなたらへのおののきが、地にある一切の獣、空を行く一切の鳥、地を這う一切のもの､海に住む一切の魚を覆うがよい｡かれらはそなたらの手に渡された。生ある一切の動くものらはそなたらの食物である。われは一切を緑葉のごとくそなたらに与えた」(*Id.* at 9:1–2)。カインとアベルの物語同様、動物の供物は許されるばかりでなく望ましいものとされている点に注目されたい。加えて、神がノアを祝福した「産めよ、増えよ、地に満ちよ」の言葉は、アダムとイブに向けた最初の祝福とほぼ同一であるが、神はノアへの祝福で至極明瞭に、人間の食べものは創世記の初めで語っていた草木だけに限られないと示唆している。このくだりを読むに、神がノアと交わ

第五章

1. 動物に対して負う義務と、動物に関係するだけの義務の違いは第一章で論じた。
2. R. G. Frey, *Interests and Rights: The Case Against Animals*（Oxford: Clarendon Press, 1980）, at 82. フライは「『高等』動物は不快な感覚を経験するかもしれない」と認める。*Id.* at 170. しかし彼は「不快な感覚を経験する」動物にとっても、その不快な感覚の回避が利益であることを認めない。哲学者のドナルド・デビッドソンもフライに似たことを論じる。Donald Davidson, *Inquiries into Truth and Interpretation*（Oxford: Clarendon Press, 1984）, at 155–70 を参照。言語を持たない動物は信念や願望を持ちえず、何らの精神性も具えないというこの見方は、往々にして哲学者ルートヴィッヒ・ヴィトゲンシュタイン（1889-1951）と関連付けられる。例えば Peter Singer, *Animal Liberation,* 2d ed.（New York: New York Review of Books, 1990）, at 14; Bernard E. Rollin, *The Unheeded Cry: Animal Consciousness, Animal Pain and Science*（Oxford: Oxford University Press, 1990）, at 137–43 を参照。しかしコーラ・ダイアモンド教授が私に指摘してくれたところでは、ヴィトゲンシュタインが動物を、デカルトの考えたような認知能力のないカラクリであるとみなしていたことを示唆する証拠はない。
 神経学者のアントニオ・ダマシオは、自己意識（自伝的・表象的なそれを含む）を具えるために言語は必要ないと論じている（注 30–32 に対応する本文を参照）。
3. Peter Carruthers, *The Animals Issue: Moral Theory in Practice*（Cambridge: Cambridge University Press, 1992）, at 171, 194.
4. ここでは現代西洋の財産理論およびその理論中における「劣等者」としての動物の地位に考察対象を絞り、その宗教的基盤に光を当てる。東洋の宗教教義における動物の議論は Tom Regan, ed., *Animal Sacrifices*（Philadelphia: Temple University Press, 1986）および Michael Allen Fox, *Deep Vegetarianism*（Philadelphia : Temple University Press, 1999）を参照。例えば普遍的非暴力を意味するアヒムサーの教義は、多くの東洋宗教にみられ、動物をモノや物資として扱うことを戒める。
5. John Locke, *An Essay Concerning the True Original, Extent, and End of Civil Government*（*"Second Treatise"*）, § 6, lines 16–19, in John Locke, *Two Treatises of Government,* ed. Peter Laslett,（Cambridge: Cambridge University Press, 1988）, at 271（emphasis omitted）.
6. John Locke, *The False Principles and Foundation of Sir Robert Filmer, and his Followers, are Detected and Overthrown*（*"First Treatise"*）, § 92, lines 1–5, in Locke, *Two Treatises of Government, supra* note 5, at 209.
7. マタイ 8:28–34; マルコ 5:1–20; ルカ 8:26–39（New King James Version）。思い出されたいのは、ユダヤ人にとって豚肉食が禁忌であり、豚は動物というだけでなく、特に不浄な動物の象徴とされていたことである。物語中の放蕩息子は、放蕩に明け暮れていた時期に豚飼いを務めていた。さらに、アラン・ワトソン教授によれば、イエスがこの話の舞台である異邦人の土地、デカポリスに足を運んだとは考えにくいので、この事件はそもそもなかった可能性がある。ワトソンが論じるに、逸話中のいくつかの要素からすると、これはイエスの布教が異邦人に向けたものではなかったことを示す寓意と察せられ、マルコの福音書にはそうした面が最も明瞭に見て取れる。例止したのは、単なる経済物資としてのみ扱われない権利を奴隷たちに与えた（つまり道徳共同体にかれらを包摂した）に等しいことであったが、廃止自体はそれまで奴隷だった者が得た権利の範囲を定めはしなかった。

フェミニズム理論では、女性が道徳共同体の成員となるための重要な最低条件に関し、ドゥルシラ・コーネルが同様の議論を行なっている。コーネルは、女性に「最低限の個人化」がもたらされることが必要で、それがなければ「平等な市民として公的生活や政治生活に参加する個人へと［女性たちが］変わる平等な機会」は訪れないと論じる。そしてこの個人化の最低条件は権利型の保護によってのみ与えられうるとコーネルは考える。Drucilla Cornell, *The Imaginary Domain: Abortion, Pornography and Sexual Harassment*（New York: Routledge, 1995）, at 4. フェミニストの中には、権利概念に父権的な本質があるとしてこれをしりぞける著述家がいるが、その見方については後述する。なお、Francione, “Ecofeminism and Animal Rights,” *supra* および第六章の注 37–39 とそれに対応する本文も参照されたい。

31. Immanuel Kant, *Grounding for the Metaphysics of Morals,* §§ 428–29, 434–35, trans. James W. Ellington, 3d ed.（Indianapolis: Hackett Publishing, 1993）, at 35–36, 40–41; Kant, *The Metaphysics of Morals, supra* note 23, §§ 6:434–35, at 186–87 を参照。また、Sullivan, *Immanuel Kant's Moral Theory, supra* note 24, at 195–96 も参照。カントは、モノとされない人間の利益が、内在する道徳的価値の概念によって守られない場合、一部の人間は条件付きの形でのみ評価され、事実上、単なる経済物資になってしまうと論じた。人間を他者の目的に資する単なる手段でなく、目的として扱うことを保証できるものは、人間の尊厳ないし内在的価値の概念以外にない、とカントは考えた。ただし彼は平等主義者だったとはいえず、子供や女性に対するその見方は複数の点で問題がある上、彼のいう道徳的保護の対象は理性的存在、すなわち道徳の普遍原理を理解できる者だけに限られていた。既にみたように、また第五章でも論じるが、カントは動物を道徳共同体から排除した。

32. これは心理の共通性や共通の進化を念頭に置けば常識的かつ論理的に至る結論である。この主張を否定したい者は、それらの共通項があるにもかかわらず、また、他人の心を完全・確実に知ることはできずとも健常な成人に選好や願望があることは分かるにもかかわらず、なぜここに挙げたような人々に選好や願望があるといえないのかを、逆に説明しなければならない。

33. *See* Michael D. Kreger, “History of Zoos,” in Marc Bekoff and Carron A. Meaney, eds., *Encyclopedia of Animal Rights and Animal Welfare*（Westport, Conn.: Greenwood Press, 1998）, at 369.

34. *Model Penal Code*（Philadelphia: American Law Institute, 1980）, § 250 cmt. 1.

35. *Commonwealth v. Turner*, 26 Va.（5 Rand.）678, 678（1827）.

36. *Id.* at 680.

37. 情感ある存在はみな、おのが身に起こる出来事によって上下する一種の「福祉」を感じ取るといってよい。ただしこの用語に語弊があるのは、動物「福祉」法において動物が、守るべき利益を持たない財産と位置づけられていることによる。詳しくは Francione, *Rain Without Thunder, supra* note 25 を参照。

は科学目的で胎児の組織を利用することに不安を覚えている。Nicholas Wade, "Scientist at Work: Brigid Hogan; In the Ethics Storm on Human Embryo Research," *New York Times,* September 28, 1999, at F1を参照。

19. *See* Alison Mitchell, "Clinton Regrets 'Clearly Racist' U.S. Study," *New York Times,* May 17, 1997, § 1, at 10.
20. Michael D'Antonio, "Atomic Guinea Pigs," *New York Times,* August 31, 1997, § 6, at 38.
21. 序論、特にその注 17–18 を参照。
22. マルクス主義者の理論家には、権利の理論が共同体の価値に反して個人の利益を守るものであるとして、これをしりぞける者が多いが、マルクス主義理論は奴隷制を憎み、人間が他者の目的に資する単なる手段として扱われない権利を有することを暗に認めている。私有財産の所有権といった特定の権利、および、投票権は認めるが保健や教育に浴する権利は否定するといった特定の権利の枠組みを、資本主義的という理由で拒むことはできるにせよ、公益の犠牲にしてよい個人の利益に一定の限度がある点は認めなければならない。その限度を顧みなかったことが、1930 年代のロシアで農業集団化に乗じ、スターリンが数百万人もの農民を虐殺した原因に他ならない。なお、マルクスの動物観については第五章を参照。
23. Immanuel Kant, *The Metaphysics of Morals,* §§ 6:237–38, trans. and ed. Mary Gregor (Cambridge: Cambridge University Press, 1996), at 30–31. カントは法律や政治に先立つこの権利を「自然権」とも称する。
24. Roger J. Sullivan, *Immanuel Kant's Moral Theory* (Cambridge: Cambridge University Press, 1989), at 248.
25. Henry Shue, *Basic Rights,*2d ed. (Princeton: Princeton University Press, 1996). トム・レーガンは著書『動物の権利擁護論』の中で、任意の行為〔立法、権利憲章の起草など〕や社会制度によらず、重要な点で共通性を持つ全ての個が平等に有する権利を基本権としている。Tom Regan, *The Case for Animal Rights* (Berkeley and Los Angeles: University of California Press, 1983), at 266–329を参照。レーガンの用いる基本権概念はモノ扱いされない基本権に限定されないが、彼の動物の権利論が提示する概念は、シューが人権を語る文脈で用い、私が動物の権利を語る文脈で用いる基本権概念に近いものと解釈できる。Gary L. Francione, *Rain Without Thunder: The Ideology of the Animal Rights Movement* (Philadelphia: Temple University Press, 1996) at 152–55を参照。ただし、レーガンはその基本権が平等な配慮の原則のみによって導き出されるとは考えない。
26. Shue, *Basic Rights, supra* note 25, at 20.
27. *Id.* at 19.
28. *Id.* at 20.
29. Id. at 21.
30. 基本権（平等な内在的価値）が道徳共同体への包摂に関わり、一個人が有しうる権利の範囲から区別されることについては Gary L. Francione, "Ecofeminism and Animal Rights: A Review of *Beyond Animal Rights: A Feminist Caring Ethic for the Treatment of Animals," 18 Women's Rights Law Reporter* 95 (1996) の議論を参照。例えばアメリカが 1865 年に人間奴隷制を廃

8 *Philosophy and Public Affairs* 103（1979）を参照されたい。動物の利益に平等な配慮の原則を適用する観点からは、これまでのような形で人間に利用されないことが動物にとって利益であり、人間は同じような目的で利用されはしない、という事実を確認しておけば足りる。

5. 奴隷が置かれた財産の地位についてはGary L. Francione, *Animals, Property, and the Law*（Philadelphia: Temple University Press, 1995）, at 110–12の議論を参照。

6. Daniel J. Flanigan, "Criminal Procedure in Slave Trials in the Antebellum South," in Kermit L. Hall, ed., *The Law of American Slavery*（New York: Garland Publishing, 1987）, at 191.

7. Chancellor Harper, "Slavery in the Light of Social Ethics," in E. N. Elliott, ed., *Cotton Is King, and Pro-Slavery Arguments*（Augusta, Ga.: Pritchard, Abbott & Loomis, 1860）, at 559.

8. Stanley Elkins and Eric McKitrick, "Institutions and the Law of Slavery: Slavery in Capitalist and Non-Capitalist Cultures," in Hall, *The Law of American Slavery, supra* note 6, at 115（quoting William Goodell, *The American Slave Code in Theory and Practice* [New York, 1853], 180）.

9. *State v. Mann*, 13 N.C.（2 Dev.）263, 267（1829）.

10. Elkins and McKitrick, "Institutions and the Law of Slavery," *supra* note 8, at 115（quoting Thomas R. R. Cobb, *An Inquiry into the Law of Slavery in the United States of America* [Philadelphia, 1858], 98）.

11. A. Leon Higginbotham, Jr., *In the Matter of Color*（New York: Oxford University Press, 1978）, at 36.

12. Alan Watson, *Slave Law in the Americas*（Athens: University of Georgia Press, 1989）, at xiv and 31（quoting Justinian's *Institutes*）.

13. *State v. Hale,* 9 N.C.（2 Hawks）582, 585–86（1823）.

14. David Brion Davis, *The Problem of Slavery in Western Culture*（Ithaca: Cornell University Press, 1966）, at 58.

15. Richard A. Posner, *The Problems of Jurisprudence*（Cambridge: Harvard University Press, 1990）, at 379–80（footnote omitted）.

16. 事実、近年の文献によれば、奴隷制は一般に悪と認識されているにもかかわらず、世界中に残存している。Kevin Bales, *Disposable People: New Slavery in the Global Economy*（Berkeley and Los Angeles: University of California Press, 1999）を参照。ただし、同書の主張が正しいか否かに関係なく、奴隷制が人格として扱われる人間の基本権を侵害するものとして世界的に非難されていることは確かである。

17.「所有者」が本人の了解を得て行なうとされる臓器の販売や、自主的とされる生物医学実験への参加を批判する人々は多い。というのも批判者の見るところ、これらは経済的剥奪によって強いられる行為だからである。その見方の妥当性に関係なく、人間奴隷制や、人間を財産の地位に置く仕打ちが一般に不可とされるのは明白である。

18. 道具的な人間利用に対する懸念は極めて大きいため、受精卵や初期胎児が情感を持つと指摘する者は皆無であるにもかかわらず、少なくとも一定数の人々は Gail A. Eisnitz, *Slaughterhouse: The Shocking Story of Greed, Neglect, and Inhumane Treatment Inside the U.S. Meat Industry* (Amherst, N.Y.: Prometheus Press, 1997) の解説が優れている。人道的屠殺に関する動物福祉法については Francione, *Rain Without Thunder, supra* note 1, at 95–102 の議論を参照。重要な点として、仮に動物が痛みの意識を持つと私たちが認めないのであれば、殺される前に動物を失神させるよう求める法律は必要とされないはずである。

80. Garner, *Animals, Politics and Morality, supra* note 78, at 234. See generally Francione, *Rain Without Thunder, supra* note 1.
81. See Francione, *Rain Without Thunder, supra* note 1, at 190–219.
82. *Miller v. State,* 63 S.E.571, 573 (Ga. Ct. App. 1909).
83. *Richardson v. Fairbanks N. Star Borough,* 705 P.2d 454, 456 (Alaska 1985).
84. *See, e.g., Knowles Animal Hosp., Inc. v. Wills,* 360 So.2d 37 (Fla. Dist. Ct. App. 1978)(犬が温熱パッドの上に一日中置かれ、重度の火傷で瀕死となった事件). *See* Francione, *Animals, Property, and the Law, supra* note 1, at 57–63.
85. *See, e.g., Jankoski v. Preiser Animal Hosp., Ltd.,* 510 N.E.2d 1084 (Ill. App. Ct. 1987). *See also Francione, Animals, Property, and the Law, supra* note 1, at 57–63.
86. *Farmer and Stockbreeder,* January 30, 1962, quoted in Jim Mason and Peter Singer, *Animal Factories,* rev. ed. (New York: Harmony Books, 1990), at 1.
87. J. Byrnes, "Raising Pigs by the Calendar at Maplewood Farm," *Hog Farm Management,* September 1976, at 30, quoted in id.
88. "Farm Animals of the Future," *Agricultural Research* (Washington, D.C.: U.S. Department of Agriculture), April 1989, at 4, quoted in id.

第四章

1. 道徳理論は平等な配慮の原則を含み、自己利益や「特別」集団・エリート集団の利益でなく普遍的判断を反映しなければならないとする考えは長い歴史を持ち、モーセの律法から、「自身を愛するごとく隣人を愛せ」というイエスの戒律、功利主義や義務論や実存主義といった現代の諸々の倫理学理論にまでみられる。むしろ一般的な共通了解では、平等な配慮がなされ、道徳判断が普遍的に適用できることは、道徳理論の概念そのものの絶対条件とされる。Peter Singer, *Practical Ethics,* 2d ed. (Cambridge: Cambridge University Press, 1993), at 10–15 を参照。
2. しかしながら、白色人種、特に男性が、有色人種や女性に対する過去の差別の恩恵を受けていることは否定しがたい。
3. Peter Singer, *Animal Liberation,*2d ed. (New York: New York Review of Books, 1990), at 5. 第六章で論じるように、シンガーが取り入れたベンサムの理論は、平等な配慮の原則の適用において矛盾を来している感がある。
4.「奴隷制」の具体的定義や、それが農奴制・年季契約奉公・徴兵制などとどう違うかについては意見が分かれよう。R. M. Hare, "What Is Wrong with Slavery,"

章の議論を参照。

64. 罰則と執行の難点および原告適格の問題について、より詳しくは Francione, *Animals, Property, and the Law, supra* note 1, at 65–90, 156–58 の議論を参照。

65. *See, e.g.,* "2 Teens Convicted, But Not of Felony, for Killing Cats," *Chicago Tribune,* November 8, 1997, at 3; "2 Guilty of Misdemeanors in Cat Slayings," *Washington Post,* November 8, 1997, at A16.

66. 動物福祉法が動物の権利を確立しないという議論は Francione, *Animals, Property, and the Law, supra* note 1, at 91–114 を参照。

67. イギリスでは個人訴追、すなわち国でなく民間人による刑事訴追の方が一般的である。

68. Francione, *Animals, Property, and the Law, supra* note 1, at 65–90 を参照。1998 年のある裁判では、動物園の来場者が霊長類の飼育環境を非人道的とみてこれに抗議し、霊長類の精神的幸福を高める環境整備が議会の指示によって要求されている中、それを実現できていない政府規則に異議を唱えることが連邦裁判所により認められた。*Animal Legal Defense Fund v. Glickman,*154 F.3d 426 (D.C. Cir. 1998) (en banc), *cert. denied,*119 S. Ct. 1454 (1999) を参照。後の弁論でも規則に抗議する動物園来場者の原告適格は支持されたものの、当の規則自体は法律の求める最低基準を設けるものとして妥当とされ、獣医の専門的判断を介した柔軟な運用も認められた。*Animal Legal Defense Fund v. Glickman,* 204 F.3d 229 (D.C. Cir. 2000) を参照。この判決が実験用その他の動物に関わる政府規則への抗議資格について、どのような影響を持つのかはまだ分からない。また、訴えを起こす資格があるのは動物から「審美的利益」を得る人間であり、動物たち自身は財産なので、裁判で利益を主張する独立の原告適格を持たない。

69. *Commonwealth v. Lufkin,*89 Mass. (7 Allen) 579, 581 (1863). 裁判所が動物虐待防止法違反の判決を下す例については Francione, *Animals, Property, and the Law, supra* note 1, at 137, 153–56 の議論を参照。

70. *State v. Tweedie,* 444 A.2d 855 (R.I. 1982).

71. *In re William G.,* 447 A.2d 493 (Md. Ct. Spec. App. 1982).

72. *Motes v. State,* 375 S.E.2d 893 (Ga. Ct. App. 1988).

73. *Tuck v. United States,* 477 A.2d 1115 (D.C. 1984).

74. *People v. Voelker,* 172 Misc.2d 564 (N.Y. Crim. Ct. 1997).

75. *LaRue v. State,* 478 So.2d 13 (Ala. Crim. App. 1985).

76. *State v. Schott,* 384 N.W.2d 620 (Neb. 1986).

77. Francione, *Animals, Property, and the Law, supra* note 1, at 211–13 を参照。注 68 で述べたように、農務省が発布した規則は、動物園で展示される霊長類に関し認められた。*Animal Legal Defense Fund v. Glickman,* 204 F.3d 229 (D.C. Cir. 2000) を参照。

78. Robert Garner, *Animals, Politics and Morality* (Manchester: Manchester University Press, 1993), at 103.

79. *Humane Methods of Slaughter Act of 1977: Hearing on H.R. 1464 Before the Subcomm. on Livestock and Grains of the Comm. on Agric.,*95th Cong., 2d Sess. 35 (1978) (statement of Emily Gleockler). 屠殺の工程について

苦しみ」の基準を弁護する彼のような人物までが、当の基準は経済物資とされた動物に用いられる場合、意味をなさないことを幾分か認めているふしがある。

50. *Roberts v. Ruggiero,* unreported, Queen's Bench Division, April 3, 1985.

51. *State v. Crichton,* 4 Ohio Dec. 481（Police Ct. 1892）.

52. *Id.* at 482.

53. *Commonwealth v. Anspach,* 188 A. 98（Pa. Super. Ct. 1936）.

54. *Taub v. State,* 463 A.2d 819, 821（Md. 1983). 当時、メリーランド州の法律は「動物に痛みを及ぼすことが純粋に付随的かつ不可避といえる正常な人間活動に携わる者は、刑事訴追を免れる」と定めていた。「タウブ」事件の判決から間もなく、同州議会は州の動物虐待防止法を改正し、実験で使われる種類も含め全ての動物を法の適用対象とした。しかしながら「タウブ」事件の判決は、法律に明確な形で織り込まれていない免除を裁判所が解釈によって導き出す実態を物語る。タウブの実験に使われた動物をめぐるさらなる訴訟について、より詳しくは Francione, *Animals, Property, and the Law, supra* note 1, at 72–90, 150, 179, 230 の議論を参照。

55. 有責の精神状態の条件について、より詳しくは Francione, *Animals, Property, and the Law, supra* note 1, at 135–39 の議論を参照。

56. これらの精神状態の証明を求めなければ、動物虐待防止法は徹底した、確実な責任を負わせることができるかに思える（*Id.* at 135 を参照）。が、それは勘違いで、仮に精神状態を特定しなかったとしても、同法が禁じるのは通常「不合理」ないし「不必要」な危害に留まり、そうである以上、動物への危害が完全に余計であったか、それが制度化された動物利用の一環であったかを確かめるため、一般には行為者の動機を問うことになる。さらに、有力な議論によれば、刑事責任を課すには単なる怠慢では足らず、少なくとも分別ある人間の行ないから「甚だしく逸脱」した犯罪的怠慢があることが条件となる。

57. *Regalado v. United States,* 572 A.2d 416, 420（D.C. 1990）.

58. *Id.* at 421.

59. *State v. Fowler,* 205 S.E. 2d 749, 751（N.C. Ct. App. 1974）. ついでに注目しておきたいこととして、問題の犬はアイクと名付けられた雄犬であったが、裁判所はファウラーが「それ」をただ虐待するだけの意図からでなく「それ」を訓練するために罰を加えたのであれば、人道的扱いを受けるアイクの利益は無視してよい、との見解を示した。一方において私たちは、アイクが「それ」と呼ばれる「モノ」とは異なる特徴を持つことをはっきりと認める。他方において私たちは、「かれ」を「それ」と称する。動物をめぐる私たちの道徳的混乱は言語にまで表われている。

「ファウラー」事件は動物虐待防止法の解釈において長く受け入れられてきた見方を象徴している。動物への殴打は「単に訓練だけが目的であるなら、いかに苛烈であろうと……法的には悪質とされず、したがって犯罪にはならない」。*State v. Avery,* 44 N.H. 392, 397（1862）.

60. *Callaghan v. Society for Prevention of Cruelty to Animals,* 16 L.R. Ir. 325, 335（C.P.D. 1885）.

61. *Ford v. Wiley,* 23 Q.B.D. 203, 221–22（1889）（Hawkins, J.）.

62. *Commonwealth v. Barr,* 44 Pa. C. 284, 288（Lancaster County Ct. 1916）.

63. *Commonwealth v. Vonderheid,* 28 Pa. D. & C.2d 101, 106（Columbia County Ct. 1962）. 人間奴隷制と動物財産制度の関係について、より詳しくは第四

39. *Bowyer v. Morgan,* 95 L.T.R. 27（K.B. 1906）. *Humane Society v. Lyng,* 633 F.Supp. 480（W.D.N.Y. 1986）では、顔面への焼き印が違法とされたが、そもそもこの処置は慣習的な動物管理の一環とされていなかった。
40. *Lewis v. Fermor,* 18 Q.B.D. 532, 532（1887）.
41. *Id.* at 534（Day, J.）.
42. *Id.* at 537（Willis, J.）.
43. *Callaghan v. Society for Prevention of Cruelty to Animals,* 16 L.R. Ir. 325, 330（C.P.D. 1885）（Morris, C. J）（*Murphy v. Manning,* 2 Ex. D. 307, 314 [1877] を引用）.
44. *Id.* at 332–33（Harrison, J.）.
45. *Id.* at 334（Murphy, J.）.
46. *Ford v. Wiley,* 23 Q.B.D. 203, 209（1889）（Coleridge, C. J.）.
47. *Id.* at 215.
48. *Id.* at 219.
49.「フォード対ワイリー」事件の裁判では、「ルイス対ファーマー」事件の判例をもとに、動物への危害が許されるという誠実な確信があれば、そう確信する妥当性がない場合でも被告は動物虐待の責任を負わないとされた（*Id.* at 224 を参照）。「フォード」事件を担当した判事は、被告が少なくとも妥当な根拠にもとづく確信を持っていなければならない、すなわち、問題の状況下で被告の行為が妥当性を有していなければならないと述べた。誠実な確信があればそこに客観的な妥当性が伴っていなくともよい、という形に「ファーマー」事件の判例を解釈するのは二つの問題がある。第一に、ある確信を抱くのが妥当であるか否かは、確信の対象である行為に関し、どのような慣行が一般化しているかによる。「ファーマー」事件を担当した判事は、争点となった慣行が当時の当該地域において一般的であることをはっきり認めている。ファーマーは問題の処置が動物を所有者の目的に従わせるために必要であるとの確信を抱いたが、当の慣行が一般的であった事実は、その確信を妥当とみる論拠になった。第二に、「ファーマー」事件の裁判では、危害が必要であるとの確信が誠実であると同時に妥当でなくてはならないことがはっきりと指摘されており、「本件では当の処置が有益か否かという問いが、妥当な疑問の範疇から外れることを示す証拠はなかった」。*Lewis v. Fermor,* 18 Q.B.D. 532, 536（1887）.
　いずれにせよ問題なのは、動物への行為が「客観的」な意味で「妥当」でなくてはならないと定めても、それは動物に大きな保護を与えないことである。というより客観的な基準は、被告の行為を評価する外部的尺度としての「業界」基準にしかならない。例えば *Hall v. RSPCA,* unreported, Queen's Bench Division（CO/2876/92）, November 11, 1993 を参照。 そして業界基準は、現代の集約畜産に代表されるような恐ろしい危害を容認する。イギリスの弁護士であり動物福祉の擁護論者であるマイク・ラドフォードは「『不必要な苦しみ』の検証は……大いに奨励されてよい」と述べながらも、「動物は不利益を被る可能性があり、特に商業絡みの状況では、活動に適用される公認の基準（分別のある人々がよしとする基準）が最適な慣行を求めない」と認める。Mike Radford, "'Unnecessary Suffering': The Cornerstone of Animal Protection Legislation Considered," [1999] *Criminal Law Review* 702, 712. 一般法は常に公認の基準を「最適な慣行」とみなしてきた、という事実をラドフォードが見落としている点は措くとしても、「不必要な

Noske, *Beyond Boundaries: Humans and Animals*（Montreal: Black Rose Books, 1997）を参照。
19. T. G. Field-Fisher, *Animals and the Law*（London: Universities Federation for Animal Welfare, 1964）, at 19.
20. Jeremy Waldron, *The Right to Private Property*（Oxford: Clarendon Press, 1988）, at 27（footnote omitted）.
21. 動物虐待防止法の特別免除枠について、より詳しくは Francione, *Animals, Property, and the Law, supra* note 1, at 139–42 を参照。多くの州では、一般法としての動物虐待防止法の他に、屠殺を規制する法律のような動物関連法が敷かれていることは注意を要する。
22. Cal. Penal Code § 599c（Deering 1999）.
23. Del. Code Ann. tit. 11, § 1325（b）（4）（1998）.
24. Ky. Rev. Stat. Ann. § 525.130（1）（c）（Baldwin 1998）.
25. *Id.* at §§ 525.130（2）（a-d）&（3）.
26. Md. Code Ann., Cruelty to Animals § 59（c）（1999）.
27. Neb. Rev. Stat. § 28–1013（1999）.
28. Or. Rev. Stat. § 167.335（4）& 167.310（2）（1997）. オレゴン州の法律は、被告が著しい怠慢を犯す場合を除き、ロデオ・狩猟・罠猟などの活動をも容認する。ここから察するに、怠慢ではあっても「公認の慣行」にしたがった被告は刑事責任を問われない。注 56 も参照。
29. 18 Pa. Cons. Stat. Ann. §§ 5511（Q）（1999）.
30. *See, e.g.*, Del. Code Ann. tit. 11, § 1325（a）（1998）.
31. 7 U.S.C. §§ 2121–2159（1999）. 動物福祉法の規制については Francione, *Animals, Property, and the Law, supra* note 1, at 165–249; Francione, *Rain Without Thunder, supra* note 1, at 87–95 および第二章を参照。
32. 7 U.S.C. §§ 2143（6）（A）（i）&（6）（A）（iii）（1999）. 動物福祉法を擁護する者はしばしば、同法が 1985 年に改正され、各研究施設に動物実験の承認を担う動物愛護委員会の設置が義務付けられたことは進歩だと論じる。問題は、委員会による実験の倫理的価値評価が公然と禁じられている点である。そもそも委員会は、実験者が動物取り扱いの基本的な規則を破った時、もしくは有効な科学データの産出に支障を来しかねない状況で動物に苦痛を与えた時にしか対応を許されない。Francione, *Animals, Property, and the Law, supra* note 1, at 203–6 を参照。
33. 法律によるあからさまな免除規定がない時にも、裁判所が制度的搾取を動物虐待防止法の対象外とした例について、さらに詳しくは Francione, *Animals, Property, and the Law, supra* note 1, at 142–56 を参照。
34. *Cinadr v. State,* 300 S.W. 64, 64–65（Tex. Crim. App. 1927）.
35. *Murphy v. Manning,* 2 Ex. D. 307, 313–14（1877）（Cleasby, B.）.
36. *Lewis v. Fermor,* 18 Q.B.D. 532, 534（1887）（Day, J.）.
37. *Murphy v. Manning,*2 Ex. D. 307, 314（1877）（Cleasby, B.）. 本件において裁判所が、鶏冠切除という痛みを伴う処置を動物虐待防止法違反と判断したことは注目に値する。しかし同裁は、鶏冠切除の主目的が違法活動の闘鶏にあると述べている。
38. *People ex. rel. Freel v. Downs,* 136 N.Y.S. 440, 445（City Magis. Ct. 1911）.

The Ideology of the Animal Rights Movement（Philadelphia: Temple University Press, 1996）の議論を参照。
2. Jeremy Rifkin, *Beyond Beef: The Rise and Fall of the Cattle Culture*（New York: Dutton Books, 1992）, at 28.
3. U.S. Const. Amend. V. *See* Francione, *Animals, Property, and the Law, supra* note 1, at 46–48.
4. Francione, *Animals, Property, and the Law, supra* note 1, at 38–40 および第五章を参照。
5. *See* John Locke, *Two Treatises of Government*, ed. Peter Laslett（Cambridge: Cambridge University Press, 1988）. 財産権とその動物への適用に関するロックの理論について、より詳しくは Francione, *Animals, Property, and the Law, supra* note 1, at 38–42 を参照。ロックの権利論に関する概論は A. John Simmons, *The Lockean Theory of Rights*（Princeton: Princeton University Press, 1992）を参照。
6. 創世記 1:26（New King James Version）.
7. ロックの自然権概念は序論および第四章で解説する基本権概念から区別される。
8. 神が人間による動物統治を認めたことは、動物に対する支配と搾取の許可であった、とみるロックの解釈が適切かは疑問である（第五章参照）。
9. John Locke, *An Essay Concerning the True Original, Extent, and End of Civil Government*（*"Second Treatise"*）, § 26, lines 10–12, in Locke, *Two Treatises of Government, supra* note 5, at 286–87（emphasis omitted）.
10. *Id.* at § 30, lines 16–18, at 290（emphasis omitted）.
11. *Id.* at lines 1–4, at 289（emphasis omitted）.
12. *Id.* at § 6, line 18, at 271.
13. John Locke, "Some Thoughts Concerning Education" [1693], reprinted in Paul A. B. Clarke and Andrew Linzey, eds., *Political Theory and Animal Rights*（London: Pluto Press, 1990）, at 119–20.
14. John Locke, *The False Principles and Foundation of Sir Robert Filmer, and his Followers, are Detected and Overthrown*（*"First Treatise"*）, § 92, lines 1–5, in Locke, *Two Treatises of Government, supra* note 5, at 209.
15. 2 William Blackstone, *Commentaries on the Laws of England*, *2（Chicago: Callaghan, 1872）, at 329.
16. *Id.*, *2–3, at 330（引用は創世記）.
17. 1 William Blackstone, *Commentaries on the Laws of England*, *139（Chicago: Callaghan, 1872）, at 89.
18. Godfrey Sandys-Winsch, *Animal Law*（London: Shaw & Sons, 1978）, at 1. 動物は道徳的地位を持たないモノであるという見方が、西洋自由主義の政治思想その他、私有財産に重きを置く伝統だけの特徴でないことは注意を要する。例えば私有財産（私的所有）を批判したマルクスは、人間にとっての利用価値以上に動物が重要性を具えるとは考えなかった（第五章参照）。ただし、これは政治経済問題に関しマルクス主義や左派の観点に立つ者が、必ずしも動物の道徳的重要性を否定することを意味しない。例えば Ted Benton, *Natural Relations: Ecology, Animal Rights and Social Justice*（London: Verso, 1993）および Barbara

Alternatives to Pain in Experiments on Animals (New York: Argus Archives, 1980); Sharpe, *The Cruel Deception, supra* note 16, at 271–77.

37. Foundation for Biomedical Research, *Understanding the Use of Animals in Biomedical Research, supra* note 3, at 12, 13.
38. これらや類似の事件については Francione, *Animals, Property, and the Law, supra* note 11, at 222–24 を参照。諸々の大学や企業における動物管理基準の議論は Animal Welfare Institute, *Beyond the Laboratory Door, supra* note 36, at 1–93 を参照。
39. Mary T. Phillips, "Savages, Drunks and Lab Animals: The Researcher's Perception of Pain," 1 *Society and Animals* 61, 76 (1993).
40. 実験施設の「日常的」な動物取り扱いに関する解説と議論は A. A. Tuffery, ed., *Laboratory Animals: An Introduction for New Experimenters* (New York: Wiley-Interscience, 1987) を参照。
41. ペンシルベニア大学の事件に関してより詳しくは Francione, *Animals, Property, and the Law, supra* note 11, at 178–83 を参照。
42. *See generally* Alix Fano, *Lethal Laws: Animal Testing, Human Health and Environmental Policy* (London: Zed Books Ltd., 1997); Sharpe, *The Cruel Deception, supra* note 16.
43. Sharpe, *The Cruel Deception, supra* note 16, at 101.
44. *See* Fano, *Lethal Laws, supra* note 42, at 75.
45. F. E. Freeberg, D. T. Hooker, and J. F. Griffith, "Correlation of Animal Eye Test Data with Human Experience for Household Products: An Update," 5 *Journal of Toxicology—Cutaneous and Ocular Toxicology* 115 (1986).
46. *See* L. B. Lave, F. K. Ennever, H. S. Rosenkranz, and G. S. Omenn, "Information Value of the Rodent Bioassay," 336 *Nature* 631 (1988).
47. D. Salsburg, "The Lifetime Feeding Study of Mice and Rats: An Examination of Its Validity as a Bioassay for Human Carcinogens," 3 *Fundamental and Applied Toxicology* 63 (1983).
48. Gillette Company, *1994 Report on Research with Laboratory Animals.*
49. Madhusree Mukerjee, "Trends in Animal Research," *Scientific American,* February 1997, at 93. 教育目的で使われる動物が 570 万匹にのぼるという数値データは本記事にもとづく。
50. 授業での解剖や動物実験に反対する学生の権利は、連邦法および州法の多数の法理によって保護される。Gary L. Francione and Anna E. Charlton, *Vivisection and Dissection in the Classroom: A Guide to Conscientious Objection* (Jenkintown, Pa: The American Anti-Vivisection Society, 1992) を参照。

第三章

1. 財産という動物の地位が動物福祉法の運用をどう左右するかについては Gary L. Francione, *Animals, Property, and the Law* (Philadelphia: Temple University Press, 1995) および Gary L. Francione, *Rain Without Thunder:*

Conspecifics: Studies with Mice, Rats, and Squirrel Monkeys," 20 (3) *Pharmacology Biochemistry & Behavior* 349 (1984).
26. Gary P. Moberg and Valeria A. Wood, "Neonatal Stress in Lambs: Behavioral and Physiological Responses," 14 *Developmental Psychobiology* 155 (1981).
27. Michael N. Guile and N. Bruce McCutcheon, "Prepared Responses and Gastric Lesions in Rats," 8 *Physiological Psychology* 480 (1980).
28. Peter D. Spear, Lillian Tong, and Carol Sawyer, "Effects of Binocular Deprivation on Responses of Cells in Cats' Lateral Suprasylvian Visual Cortex," 49 *Journal of Neurophysiology* 366 (1983).
29. Michael M. Merzenich et al., "Somatosensory Cortical Map Changes Following Digit Amputation in Adult Monkeys," 224 *Journal of Comparative Neurology* 591 (1984).
30. Charles V. Voorhees, "Long-Term Effects of Developmental Exposure to Cocaine on Learned and Unlearned Behaviors," in Cora Lee Wetherington, Vincent L. Smeriglio, and Loretta P. Finnegan, eds., *Behavioral Studies of Drug-Exposed Offspring: Methodological Issues in Human and Animal Research* (Washington, D.C.: U.S. Department of Health and Human Services, National Institutes of Health, 1996), at 3–52.
31. Vincent P. Dole, "On the Relevance of Animal Models to Alcoholism in Humans," 10 *Alcoholism Clinical and Experimental Research* 361 (1986).
32. ハーロウのそれを含む母性剥奪実験の検証・議論・参考資料としてはMurry J. Cohen, *A Critique of Maternal Deprivation Monkey Experiments at the State University of New York Health Science Center* (New York: Medical Research Modernization Committee, 1996); Martin L. Stephens, *Maternal Deprivation Experiments in Psychology: A Critique of Animal Models* (Jenkintown, Pa.: The American Anti-Vivisection Society, 1986) がある。
33. セリグマンのそれを含む学習性無力感の実験を検証した文献としてはKathryn Hahner, "Learned Helplessness: A Critique of Research and Theory," in Stephen R. Kaufman and Betsy Todd, eds., *Perspectives on Animal Research,* vol. 1 (New York: Medical Research Modernization Committee, 1989), at 1を参照。
34. *See* U.S. General Accounting Office, *Army Biomedical Research: Concerns About Performance of Brain-Wound Research* (Washington, D.C.: General Accounting Office, 1990).
35. 軍事分野の動物実験に関する解説と議論はJoel S. Newman and Neal D. Barnard, *The Military's Animal Experiments: A Report from the Physicians Committee for Responsible Medicine* (Washington, D.C.: PCRM, 1994) を参照。
36. *See, e.g.*, Animal Welfare Institute, *Beyond the Laboratory Door* (Washington, D.C.: Animal Welfare Institute, 1985); Dallas Pratt,

the Law (Philadelphia: Temple University Press, 1995) at 190–200を参照。
12. 動物実験に関する法規制の概論は Francione, *Animals, Property, and the Law, supra* note 11, at 165–250 および第三章を参照。
13. Dani P. Bolognesi, "A Live-Virus AIDS Vaccine?" 6 *Journal of NIH Research* (1994), at 55, 59–62.
14. E. Northrup, "Men, Mice, and Smoking," in *Science Looks at Smoking* (New York: Coward-McCann, 1957), at 133.
15. *See* P. E. Enterline, "Asbestos and Cancer," in Leon Gordis, ed., *Epidemiology and Health Risk Assessments* (New York: Oxford University Press, 1988).
16. Quoted in Robert Sharpe, *The Cruel Deception: The Use of Animals in Medical Research* (London: Thorsons Publishing Group, 1988), at 77.
17. U.S. General Accounting Office, *Cancer Patient Survival: What Progress Has Been Made?* (Washington, D.C.: General Accounting Office, 1987), at 25.
18. Jerome Leavitt, "The Case for Understanding the Molecular Nature of Cancer: Some Recent Findings and Their Implications," *Medical News,* September 9, 1985, at 89.
19. *See generally* John R. Paul, *A History of Poliomyelitis* (New Haven: Yale University Press, 1971).
20. R. T. Domingo, C. Fries, P. Sawyer, and S. Wesolowski, "Peripheral Arterial Reconstruction: Transplantation of Autologous Veins," 9 *Transactions of the American Society of Artificial Internal Organs* 305 (1963).
21. 医師や科学者等の保健専門家からなる多数の組織が、動物実験の科学的有用性に疑問を呈している。そうした組織の一つが医学研究現代化委員会で、その膨大な刊行論文では、科学者その他の保健専門家が科学的観点から動物実験を批判している。例えば Medical Research Modernization Committee, *Perspectives on Medical Research,* vol. 3 (New York: Medical Research Modernization Committee, 1990) は、動物実験と筋ジストロフィー、退行性神経疾患、寒冷傷害、心理学研究、基礎研究、動物の認知、ワクチンの製造と管理に関する論文集である。
22. Frank A. Beach, "Conceptual Issues in Behavioral Endocrinology," in Ronald Gandelman, ed., *Autobiographies in Experimental Psychology* (London: Lawrence Erlbaum Associates, 1985), at 5.
23. Kenneth M. Rosenberg, "Effects of Pre- and Postpubertal Castration and Testosterone on Pup-Killing Behavior in the Male Rat," 13 *Physiology & Behavior* 159 (1974).
24. Michael B. Fortuna, "Elicitation of Aggression by Food Deprivation in Olfactory Bulbectomized Male Mice," 5 *Physiological Psychology* 327 (1977).
25. Klaus A. Miczek, James T. Winslow, and Joseph. F. DeBold, "Heightened Aggressive Behavior by Animals Interacting with Alcohol-Treated

Medicine (Washington, D.C.: PCRM, 1994), at 4 の引用より。
54. Jill Donner, "Lassie Stay Home," *Variety*, May 2, 1989, *in Review of Agriculture's Enforcement of the Animal Welfare Act, Specifically of Animals Used in Exhibitions, supra* note 47, at 191 (ボブ・バーカー [Bob Barker] の発言からの引用).
55. 本節の内容の大部分は Humane Society of the United States、the Coalition to Abolish the Fur Trade、および World Animal Net に依拠する。

第二章

1. 20 世紀初頭のイングランドに存在した動物実験への問題意識については Coral Lansbury, *The Old Brown Dog: Women, Workers, and Vivisection in Edwardian England* (Madison: University of Wisconsin Press, 1985) を参照。現代アメリカの動物の権利運動の中で占める動物実験への問題意識については Susan Sperling, *Animal Liberators* (Berkeley and Los Angeles: University of California Press, 1988) を参照。
2. *See generally* Gary L. Francione, *Rain Without Thunder: The Ideology of the Animal Rights Movement* (Philadelphia: Temple University Press, 1996).
3. Foundation for Biomedical Research, *Understanding the Use of Animals in Biomedical Research* (Washington, D.C.: Foundation for Biomedical Research, 1992), at 5–6, 12; Foundation for Biomedical Research, *Caring for Laboratory Animals* (Washington, D.C.: Foundation for Biomedical Research, 1996), at 1.
4. 「3 つの R」は W.M.S. Russell と R. L. Burch の著書 *The Principles of Humane Experimental Technique* (Springfield, Ill.: Charles C. Thomas Publishers, 1959) の中で定式化された。
5. *See* Bernard E. Rollin, *The Unheeded Cry: Animal Consciousness, Animal Pain and Science* (Oxford: Oxford University Press, 1990).
6. U.S. Congress, Office of Technology Assessment, Rep. No. OTA-BA-274, *Alternatives to Animal Use in Research, Testing, and Education* (Washington, D.C.: U.S. Government Printing Office, 1986), at 10.
7. 動物福祉法の執行を担う農務省の部局は動植物検疫所 (APHIS)。
8. 穏健派の動物実験批判論者であるアンドリュー・ローワンによれば、実験で使われる動物は年間 7000 万匹以上にのぼる。Andrew N. Rowan, *Of Mice, Models, and Men: A Critical Evaluation of Animal Research* (Albany: State University of New York Press, 1984), at 67–70.
9. チャールズ・リバーのウェブサイトより引用。
10. Quoted in Judith Reitman, *Stolen for Profit: How the Medical Establishment Is Funding a National Pet-Theft Conspiracy* (New York: Pharos Books, 1992), at 167.
11. *See generally id.* 連邦動物福祉法の前身である 1966 年実験動物福祉法が制定されるきっかけとなった問題は、医学研究を目的としたペットの窃盗だった。以後、ペットの窃盗は同法の焦点となる。Gary L. Francione, *Animals, Property, and*

(London: Stanley Paul, 1987), at 89.

40. Patrick Bateson, *The Behavioural and Physiological Effects of Culling Red Deer: Report to the Council of the National Trust* (1997), at 19. 筋肉のストレスその他の変数を計測するため、ベイトソンは様々な状況で殺された鹿の血液サンプルを比較分析した。

41. *Id.* at 69.

42. *See* Introduction, note 26 *supra*.

43. *See* Andrew N. Rowan, *Of Mice, Models, and Men: A Critical Evaluation of Animal Research* (Albany: State University of New York Press, 1984), at 83.

44. *See* Michael W. Fox, *Inhumane Society: The American Way of Exploiting Animals* (New York: St. Martin's Press, 1990), at 119–20.

45. *See* Michael Strauss, "Fish Catch Hits a New High," in Worldwatch Institute, *Vital Signs 1998: The Environmental Trends That Are Shaping Our Future* (New York: W. W. Norton, 1998), at 34.

46. *See* Paula MacKay, "Fish," in Marc Bekoff and Carron A. Meaney, eds., *Encyclopedia of Animal Rights and Animal Welfare* (Westport, Conn.: Greenwood Press, 1998), at 175.

47. 娯楽の動物利用を含む様々な問題は、展示用の動物に関する連邦政府規制を話し合う議会聴聞会で取り上げられている。*Review of Agriculture's Enforcement of the Animal Welfare Act, Specifically of Animals Used in Exhibitions,Hearing before the Subcomm. on Dept. Operations, Research, and Foreign Agric. of the Comm. on Agric.,* House of Representatives, 102d Cong., 2d Sess. (1992) を参照。ただし娯楽を目的とする動物利用の多くは連邦法の対象外である。

48. 娯楽目的の動物利用は他にも多数あり、ここで論じなかったものには例えば「豚捕り」コンテスト〔油を塗った豚を囲いに放ち、競技者が捕まえる遊戯〕などがある。

49. 動物園の動物、およびその余剰動物が営利の狩猟施設に売られる実態についての概括的な解説と議論は John Grandy, "Zoos: A Critical Reevaluation," *HSUS News*, summer 1992; John Grandy, "Captive Breeding in Zoos: Destructive Programs in Need of Change," *HSUS News,* summer 1989; and Michael Winikoff, "Blowing the Lid Off of Canned Hunts," *HSUS News,* summer 1994 を参照。

50. ロデオ行事の解説と議論は Gail Tabor, "They Chute Horses, Don't They: Making Sense of Rodeo Rules," *Arizona Republic,* February 5, 1993, at B5; Humane Society of the United States, *Bucking the Myth: The Cruel Reality of Rodeos* (Washington, D.C.: Humane Society of the United States, 1995); Humane Society of the United States, *Fact Sheet: Rodeos* (Washington, D.C.: Humane Society of the United States, 1993) を参照。

51. *See* "Breakdowns," *Sports Illustrated,* November 1, 1993, at 80.

52. この情報はグレーハウンド保護リーグより拝領。

53. Joel S. Newman and Neal D. Barnard, *The Military's Animal Experiments: A Report from the Physicians Committee for Responsible*

カロリーの七面鳥肉蛋白質を生むには13キロカロリーの、1キロカロリーのブロイラー蛋白質を生むには4キロカロリーの化石燃料が要される。*Id.* at 18-20を参照。
30. Quoted in Arbogast, "Vegetarian to the Core," *supra* note 25, at 29.
31. James Rachels, *Created From Animals: The Moral Implications of Darwinism*（Oxford: Oxford University Press, 1990）, at 212.
32. James A. Swan, *In Defense of Hunting*（New York: Harper Collins 1995）, at 3.
33. 例えばU.S. Department of the Interior, Bureau of Land Management, *Big Game Habitat Management*（Washington, D.C.: BLM 1993）, at 1, 9を参照。土地管理局（BLM）は西部州の公有地が1年につき「5.4日の大物狩りレクリエーション」を提供し、「大物狩りが推定1億5280万ドルの年間収益を生んでいる」と述べる。さらに同局によれば、総じて大物猟獣管理が目指すのは「充分な質と量の獲物を保証し、存続可能な大物集団を扶養・増殖すること、そしてアメリカ国民への明確な経済的・社会的貢献を維持すること」であるという。同様に、合衆国農務省の魚類野生生物局は、「長期的な資源維持を念頭に、最大の狩猟機会を提供できるよう、管理者の能力」を高めることに目標を置く。U.S. Department of the Interior, Fish and Wildlife Service, *Adaptive Harvest Management: Considerations for the 1996 Duck Season*（Washington, D.C.: FWS, 1996）, at 2. ニュージャージー州魚類・猟獣・野生生物局は「鹿資源の管理は……主としてスポーツ・ハンティングのために行なわれてきた」と述べる。New Jersey Division of Fish, Game, and Wildlife, *An Assessment of Deer Hunting in New Jersey*（Trenton: FGW, 1990）, at 8.
34. Tom Beck, "A Failure of the Spirit," in David Peterson, ed., *A Hunter's Heart: Honest Essays on Blood Sport*（New York: Henry Holt, 1996）, at 200–201.
35. 避妊法は集団規模の管理方法として効果的であることが証明されている。アメリカ政府はこれを野生生物管理の方法に採用し、他の多くの国々でも予備的研究の中で用いられている。Priscilla N. Cohn, Edward D. Plotka, and Ulysses S. Seal, eds., *Contraception in Wildlife, Book 1*（Lewiston, N.Y.: Edwin Mellen Press, 1996）を参照。
36. "1997 Hunting Season Outlook," *Connecticut Wildlife*, September/October 1997, at 7.
37. 缶詰狩猟の解説はTed Williams, "Canned Hunts," *Audubon*, January 1992, at 12を参照。
38. ペンシルベニア州の法律は動物虐待を禁じるが、動物擁護派による多数の努力に反し、同州の裁判所はヒギンスの鳩撃ち大会を違法とする判断を拒んできた。それどころか1891年に同州の裁判所は、鳩撃ち大会に本質的な虐待要素はないとの見方を示し、それが今日においても同州の法律となっている。*Commonwealth v. Lewis*, 21 A.2d 396（Pa. 1891）を参照。ペンシルベニア州の議会は幾度かこのイベントを禁じる法案を検討したことがあるものの、今日に至るまでそれが法制定に結び付いてはいない。2000年2月、鳩撃ち大会の主催者は抗議者によるさらなる訴訟を避けるために催しを中止したが、鳩撃ちは同州全域で日常的に行なわれている。
39. *See* Michael Clayton, *The Chase: A Modern Guide to Foxhunting*

Animal Suffering in Today's Agribusiness（New York: Continuum, 1989）; Michael W. Fox, *Farm Animals: Husbandry, Behavior, and Veterinary Practice*（Baltimore: University Park Press, 1984）; Andrew Fraser and D. M. Broom, *Farm Animal Behaviour and Welfare,* 3d ed.（London: Bailliere Tindall, 1990）; Jim Mason and Peter Singer, *Animal Factories,* rev. ed.（New York: Harmony Books, 1990）; Jeremy Rifkin, *Beyond Beef: The Rise and Fall of the Cattle Culture*（New York: Plume, 1992）; Bernard E. Rollin, *Farm Animal Welfare: Social, Bioethical, and Research Issues*（Ames: Iowa State University Press, 1995）. 屠殺工程の解説と議論は Gail A. Eisnitz, *Slaughterhouse: The Shocking Story of Greed, Neglect, and Inhumane Treatment Inside the U.S. Meat Industry*（Amherst, N.Y.: Prometheus Press, 1997）を参照。

24. National Animal Health Monitoring System, U.S. Department of Agriculture, *Swine Slaughter Surveillance Project*（Fort Collins, Colo.: USDA, 1991）; John Robbins, *Diet for a New America*（Walpole, N.H.: Stillpoint Publishing, 1987）.

25. 健康面での肉食の悪影響と菜食の効能については多数の本が扱っている。例えば以下を参照。Gill Langley, *Vegan Nutrition: A Survey of Research*（Oxford: Vegan Society, 1988）; Craig Winston, *Eating for the Health of It*（Eau Claire, Mich.: Golden Harvest Books, 1993）. See also Virginia Messina and Mark Messina, *The Vegetarian Way*（New York: Three Rivers Press, 1996）. 菜食が健康に良いことは、今や大手医学組織の一般向け刊行物でも認められている。例えば Donna Arbogast, "Vegetarian to the Core" and "Vegetarian Diets for Kids," *Digestive Health and Nutrition,* September/October 1999 を参照。*Digestive Health and Nutritionis* は医師と科学者からなるアメリカ消化器学会の刊行物である。

26. 例えば David Pimentel, "Livestock Production: Energy Inputs and the Environment," in Shannon L. Scott and Xin Zhao, eds., *Proceedings of the Canadian Society of Animal Science: 47th Annual Meeting*（Montreal: Canadian Society of Animal Science, 1997）, at 16 を参照。ピメンテル教授の論文は独自の研究および合衆国農務省や世界保健機関、他の研究者の調査にもとづく。

27. 肉の生産に求められる植物蛋白質の量（飼料要求率）は動物や動物性食品の種類によって異なる。1 キログラムの子羊肉をつくるにはおよそ 16.4 キログラムの穀物と 30 キログラムの飼い葉が、1 キログラムの牛肉をつくるには 13.3 キログラムの穀物が、1 キログラムの七面鳥肉をつくるには 4.3 キログラムの穀物が、1 キログラムの卵をつくるには 8.3 キログラムの穀物が、1 キログラムの豚肉をつくるには 6.3 キログラムの穀物が、1 キログラムの鶏肉をつくるには 2.6 キログラムの穀物が要求される。*Id.* at 19 を参照。

28. *See id.* at 22–23.

29. 例えば 1 キロカロリーの牛肉蛋白質を生むには 54 キロカロリーの、1 キロカロリーの子羊肉蛋白質を生むには 50 キロカロリーの、1 キロカロリーの卵蛋白質を生むには 26 キロカロリーの、1 キロカロリーの豚肉蛋白質を生むには 17 キロカロリーの、1 キロのは確かであるものの、その彼が、人間と動物は一つでも同様の利益を持つと考えたか、また、動物に「余計」な苦しみを与えてはならないとする以上の道徳的地位があると考えたかは判然としない。むしろベンサムは、動物が生きることを利益とせず、人間であれば誰でも(あるいはほぼ誰でも)が苦しまずにいることを利益とする状況で、動物は同じく苦しまずにいることを利益とはしないと考え、両者の苦しまない利益は別物であると思っていたふしがある(第六章参照)。

9. N.Y. Agric. & Mkts. Law § 353 (Consol. 1999). 1999年、ニューヨーク州は「加重虐待」〔通常よりも重い刑を課される動物虐待〕を重罪とした。加重虐待が成立するには、行為者が「正当な理由」なく「伴侶動物を故意に殺害する、もしくは意図的にひどく傷害する」こと、かつそれが「極度の身体的疼痛を与える」意図に発するか、「とりわけ悪質ないし嗜虐的な手口」を用いていることが条件となる。*Id.* at § 353-a (1) (Consol. 1999).
10. Del. Code. Ann. tit. 11, §§ 1325 (a) (1) & (4) (1998). デラウェア州は「任意の動物を故意に殺害もしくはひどく傷害する」行為にも重罪を課す。
11. Protection of Animals Act, 1911, ch. 27 § 1 (1) (a) (Eng.).
12. 7 U.S.C. §§ 2131–2159 (1999).
13. Cruelty to Animals Act, 1876 (Eng.).
14. Animals (Scientific Procedures) Act, 1986 (Eng).
15. 7 U.S.C. §§ 1901–1906 (1999).
16. 動物虐待防止法が動物の利益を道徳的に重要とした上で、人間に直接の義務を負わせる狙いを持つ(動物の扱いが人間の扱いに影響するという懸念から間接的な義務を課すだけでない)ことについては、Francione, *Animals, Property, and the Law, supra* note 6, at 122–23の議論を参照。第三章では、動物虐待防止法が動物に対する直接の法的義務を課す法律と解釈されたことは実のところ一度もなく、ただ人間の利益しか考慮しない実態を追う。注目すべきことにカントの考えでは、人間は動物に対し直接の義務を負いえないので、動物に対する直接の義務と言われるものは、実際には人間に対する間接的な義務であるとされる(注4参照)。カントは、真の義務は全て直接的なもので人間に対してのみ負いうるという前提を置くが、すると人間に対する間接的な義務は、誰に対する直接の義務なのかが疑問となる。私見では、動物に関わりはしても突き詰めれば人間に対して負う義務というものは、人間についてみれば直接的な義務で、動物についてみれば間接的な義務であると捉えるのが混乱の少ない解釈と思われる。
17. *State v. Prater,* 109 S.W. 1047, 1049 (Mo. Ct. App. 1908).
18. *Stephens v. State,* 65 Miss. 329, 331 (1887).
19. *Hunt v. State,* 29 N.E. 933, 933 (Ind. Ct. App. 1892).
20. *Grise v. State,* 37 Ark. 456, 458 (1881).
21. *Oglesby v. State,* 37 S.E.2d 837, 838 (Ga. App. 1946); *People v. Brunell,* 48 How. Pr. 435, 437 (N.Y. City Ct. 1874).
22. Animals (Scientific Procedures) Act, 1986, ch. 14, § 5 (4) (Eng.).
23. Ray V. Herren and Roy L. Donahue, *The Agricultural Dictionary* (New York: Delmar Publishers, 1991), at 167. 畜産用動物の扱いに関する全体的な解説と議論は以下を参照。C. David Coats, *Old MacDonald's Factory Farm: The Myth of the Traditional Farm and the Shocking Truth About*

of Health, "Public Health Service Policy and Government Principles Regarding the Care and Use of Animals," in Institute of Laboratory Animal Resources, *Guide for the Care and Use of Laboratory Animals* (Washington, D.C.: National Academy Press, 1996), at 117.
31. Committee on Pain and Distress in Laboratory Animals, Institute of Laboratory Animal Resources, Commission on Life Sciences, National Research Council, *Recognition and Alleviation of Pain and Distress in Laboratory Animals* (Washington, D.C.: National Academy Press, 1992), at ix.
32. いまだに動物は痛みを意識しないと主張する者もいる。実験に使われる動物が苦しみを経験することを否定する者に関しては、Bernard E. Rollin, *The Unheeded Cry: Animal Consciousness, Animal Pain and Science* (Oxford: Oxford University Press, 1990) および第二章、第五章の議論を参照。
33. Michel E. de Montaigne, "Apology for Raymond Sebond" [c. 1592], *reprinted in* Paul A. B. Clarke and Andrew Linzey, eds., *Political Theory and Animal Rights* (London: Pluto Press, 1990), at 64.
34. *See generally* Sorabji, *Animal Minds and Human Morals, supra* note 21. *See also* Chapter 5 *infra.*

第一章

1. René Descartes, *Discourse on the Method*, Part V [1637], in John Cottingham, Robert Stoothoff, and Dugald Murdoch, trans., *The Philosophical Writings of Descartes,* vol.1 (Cambridge: Cambridge University Press, 1985), at 139.
2. 研究者の中には、デカルトが一面において動物の意識を認めていたと論じ、彼がそれを否定したという伝統的解釈は誤りだとする立場もある。例えば Daisie Radner and Michael Radner, *Animal Consciousness* (Buffalo: Prometheus Books, 1989) を参照。
3. デカルトおよび、動物に関わるだけで動物に対して負うわけではない義務については、第五章で詳しく論じる。
4. Immanuel Kant, *Lectures on Ethics,* trans. Louis Infield (New York: Harper Torchbooks, 1963), at 240. 基本的人権に関するカントの見解については第四章の議論を参照。人間と動物を分かつとされる差異をめぐるカントの見解については第五章の議論を参照。
5. *Id.* at 239.
6. 動物虐待防止法が広く施行される以前の動物関連法規については、Gary L. Francione, *Animals, Property, and the Law* (Philadelphia: Temple University Press, 1995), at 121–33 の議論を参照。
7. Jeremy Bentham, *The Principles of Morals and Legislation,* chap. XVII, § I para. 4 [1781] (Amherst, N.Y.: Prometheus Books, 1988), at 310 (footnote omitted).
8. *Id.* at 310–11, note 1. ベンサムが動物の利益は道徳的配慮に値し、人はその利益を評価する上で平等な配慮の原則（第四章参照）を適用すべきであると説いた

1971); James M. Jasper and Dorothy Nelkin, *The Animal Rights Crusade: The Growth of a Moral Protest* (New York: Free Press, 1992); Michael P. T. Leahy, *Against Liberation: Putting Animals in Perspective* (London: Routledge, 1991); Andrew Linzey, *Christianity and the Rights of Animals* (New York: Crossroad, 1987); Jim Mason, *An Unnatural Order: Uncovering the Roots of Our Domination of Nature and Each Other* (New York: Simon & Schuster, 1993); Mary Midgley, *Animals and Why They Matter* (Athens: University of Georgia Press, 1984); Barbara Noske, *Beyond Boundaries: Humans and Animals* (Montreal: Black Rose Books, 1997); Evelyn B. Pluhar, *Beyond Prejudice: The Moral Significance of Human and Nonhuman Animals* (Durham, N.C.: Duke University Press, 1995); James Rachels, *Created From Animals: The Moral Implications of Darwinism* (Oxford: Oxford University Press, 1990); Bernard E. Rollin, *Animal Rights and Human Morality*, rev. ed. (Buffalo: Prometheus Press, 1992); Rosemary Rodd, *Biology, Ethics, and Animals* (Oxford: Clarendon Press, 1990); Richard D. Ryder, *Animal Revolution: Changing Attitudes towards Speciesism* (Oxford: Basil Blackwell, 1989); Ryder, *Victims of Science, supra* note 19; S. F. Sapontzis, *Morals, Reason, and Animals* (Philadelphia: Temple University Press, 1987); James Serpell, *In the Company of Animals: A Study of Human-Animal Relationships* (Oxford: Basil Blackwell, 1986); Richard Sorabji, *Animal Minds and Human Morals: The Origins of the Western Debate* (Ithaca: Cornell University Press, 1993).

22. Peter Singer, *Animal Liberation,* 2d ed. (New York: New York Review of Books, 1990).
23. Tom Regan, *The Case for Animal Rights* (Berkeley and Los Angeles: University of California Press, 1983).
24. *Id.* at 243.
25. *Id.* at 78.
26. F. J. Verheijen and W.F.G. Flight, "Decapitation and Brining: Experimental Tests Show That After These Commercial Methods for Slaughtering Eel *Anguilla anguilla* (L.), Death Is Not Instantaneous," in 28 *Aquaculture Research* 361, 362 (1997). *See also* Michael W. Fox, *Inhumane Society: The American Way of Exploiting Animals* (New York: St. Martin's Press, 1990), at 119–20.「種差別」という語はリチャード・ライダーの創作による。Ryder, *Animal Revolution, supra* note 21, at 197, 222を参照。
27. Regan, *The Case for Animal Rights, supra* note 23, at 324–25.
28. 第五章の注61を参照。
29. 基礎付け主義(道徳原則は数学原理のような確実性を備えうるという思想)に代わる内省的均衡の概念を道徳理論の中で初めに論じたのはジョン・ロールズ(John Rawls)の *A Theory of Justice* (Cambridge, Mass.: Belknap Press, 1971)である。
30. U.S. Department of Health and Human Services, National Institutes

認から守る点では同様である。しかし政策にもとづく権利は、結果判断によって利益が損なわれる事態を許しかねないので、実のところ権利ではないという議論は考えられよう（第六章の注6を参照）。尊重にもとづく権利は、状況ごとの結果判断による利益の否認はおろか、社会全体の結果を考えた一般的判断による否認も許さない。尊重にもとづく権利は政治体制の本質を決め、当の文化圏で重視される道徳信念を示す。

異なる政治体制は異なる権利を尊重にもとづく権利と位置づける。例えば自由民主制国家では自由言論の権利や財産権が必須とされる一方、教育や保健に浴する権利は同じく必須と考えられ、一部の政治体制ではそれが自由言論の権利や財産権よりも重視される。

18. 保護対象となる利益を持たないモノとして扱われることを免れる基本権は、尊重にもとづく権利である（注 17 を参照）。ただしこの基本権は、政治体制に関係なく、また他にどのような尊重にもとづく権利が守られるかにも関係なく、最低でも何らかの権利や道徳的重要性を認められるために無しでは済まないものである点で、尊重にもとづく権利の中でも特別な位置を占める。モノ扱いされない基本権を持つ者は「人格」となる（第四章参照）。

19.「種差別」という語はリチャード・ライダーの創作による。Richard D. Ryder, *Victims of Science: The Use of Animals in Research*（London: Davis-Poynter, 1975）を参照。

20. *See generally* Gary L. Francione, *Rain Without Thunder: The Ideology of the Animal Rights Movement*（Philadelphia: Temple University Press, 1996）.

21. *See, e.g.,*Ted Benton, *Natural Relations: Ecology, Animal Rights and Social Justice*（London: Verso, 1993）; Marc Bekoff and Carron A. Meaney, eds., *Encyclopedia of Animal Rights and Animal Welfare*（Westport, Conn.: Greenwood Press, 1998）; Peter Carruthers, *The Animals Issue: Moral Theory in Practice*（Cambridge: Cambridge University Press, 1992）; Stephen R. L. Clark, *The Moral Status of Animals*（Oxford: Clarendon Press, 1977）; David DeGrazia, *Taking Animals Seriously: Mental Life and Moral Status*（Cambridge: Cambridge University Press, 1996）; Gail A. Eisnitz, *Slaughterhouse: The Shocking Story of Greed, Neglect, and Inhumane Treatment Inside the U.S. Meat Industry*（Amherst, N.Y.: Prometheus Press, 1997）; Lawrence Finsen and Susan Finsen, *The Animal Rights Movement in America: From Compassion to Respect*（New York: Twayne Publishers, 1994）; Michael Allen Fox, *Deep Vegetarianism*（Philadelphia: Temple University Press, 1999）; Francione, *Rain Without Thunder, supra* note 20; Francione, *Animals, Property, and the Law, supra* note 16; R. G. Frey, *Rights, Killing, and Suffering: Moral Vegetarianism and Applied Ethics*（Oxford: Basil Blackwell, 1983）; R. G. Frey, *Interests and Rights: The Case Against Animals*（Oxford: Clarendon Press, 1980）; Robert Garner, *Animals, Politics and Morality*（Manchester: Manchester University Press, 1993）; Stanley Godlovitch, Roslind Godlovitch, and John Harris, eds., *Animals, Men and Morals*（New York: Grove Press,

1995), at 7–8.
14. *See* Adrian Benke, *The Bowhunting Alternative* (San Antonio, Tex.: B. Todd Press, 1989), at 7–10, 85–90.
15. 本書では情感を痛みの意識と定義するが、これにより、侵害受容の神経反応を持つだけで、組織を傷つけられた際に反射を示しはしても、痛みを感じているのが「自己」であることを知覚しない存在は、情感を具える存在から区別される。
16. *See generally* Gary L. Francione, *Animals, Property, and the Law* (Philadelphia: Temple University Press, 1995).
17. Bernard E. Rollin, "The Legal and Moral Bases of Animal Rights," in Harlan B. Miller and William H. Williams, eds., *Ethics and Animals* (Clifton, N.J.: Humana Press, 1983), at 106. 動物関連の法律における権利論・権利概念に関する一般的な議論については、Francione, *Animals, Property, and the Law, supra* note 16, at 91-114 を参照。権利概念がややこしい理由の一つは、全ての権利が「同種」の防壁を設けるわけではない点にある。いくつかの権利は、個人の利益が状況ごとに評価される事態を防ぎはするものの、公共の福祉をかんがみて無効とされることもある。例えば、議会が高い税率は投資を停滞させるとみて、税率を下げた方が公共の福祉に資すると判断した場合を考えてみよう。議会の決定は納税者に減税の恩恵に浴する権利を与えたともいえる。税率が低いあいだ、この権利は無視ないし否認される事態から守られる。収税吏は議会の決定を重んじ、議会が決めた率の税金を集める義務・任務を負う（権利は一般に、要求およびそれに対応する義務と結び付けられるが、権利の規範的要素は他にもある。*Id.* at 42-43, 95-104 を参照）。収税吏は、納税者から法定税率以上の税を取り立てた方が総合的にみて当事者全員に良い結果をもたらすと思ったとしても、それをしてはならない。しかし議会は、公共の福祉をかんがみて税率を下げたのと同様、将来のある時点では、公共の福祉を別の形で評価し、先の低い税率の恩恵をなくそうと決めることもできる。議会は別の施策のために税収を増やす必要を感じ、少ない税負担で済むという納税者の利益を守っていた防壁――権利――を取り払う決定を下すかもしれない。

減税に浴する権利や、自動車を時速 55 マイルでなく 65 マイルで運転できる権利といったものは「政策にもとづく」権利と考えられる（*Id.* at109-10 を参照）。状況ごとの結果判断によって無効化されることは基本的にないという点で、政策にもとづく権利はやはり権利といってよい。しかし状況ごとでなく、一般論としての結果を考えた時にそれを廃した方がよいと判断されれば、政策にもとづく権利は廃することが認められる。減税に浴する権利のような政策にもとづく権利は、人間にとって必要不可欠な利益を守るものとは考えられていない。人々はみな税負担が軽い方がよいと考えるにせよ、税負担が増えたところでこの世の終わりにはならない。

政策にもとづく権利と対照に、政治体制において必須と考えられているのが「尊重にもとづく」権利とでもいうべきものである（*Id.* を参照）。尊重にもとづく権利は一般的な結果のいかんに関係なく守られなければならないと思われる利益を守る。アメリカや多くの自由民主制国家では、自由言論の権利によって守られる利益は、たとえそれを認めることが一般に望ましくない、もしくは問題のある結果を招くとしても、保護しなければならないものだとされる。

政策にもとづく権利も尊重にもとづく権利も、関連する利益を結果判断だけによる否

原注

See は「以下を参照」、*See generally* は「概論は以下を参照」の意。*Id.* は「前掲書」、note は「注」、at ○は「○ページ」、*supra* は「上記」、*infra* は「下記」の意。

例：*See id.* at 6 は「前掲書 6 ページを参照」、*supra* note 1 は「上記の注1」。

序論

1. David Foster, "Animal Rights Activists Getting Message Across: New Poll Findings Show Americans More in Tune with 'Radical' Views," *Chicago Tribune,* January 25, 1996, at C8.
2. John Balzar, "Creatures Great and—Equal?" *Los Angeles Times,* December 25, 1993, at A1.
3. Alec Gallup, "Gallup Poll: Dog and Cat Owners See Pets As Part of Family," *Star Tribune,* October 28, 1996, at E10.
4. Jeanne Malmgren, "Poll Proves It: We're Nuts about Pets," *Star Tribune,* June 26, 1994, at E1.
5. Melinda Wilson, "Canine Blood Bank Is Looking for Doggie Donors," *Detroit News,* November 29, 1996, at A1.
6. American Pet Manufacturers Association, cited in Ranny Green, "Here's Some New, Bizarre Gifts for Pets and Owners," *Seattle Times,* December 15, 1996, at G4.
7. Julie Kirkbride, "Peers Use Delays to Foil Hedgehog Cruelty Measure," *Daily Telegraph,* November 3, 1995, at 12.
8. Edward Gorman, "Woman's Goring Fails to Halt Death in the Afternoon," *The Times* (London), June 30, 1995, Home News Section.
9. Malcolm Eames, "Four Legs Very Good," *The Guardian,* August 25, 1995, at 17.
10. *See* Richard Mauer, "Unlikely Allies Rush to Free 3 Whales," *New York Times,* October 18, 1988, at A18; Sherry Simpson, "Whales Linger Near Freedom: Soviet Icebreaker Makes Final Pass," *Washington Post,* October 28, 1988, at A1.
11. U.S. Department of Agriculture, National Agricultural Statistics Service, *Agricultural Statistics 1999* (Washington, D.C.: U.S. Government Printing Office, 1999).
12. 数字は国連食糧農業機関のウェブサイトを参照。
13. James A. Swan, *In Defense of Hunting* (New York: Harper Collins,

148, 290, 319, 321, 330 ⇒動物福祉法
動物実験　92-100, 104-7, 109, 124, 140, 143, 144, 256, 257, 300, 321
動物の権利　40, 43, 44, 49, 264, 280, 294, 296
動物福祉法　61, 62, 95, 122, 124, 137, 139-41, 143, 144, 244, 245, 290, 291, 321 ⇒動物虐待防止法
奴隷制　44, 160-4, 174, 175, 178, 198, 217, 226, 227, 243, 272, 279, 292, 300

【な行】

内在的価値　168, 172, 173, 219, 220
ノージック、ロバート　303

【は行】

平等な配慮の原則　36, 154-61, 168, 169, 174, 176-9, 239-43, 245, 296, 317
フライ、R．G　191-3, 313
ペット　146,147, 274, 275
ベンサム、ジェレミー　59, 159, 224-30, 243-5, 297, 306, 331
ホッブス、トマス　213

【ま行】

マルクス、カール　211,212, 315, 322
モンテーニュ、ミシェル・E・ド　51

【や行】

養殖業　79

【ら行】

レーガン、トム　44-6, 300, 307, 308, 315
ロールズ、ジョン　202, 212, 213, 309, 332
ロック、ジョン　117-20, 142, 169, 194-7
ロデオ　82, 83

総索引

【あ行】
アウグスティヌス　196
アクィナス、トマス　196,201, 312
アリストテレス　201
エコフェミニスト　246, 247

【か行】
カラザース、ピーター　193, 211, 214, 215, 302
カント、イマニュエル　56, 170, 201, 212, 314, 330
基本権　38, 39, 46, 168-71, 173, 179, 190, 315, 333 ⇒権利
漁業　78, 79
グリフィン、ドナルド　203-4, 234
競馬　83
毛皮　86-8
原告適格　137, 138
権 利　37, 38, 169-71, 176, 207, 226, 230, 246, 247, 273, 282, 306, 315, 334 ⇒基本権
功利主義　225, 226, 230, 306, 307
コーエン、カール　213, 215
コーネル、ドゥルシラ　247, 314

【さ行】
サーカス　74, 76, 80, 82
財産（という地位）　35, 36, 46, 62, 116, 118-22, 134-8, 142, 144-51, 160, 174, 175, 177, 195, 197, 245, 252, 263, 264, 290-2, 294-6 ⇒財産権、私有財産
財産権　116-21, 145, 169 ⇒財産、私有財産
菜食　69, 70, 73, 280, 281, 286, 287
シュー、ヘンリー　170
私有財産　117, 136, 145 194, 322 ⇒財産、財産権
種差別　40, 72, 218, 262, 279, 280
狩猟　74-8, 82, 328
情感　32, 50, 58-60, 176, 204, 216, 224, 233, 234, 280, 282-6
植物　60, 287, 288
シンガー、ピーター　44, 229-34, 236-42, 244-5, 303-6, 309
人格　177-9, 333
人道的扱いの原則　33, 58, 59, 61-3, 121, 142, 158-61, 174, 175, 191, 194, 242, 244, 290
性差別　72, 157, 198, 217, 218
聖書　117, 194, 195-9, 262, 296
積極的差別是正措置　48, 158, 288
ソラブジ、リチャード　209, 308, 309

【た行】
ダーウィン、チャールズ　51, 202, 203, 297
ダマシオ、アントニオ　204, 211, 235, 304
畜産業　64-73, 78, 126, 128-30, 297
中絶　178, 284-6
デカルト、ルネ　54, 142, 191, 331
伝統　72, 78, 266, 276, 277
ドゥ・ヴァール、フランス　205, 206, 307, 309
ドゥグラツィア、デビッド　302
動物園　74, 76, 80-2
動物虐待防止法　61, 62, 122-41, 143,

解題

本書は動物の権利論の哲学を解説した本格的な入門書、Gary L. Francione, ***Introduction to Animal Rights: Your Child or the Dog?*** (Philadelphia: Temple University Press, 2000) の全訳である。『動物の権利』と題した書籍はこれまでにも何冊か刊行されているが、動物が権利を持つとはどういうことかを、権利概念の基礎から体系的に説き起こした文献はこれまでになかった。既に欧米圏を中心とする海外諸国において動物の権利論が学問の地位を得た中、いまだ日本がそれらの思想を過激な極論として遠ざけ、肉食、捕鯨、さらには動物実験まで、あらゆる動物利用を表面的な感謝・供養の素振りで美化している状況をみると、倫理的認識の大きな落差を感じざるをえない。本書はこの状況を打開し、人間と他の動物のあるべき関係を模索する理論的土台として、動物の権利論を日本に定着させる上で貴重な役割を果たすものと信じる。

著者のゲイリー・フランシオンは米・ラトガース大学の法学教授であり、動物の権利論やその実践である動物の権利運動の方向性に決定的な影響を与えてきた、この分野の第一人者である。その思想は廃絶主義（abolitionism）と呼ばれ、動物の権利論の本義は動物の扱い方ではなく動物の利用自体を拒むことにあるという問題意識のもと、いかに「人道的」な動物利用をもよしとせず、徹底した動物への非暴力を訴える。

ここで、著者フランシオンの動物倫理学における位置づけを確かめるため、少しばかり現在に至るまでの同学問の歴史を振り返りたい。

欧米圏の現代動物倫理学は市民運動とともに発達した。ベトナム反戦運動、公民権運動、女性解放運動などが盛り上がった一九六〇年代後期、一部の人々はそれらの運動の核心にある平等思想を人間以外の動物にまで拡張し、種を異にする者たちへの道徳的配慮から、動物実験等への反対を主張した。そうした初期努力を背景に、一九七〇年代から八〇年代にかけ、哲学者のピーター・シンガー、トム・レーガンらによって動物倫理学の基礎理論が構築された。

シンガーは一九七五年に発表した主著『動物の解放』において、人間以外の動物が持つ利益を種の違いだけにもとづき不当に軽んじる態度、種差別（speciesism）を批判し、最大多数（人間も他の動物も含め）の最大幸福を目指す功利主義の立場から、現代の動物搾取が生む動物たちの苦痛は、それによって得られる人間の幸福を量において遥かに上回るとして、工場式畜産や動物実験の打倒を宣言した。簡潔な主張と力強い文体がおそらくは大きな要因となり、シンガーの著書は動物擁護に携わる活動家たちの必読書と目されるに至ったが、その理論は数多くの難点を抱えていた（本書の第六章参照）。特に問題なのは、彼の立脚する功利主義が行為の結果にしか目を向けず、他者に苦痛を与える行為であっても、それによって得られる幸福の総量が被害者の苦痛の総量を上回れば容認されるという点にある。したがって一〇人の人間を救うために一匹の動物（人間であってもよい）を殺害することは可とされかねない。「動物の権利《アニマルライツ》」運動の父と仰がれるシンガーの思想は、実のところ不可侵の権利概念とは全く相容れないものであった。

トム・レーガンはシンガーの理論がはらむ欠点を克服すべく、一定の基準を満たす動物に不可侵の権利を認める考えを提唱した。一定の基準を満たす動物は、侵されてはならない権利を有し、いかに大きな幸福が他者にもたらされる状況であっても、そのために犠牲とされてはならない。この動物の権利論の基調をなす点を明確に理論化したことがレーガンの貢献であったが、彼の思想は、動物が権利を有するには健常な成人を尺度とした「一定の基準」を満たさねばならないとするなど、人間中心的であり過ぎた（序論参照）。その上、理論としての完成度を追求した結果、その著書は一般読者にとってあまりに複雑晦渋《かいじゅう》な内容となり、動物擁護運動に大きな影響を与えることはなかった。以後、「動物の権利《アニマルライツ》」という言葉は独り歩きをし始め、権利論とは関係のないシンガーの思想を柱に、動物の苦痛を減らそうとする全ての取り組みが「動物の権利」運動と称される混乱が生じた。

ゲイリー・フランシオンはこうした状況の中で現われた。まず彼が行なったのは、レーガンの唱えた動物の権利論を軸に、動物福祉法の構造的限界を分析する作業だった。動物福祉とは、人間による動物利用を認めた上で、動物の「人道的」扱いを求める思想である。この考え方にのっとる動物福祉法は、その実、動物を財産という法的地位に置き、財産たる動物の利益と財産所有者たる人間の利益を天秤にかけるよう求めるに留まる。したがってこうした諸法が動物の権利を守れる道理はない。

次にフランシオンは、動物の権利論と動物の権利運動の甚だしい乖離《かいり》を正した。動物の権利論とは何よりも動物の手段化を否定する立場である。ところが、いわゆる「動物の権利」運動は、動物利用の廃絶が容易でないという認識のもと、利用そのものへの反対を保留し、動物福祉の推進にばかり努めている。これは権利論の理念に反するばかりか、むしろ動物の権利確立を遠のかせる逆効果を生む。

本書に先立つ著作『動物・財産・法律』および『雷なき雨』で示された以上の議論は、動物利用の穏健な規制改革を進めるに留まっていた動物擁護運動に猛省を迫り、運動の呼称として惰性的に使われていた「動物の権利」という概念の本質を活動家たちに再認識させた。

本書『動物の権利入門』においてフランシオンは、前二著の議論を踏まえ、いよいよ自身の理論体系を示したといえる。まず、本書はレーガンの築いた権利論を簡素化し、平等な配慮の原則という一道徳律だけをもとに動物の有するべき基本権を導き出す。次に、フランシオンは動物が道徳的地位を占めるには情感があれば充分であるとし、健常な成人の認知機能を基準に道徳的配慮の対象を選別するシンガーやレーガンの序列思想をしりぞけた。これによって動物の権利論は人間中心的な視点を離れ、情感ある全ての動物の基本権確立へ向け、動物利用の規制ではなく廃絶を目指す実践方針、廃絶主義へと至った。

なお、その後の動物倫理学は多様な理論に分かれながらも、大きな流れとして三つの分野を形づくっている。一つはポスト人間主義《ヒューマニズム》で、これは動物の権利論の基底をなす理性偏重の人間主義を克服し、種差別の解体へ向けた新たな倫理の枠組みを築こうと試みる。知的遊戯に堕したダナ・ハラウェイのような悪例も目立つが、未訳のものも含めれば少数ながら注目すべき成果もある。

もう一つはエコフェミニズムで、やはり権利論とは異なる「気《ケ》づかい《ア》」の倫理という枠組みから、個別具体的な関係性を重視した動物擁護論を唱える。邦訳されたエコフェミニストの著作として、キャロル・アダムズの『肉食という性の政治学』、およびローリー・グルーエンの『動物倫理入門』がある。

最後に、廃絶主義の権利論を根本に据え、動物搾取の社会学的考察を取り入れた学際領域、批判的動物研究がある。動物搾取の廃絶という目標を見据えた実践的な理論構築を目指す分野として、特に今後の動向が注目される。批判的動物研究の成果は既に訳者が日本に紹介しているので、本書を読了された方は是非それらの文献――『動物と戦争』『動物・人間・暴虐史』『捏造されるエコテロリスト』――も参照されたい。

動物の権利論と動物福祉

フランシオンの主張の中で特に論争を呼んでいるのが、動物福祉否定論である。動物擁護に携わる人々からそれまでほとんど問題視されず、むしろ善い取り組みのように語られてきた動物福祉を、動物の権利論に反する概念として批判したことがフランシオンの大きな功績に数えられる。これは本書の議論を理解し、今後の動物擁護を考える上でも重要な点となるので、改めてその主旨を整理しておきたい。

既に述べたように、動物福祉は人間による動物利用そのものは認めた上で、動物の味わう「不必要」な苦しみを緩和・削減する措置である。言い換えれば、それは動物を人間の目的に資する手段とすることは否定しない。動物福祉の枠組みにおける動物の地位は、人間の財産、すなわちモノであって、福祉規制はその財産利用と両立する範囲内で動物への危害を禁じるに過ぎない。つまり福祉規制が禁じるのは、財産利用においていて必要とされない危害、むしろ無い方がよい危害、「非生産的」「非効率的」な虐待に限られる。まともな財産所有者であれば、なるべく財産を無駄にせず有効に活用しようと考えるだろう。福祉規制は「余計」な虐待によって動物財産の「品質」が損なわれる事態を防ぎ、所有者の望む有効活用を促す。したがって動物福祉の推進は、動物を財産の地位から解き放つどころか、むしろ動物をより確固たる財産の地位に留める。動物の苦痛を減らすという目標は、少し聞いたところでは真っ当に思えるが、以上のような構造的欠陥をみるにつけ、動物福祉が長い目では動物の権利確立の妨げとなることは避けられない。

フランシオンの問題意識は「動物の権利」運動に向けられている。欧米圏では莫大な資金を持つ大手動物擁護団体が長年にわたり動物福祉を推進してきたにもかかわらず、動物は依然としてあらゆる下らない目的のために産業利用され、畜産物の消費量は上昇の一途をたどり、肝心な動物の権利は社会的にほとんど顧みられていない。それどころか動物福祉を求める声が災いして、「ハッピー・ミート」、すなわち「人道的」畜産物なるブランドを売りにする企業も台頭し始め、それらの新商品によって動物擁護派の消費者をも市場に取り込んだ動物産業は、なお一層の繁栄を築きつつある。そして動物福祉を訴えてきた団体は、「人道的」畜産物の消費を率先して人々に勧めるか、あるいは公然と勧めないまでも、福祉を訴えることで暗にそれに適った畜産物を倫理的な商品と印象づける。フランシオンの見方では、動物福祉の推進はむしろ、「動物の権利」運動の後退に他ならない。

なぜ「動物の権利」運動がこのような事態に陥ったかといえば、それは活動家たちがピーター・シンガーの理論を規範としたせいであると考えられる。シンガーの理論は、動物福祉の根底にある人道的扱いの原則と同じく、十九世紀イギリスの哲学者ジェレミー・ベンサムの功利主義思想に起源を持つ。その思想によれば、動物は生き続けることを利益としないので、痛みを伴わなければ殺し自体は問題にならない。動物にとって肝心なのは苦しまずにいられる利益だけであり、その利益に配慮するのであれば、死を伴う利用も許される。無痛の利用・殺害が現実に可能かどうかは関係なく、それが可能であったら容認されるという点が、ここでは重大な意味を持つ。この論理があるため、動物福祉は利用を認めた上で、ただ「不必要」な苦しみを取り除くに終始し、シンガーもまた動物利用そのものを完全には否定しない。シンガーはベンサム以上に厳格な功利主義者であり、功利主義は結果としての幸福が最大化される時には特定の対象者を手段として扱うことを容認ないし要求する。動物の利益を守る絶対の防壁はなく、生はそもそも動物の利益とすら考えられていない。となれば後は、苦痛の総量が幸福の総量を上回らないよう、せいぜい可能な範囲で苦しみの緩和に励めばよい。あるインタビュー（注1）の中でシンガーは、遺伝子操作によって脳のない肉用鶏をつくるといった試みを「倫理的改善」と評価しているが、単純に苦痛の削減のみをよしとする彼の考え方にしたがえば、この結論は驚くに当たらない。ベンサム風に言えば、問題は動物たちが生存できるか、利用されずにいられるかではなく、かれらが苦しみを感じるかどうかである。そしてそれ以外に問題はない。

真に動物たちを苦境から解放したいと願う人々は、動物の手段化を絶対的に禁じる権利論の理念に立ち返る必要がある。結果のいかんに係らず、動物を人間の財産・資源・モノとして扱うことは許されない。ひとたびモノ扱いを許せば、動物の利益を正当に評価することは不可能となる。結果次第で動物のモノ扱いを許しかねないシンガーの理論が、動物の権利確立へ向けた有効な思想基盤となる道理はない。フランシオンがシンガーを批判するのはこのためであり、訳者もその主張に同意する。『動物の解放』が雄渾《ゆうこん》な筆致によって動物搾取の実態を世に知らしめ、動物解放を目指す多くの活動家を生んだことは、歴史的業績として充分に評価されてよいが、理論家ピーター・シンガーは、動物たちの真の安寧を求める私たちによって乗り越えられるべき存在であろうと考える。

廃絶主義アプローチ

フランシオンの廃絶主義は、動物利用の表面的な修繕を試みる規制ではなく、問題の根を断ち切る廃絶を目指す。目の前に苦しむ動物がいれば、心ある人は当然その苦しみを和らげようとするだろう。屠殺場に連れて来られた動物が喉の渇きにあえいでいれば、私たちはせめてその動物に水を飲ませてあげたいと思う。が、既に屠殺が決まっている動物に当座のしのぎとして水を与えることと、それを制度的な規範とすることは違う。屠殺場の動物に水を与えることを制度化しても、それは苦しみの根源にある道徳問題の克服には繋がらない。同じく、産業用の動物を閉じ込めるケージを大きくする、殺害方法を洗練化して動物の苦痛を少なくするなどの福祉改革は、動物を人間の手段とされる境遇から解き放つ方途にはならない。規範とすべきは、そもそもそのような苦しみを生む原因、すなわち動物利用そのものをなくすことである。

　廃絶主義の大要は本書の中でほぼ語られているといってよいが、近年、フランシオンがその原則を具体的な六箇条にまとめたので、最後にそれを紹介したい（注2）。

一、情感ある全ての存在は、他者の財産として扱われない基本権を有する。

　情感ある動物は他者の目的に資する手段として扱われてはならない、という理念を、法的に言い表わせばこの原則になる。動物の法的地位は財産ではなく人格でなければならない。

二、制度化された動物搾取は、単に規制するのでなく廃絶しなければならない。動物福祉改革、単一争点の活動は支持しない。

　動物福祉の問題は既に論じた。単一争点の活動とは、捕鯨だけ、毛皮だけ、犬猫の殺処分だけを問題にするような活動を指す。福祉は暗に「人道的」畜産を支持し、単一争点の活動はその標的以外の動物利用を

注1　Oliver Broudy, "The Practical Ethicist," *Salon.com*, https://www.salon.com/2006/05/08/singer_4/（二〇一八年一月六日アクセス）。

注2　Gary L. Francione and Anna Charlton, *Animal Rights: The Abolitionist Approach* (Exempla Press, 2015）をもとに作成。

暗に容認する。廃絶主義は扱いの良し悪しや動物種のいかんに関係なく、全ての動物利用に反対する。

三、脱搾取《ビーガニズム》を道徳の初歩とする。独創的・非暴力的な脱搾取の啓蒙が、動物の権利運動の基本でなくてはならない。

脱搾取とは、動物由来の食品・衣服・その他の産物を生活から一掃する実践を指す。脱搾取派《ビーガン》になることは、誰もが今日からできる取り組みである。脱搾取派でない者は搾取派であり、大なり小なり動物搾取を後押しする。肉・乳・卵・魚介、皮革・毛皮・羊毛・羽毛など、動物製品を消費している人々は、早晩、脱搾取の生活へ移行する必要がある。そして動物擁護に取り組む人々は、創意工夫に富む脱搾取の啓蒙活動に全力を投入すべきである。

四、動物の道徳的地位は情感の有無だけで決定し、他のいかなる認知機能をも基準とはしない。情感ある存在はみな、単なる資源とされてはならない点で平等である。

諸々の（大抵は「健常」な成人が具える）認知機能を尺度に道徳的地位を決める態度は、動物の価値に序列を設ける。情感、すなわち快苦を経験する能力だけを尺度とすることでこの弊を避ける。

五、種差別に反対するのと同様、廃絶主義者は人種差別・性差別・同性愛差別・年齢差別・障害者差別・階級差別など、全ての人間差別に反対する。

種差別への反対は、あらゆる差別への反対の中に位置づけられてこそ意味を持つ。道徳に無関係な特徴をもとに人間以外の動物を貶めるのは不当だと言いながら、道徳に無関係な特徴をもとに特定の人々を貶める態度は一貫性がない。差別の根は同じであり、廃絶主義者はその全てを拒まねばならない。

六、動物の権利運動の核心には非暴力の原則があると認識する。

動物の権利運動は種を超えた平和運動である。暴力を暴力によって解消するという発想は平和運動の理念に反する。制度化された動物搾取は私たちの需要を原動力とする。究極の敵は動物業者ではなく、私たち自身のエゴである。動物たちを救いたければ、対人危害に訴えるのでなく、私たち自身の生活を変えなくてはならない。

私たちの行動には、毎年苦しめられ殺されていく数千億もの罪なき生きものたちの運命が懸かっている。これほど多くの命を、これほど軽んじる存在は、地球史上かつて現われたことがなかった。人によっては、右の箇条を極端ないし急進的と評価する立場もあろうが、それは現状を基点に考えるからである。暴力のない状態を基点に考えれば、この現状こそが極端なのであって、廃絶主義の原則はむしろ当然にして最低限の要求に過ぎない。私たちはこの病んだ世界において急進的であることを恐れてはならない。

重要なのは、誰の立場に身を置くかである。動物たちは「人道的」に搾取されることを欲しているのではない。ベジタリアンや「ゆるベジ」といった人々のために、乳液や卵、さらには時おり命を差し出すことを望んでいるわけでもない。脱搾取派になることを万人に求めるのはエリート主義だという言葉は、動物擁護に取り組む人々のあいだですらしばしば囁《ささや》かれるが、動物たちの身になって考えれば、動物福祉と動物の権利論、ベジタリアンと脱搾取の違いは、生死に直結する大問題である。

動物解放を求める人々は、運動の目標を見失わず、目標と一致した手段によって、着実に脱搾取と非暴力の輪を広げていかなければならない。廃絶主義は革命の到達点ではなく、その第一歩である。

＊

最後になりましたが、翻訳に当たって、語学上の疑問点に対し的確な答を与えてくださった上智大学のマイク・ミルワード先生、本書の内容を踏まえた素晴らしい表紙絵を描いてくださったイラストレーターのＲｕｍｉｃｏさん、日本語版の刊行を記念して力のこもった前書きを寄せてくださった原著者のゲイリー・フランシオン氏、本企画の快諾にはじまり、緻密な編集・校正作業、芸術的な装丁の作成に至るまで、多岐にわたりお世話になった緑風出版の高須次郎氏、高須ますみ氏、斎藤あかね氏、および、常に息子の可能性を信じ応援の言葉をかけ続けてくれた母に、心からの感謝を申し上げます。

二〇一八年三月

井上太一

[著者紹介]

ゲイリー・L・フランシオン（Gary L. Francione）

ラトガース大学法学院（ニュージャージー州ニューアーク）の法学・哲学特別教授。アメリカの法学部で初めて動物の権利論を講義し、以来、25年以上にわたり動物の権利論と法学の授業を行なう。同僚のアンナ・チャールトンとともに、ラトガース大学・動物の権利法律相談所を設立・運営し（1990～2000年）、その後も「人間の権利と動物の権利」「動物の権利と法律」といった授業・演習を担当する。*Animals, Property, and the Law*（1995）、*Rain Without Thunder: The Ideology of the Animal Rights Movement*（1996）、*Animals as Persons: Essays on the Abolition of Animal Exploitation*（2008）、*Animal Rights: The Abolitionist Approach*（2015）など著書多数。コロンビア大学出版の叢書『動物研究の批判的地平――理論・文化・科学・法律（Critical Perspectives on Animals: Theory, Culture, Science, and Law）』の共同編者も務める。

[訳者紹介]

井上太一（いのうえ・たいち）

翻訳家。日本の動植物倫理・環境倫理を発展させるべく、関連する海外文献の紹介に従事。語学力を活かして国内外の動物擁護団体との連携活動も行なう。

『動物・人間・暴虐史』（新評論、2016年）、『捏造されるエコテロリスト』（緑風出版、2017年）、『動物実験の闇』（合同出版、2017年）ほか、訳書多数。

ホームページ：「ペンと非暴力」（https://vegan-translator.themedia.jp/）

動物《どうぶつ》の権利入門《けんりにゅうもん》——わが子を救うか、犬を救うか

2018年4月20日　初版第1刷発行　　定価2800円＋税

著　者　ゲイリー・L・フランシオン
訳　者　井上太一
発行者　高須次郎
発行所　緑風出版 ©
〒113-0033　東京都文京区本郷2-17-5　ツイン壱岐坂
［電話］03-3812-9420　［FAX］03-3812-7262［郵便振替］00100-9-30776
［E-mail］info@ryokufu.com［URL］http://www.ryokufu.com/
装　幀　斎藤あかね　　カバーイラスト　Rumico
制　作　R企画　　印　刷　中央精版印刷・巣鴨美術印刷
製　本　中央精版印刷　　用　紙　大宝紙業・中央精版印刷　　E1200

Printed in Japan　　ISBN978-4-8461-1804-4　C0036

◎緑風出版の本

■全国どの書店でもご購入いただけます。
■店頭にない場合は、なるべく書店を通じてご注文ください。
■表示価格には消費税が加算されます。

捏造されるエコテロリスト

ジョン・ソレンソン著／井上太一訳

四六判上製
四六八頁
３２００円

米国、英国やカナダにおける国家と企業による市民運動・社会運動の弾圧、とりわけ、環境保護運動や動物擁護運動に「エコテロリズム」なる汚名を着せて迫害するという近年の現象について、批判的見地から考察した書である。

屠殺
監禁畜舎・食肉処理場・食の安全

テッド・ジェノウェイズ著／井上太一訳

四六判上製
二九二頁
２６００円

監禁畜舎の過密飼育、食肉処理工場の危険な労働環境、スーパーマーケットの抗生物質漬けの肉……。質よりも低価格と利便性をとり、生産増に奔走して限界に達したアメリカ企業の暗部と病根を照らし出す渾身のルポルタージュ！

動物工場
工場式畜産ＣＡＦＯの危険性

ダニエル・インホフ編／井上太一訳

四六判上製
五六〇頁
３８００円

アメリカの工場式畜産は、家畜を狭い畜舎に押し込め、成長ホルモンや抗生物質を与え、肥えさせる。その上、流れ作業で食肉加工される。こうした肉は、人間にも害を与えかねず、そこで働く人々にも悪影響を与える。実態を暴露。

永遠の絶滅収容所
動物虐待とホロコースト

チャールズ・パターソン著／戸田清訳

四六判上製
三九六頁
３０００円

人類は、動物を家畜化し、殺戮することによって、残虐さを学び、戦争と虐殺を繰り返してきた。本書は、その歴史を辿り、ある生命は他の生命より価値があるという世界観を克服し、搾取と殺戮の歴史に終止符を打つべきだと説く。